技工院校工学一体化课程教学资源
技工院校计算机网络应用专业工学一体化教材

信息网络布线工作页

主编　周志德

学习任务四
智能家居安防布线实施

中国劳动社会保障出版社

简介

本书为技工院校计算机网络应用专业“信息网络布线”工学一体化课程的工作页，依据《计算机网络应用专业国家技能人才培养工学一体化课程标准》编写，供各地技工院校开展工学一体化教学使用。

本书主要包括办公室网络布线实施、中小型企业网络布线实施、园区光缆主干网络布线实施、智能家居安防布线实施四个学习任务，每个学习任务包含获取信息、制订计划、做出决策、实施计划、过程控制、评价反馈六个学习环节。

完成本书中学习任务所需的相关素材可通过技工教育网（https://jg.class.com.cn）下载并使用。

图书在版编目（CIP）数据

信息网络布线工作页 / 周志德主编. -- 北京：中国劳动社会保障出版社，2025. --（技工院校工学一体化课程教学资源）（技工院校计算机网络应用专业工学一体化教材）. -- ISBN 978-7-5167-7099-3

Ⅰ. TP393. 033

中国国家版本馆 CIP 数据核字第 20251XL598 号

信息网络布线工作页

XINXI WANGLUO BUXIAN GONGZUOYE

中国劳动社会保障出版社出版发行

（北京市惠新东街 1 号　邮政编码：100029）

*

北京市艺辉印刷有限公司印刷装订　　新华书店经销

880 毫米 ×1230 毫米　16 开本　20.75 印张　462 千字

2025 年 8 月第 1 版　　2025 年 8 月第 1 次印刷

定价：54.00 元

营销中心电话：400-606-6496

出版社网址：https://www.class.com.cn

https://jg.class.com.cn

技工院校工学一体化课程教学资源
技工院校计算机网络应用专业工学一体化教材

开发院校

牵头院校：广州市工贸技师学院

参与院校：苏州市电子信息技师学院　聊城市技师学院

　　　　　淄博市技师学院

指导专家

张利芳　陈海娜　马　琳

本书编审人员

主　　编：周志德

参　　编：陈静君　崔玉翠　李　川　朱东方　国梦露　刘志勇　张林燕

　　　　　张慧青　柴守立　李伟彦　盛　婕

审　　稿：邹伟民

指　　导：张利芳　马　琳

序

技工教育的本质是就业教育，其最显著的特征是职业性，其最好的培养模式就是“在工作中学习、在学习中工作”。培育大批高技能人才，既要适应新一轮科技革命和产业变革的需要，也要遵循技能人才成长发展规律，创新技能人才培养方式。推进工学一体化技能人才培养模式改革是推进校企融合、提质培优的重要途径，是技工院校服务制造业和实体经济发展的务实举措。

2009 年，人力资源社会保障部办公厅印发了《技工院校一体化课程教学改革试点工作方案》，分三批在部分技工院校试点开展工学一体化课程教学改革工作，到 2021 年已经覆盖 31 个专业 191 所部级试点院校。经过十多年的发展，理念得到认同、试点不断扩大、学生学习兴趣明显提高，取得了显著成效。2022 年 3 月，人力资源社会保障部印发了《推进技工院校工学一体化技能人才培养模式实施方案》，提出在全国技工院校大力推进工学一体化技能人才培养模式，实现百个专业、千所院校、万名教师的“百千万”工作目标，以促进技工院校人才培养模式变革、提升技能人才培养质量、带动形成技工院校改革创新新局面。

新一轮工学一体化课程教学改革开展聚焦“课程标准”“课程资源”“教师培养”三项重点工作，为持续推进技工院校工学一体化技能人才培养模式实施奠定了坚实基础。印发《〈国家技能人才培养工学一体化课程标准〉开发技术规程》，出版《工学一体化课程开发指导手册》，分三阶段指引完成 103 个专业国家技能人才培养工学一体化课程标准与课程设置方案开发；编制《工学一体化课程教学资源开发指

南》，开发第一批 14 个专业 37 门课程工学一体化课程教学资源；印发《技工院校工学一体化教师培训标准》，出版《工学一体化教师培训指导手册》，依托工学一体化教师培训基地培育师资队伍；印发《技工院校工学一体化课堂、课程、专业、院校建设标准》，出版《工学一体化课程教学实施指导手册》，指引 1 000 所技工院校对标开展工学一体化优质课堂、精品课程、示范专业、骨干院校的建设工作，实现以评促建的目标。

教材建设是教学改革成果固化的重要载体。本次工学一体化课程教学资源按照工作逻辑呈现实践、理论知识和素养，遵循工作过程六步法，从工作向“工作 + 学习”融合，通过引导问题层层递进，实现“输入—内化—输出—考核”的学习闭环，突出学生心智技能和思维的培养，强调学生个人成长的积累。近年来，通过指导专家、几百位试点院校的骨干教师以及编辑团队共同努力，产出了教学指导用书、工作页及答案、信息页及数字资源等形式的系列教材学材，以满足技工院校的教学使用需求。

本系列教材及配套资源的出版，不仅是对本轮技工院校工学一体化技能人才培养模式改革工作的阶段性总结，也是打通从课程标准到课堂实施最后一公里的全新尝试，意义深远。希望全国技工院校将推行工学一体化技能人才培养模式作为创新人才培养模式、提高人才培养质量的重要抓手，为加快培养具有良好工作思维与习惯、自主学习意识与能力、精湛专业技艺与技能的复合型技能人才作出新的更大贡献！

技工教育和职业培训教学指导委员会

2025 年 4 月

目录

学习任务四
智能家居安防布线实施

任务描述

任务情境

某家庭别墅（地上三层）总面积为 280 m²，已安装入户光纤。该家庭有三台台式计算机、两台笔记本计算机、两台平板计算机、三台手机和一个网络电视盒等。户主要求全屋覆盖无线网络，智能终端均能上网，每层均需安装视频监控系统，摄像头能够监控到楼梯、门口、客厅等重要位置，一层门窗处需要安装入侵检测系统，大院门外设置家庭门禁系统，入户门内能够与门口进行视频通话，视频监控系统和入侵检测系统接入家庭宽带中。项目前期已完成招标并签订商务合同，也已完成前期需求调研，并进行了智能家居安防布线整体设计，现需要进行现场勘察、施工计划表设计、施工、测试，以及客户确认单提交和工程变更记录等系统性工作。此任务拟由施工技术小组在五个工作日内完成。

作为施工技术小组的一员（信息通信网络线务员），学生需要从教师处接受任务，领取施工图表等资料，明确施工任务基本情况和总体技术要求，识读项目施工图表，核准智能家居安防布线系统关键信息，确认与任务需求的一致性，勘察现场并应对环境或条件的临时变化；分析智能家居安防布线路由，明确设备材料及施工方式，整理施工步骤，选用工具；规范完成智能家居安防布线实施工作并随工自检；测试链路通断情况及智能家居安防，系统功能性并解决常见故障，确保系统稳定可靠；填写施工记录和验收报告交付给教师。

布线实施执行《综合布线系统工程设计规范》（GB 50311—2016）（简称设计规范），项目验收执行《综合布线系统工程验收规范》（GB/T 50312—2016）（简称验收规范）。工作过程中注重团队协作以及施工质量、施工环境符合工程管理要求，做到以人为本，安全第一。

任务要求

1. 布线实施过程需符合以下规范要求。

（1）家庭配线箱到各房间布线实施需要规范完成墙体内线缆敷设、水晶头的端接、信息点的端接和安装。施工过程应符合设计规范、验收规范中工作区子系统的规范要求。

（2）无线网络系统和智能家居安防系统需要完成设备的安装和调试、线缆的连接和冗余线缆的处理。施工过程应符合《智能建筑工程质量验收规范》（GB 50339—2013）中智能安防设备安装要求和功能要求。

（3）对智能家居安防系统的信息点、线缆、设备等应按照一定的模式进行标识和记录，符合设计规范、验收规范中工作区子系统的规范要求。

（4）项目实施前应接受技术交底培训并充分了解项目施工详细要求，施工过程中按照施工进度计划表合理把控工期，及时做好施工记录、变更记录和随工测试记录。

2. 交付的智能家居安防布线系统需符合以下验收要求。

所有布线链路均要进行通断测试并排除可能出现的故障，确保链路通畅且稳定可靠；智能家居安防系统要进行功能性测试，确保各楼层所有信息点链路通畅、全屋无线网络信号强度高、各智能安防系统功能齐全；布线系统中的设备、线缆、信息点等设施应按照便于维护的方式进行标识和记录，符合设计规范、验收规范中的标签标识管理规范要求。

任务资料

任务资料包括信息点及布线路由图、可视对讲系统连接图、设备材料清单。

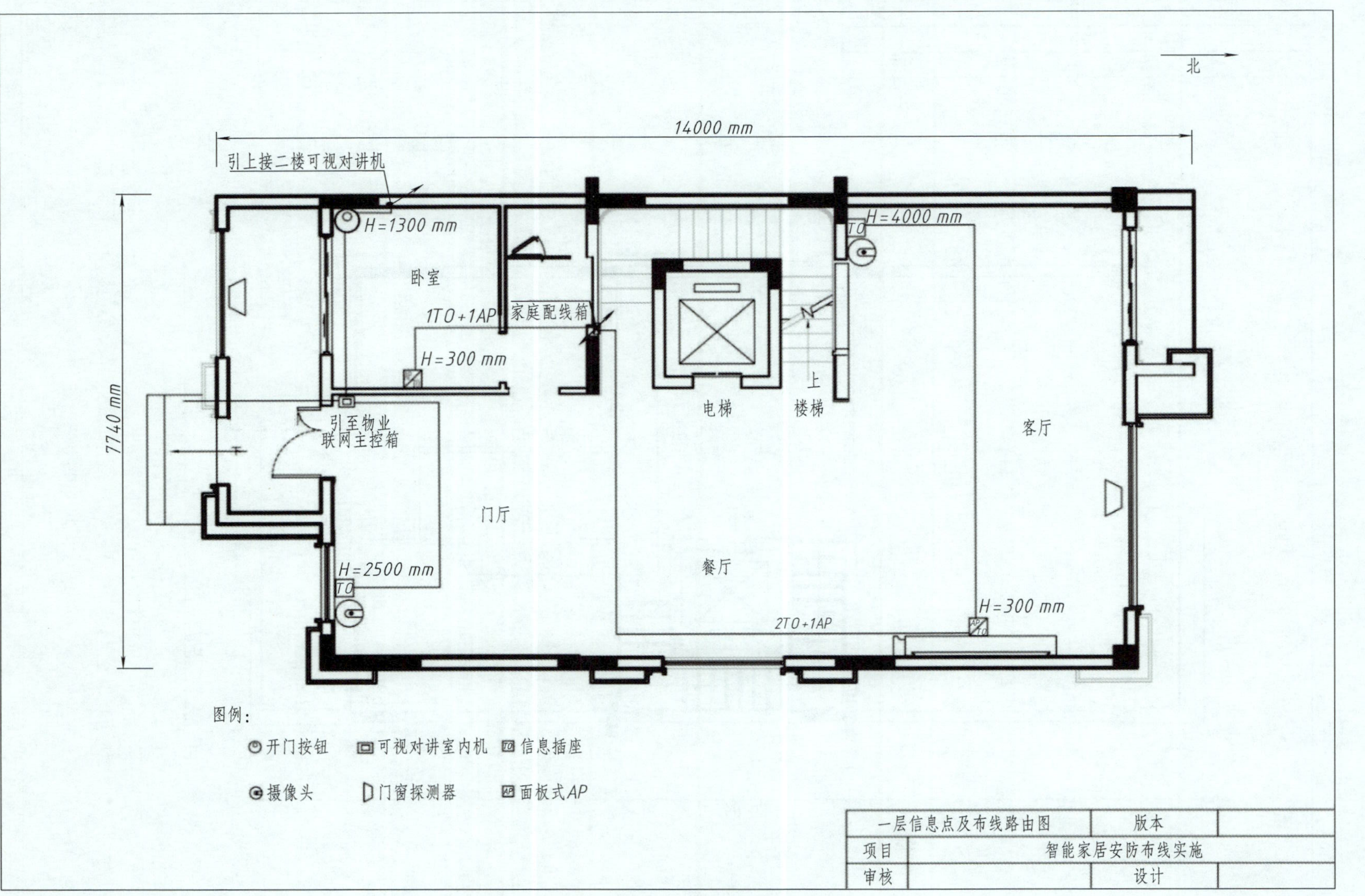

一层信息点及布线路由图		版本	
项目	智能家居安防布线实施		
审核		设计	

某家庭别墅一层信息点及布线路由图

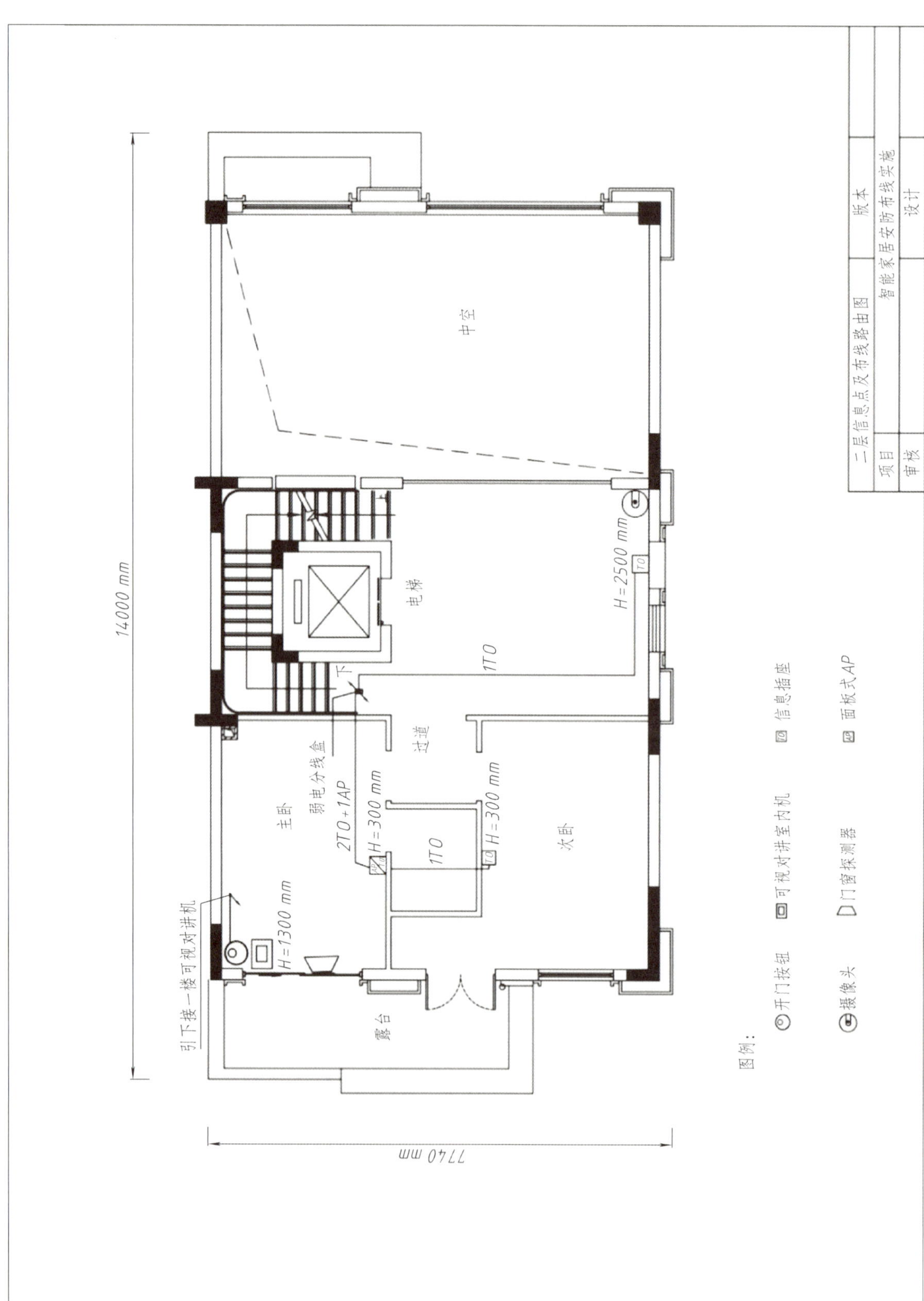

某家庭别墅二层信息点及布线路由图

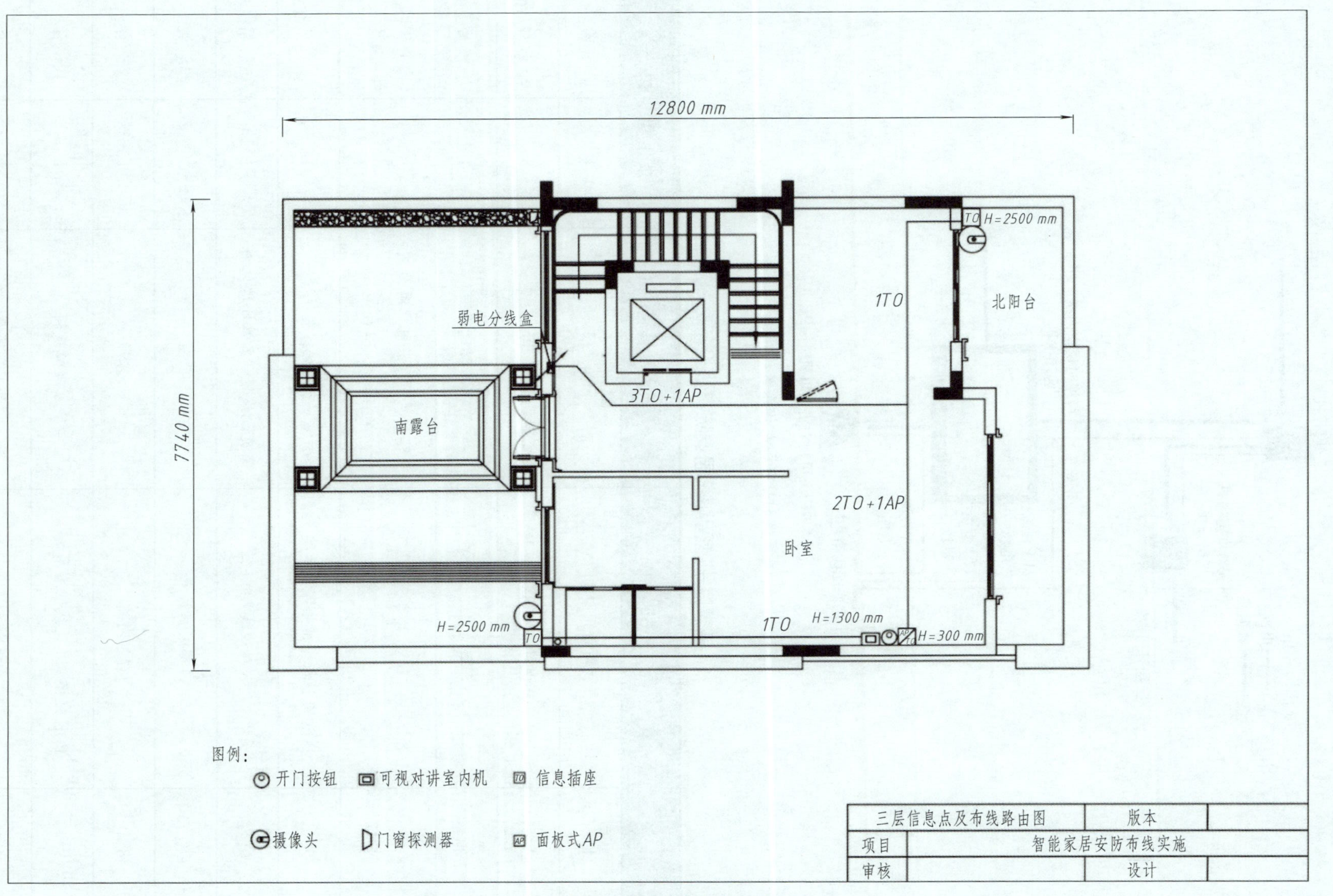

某家庭别墅三层信息点及布线路由图

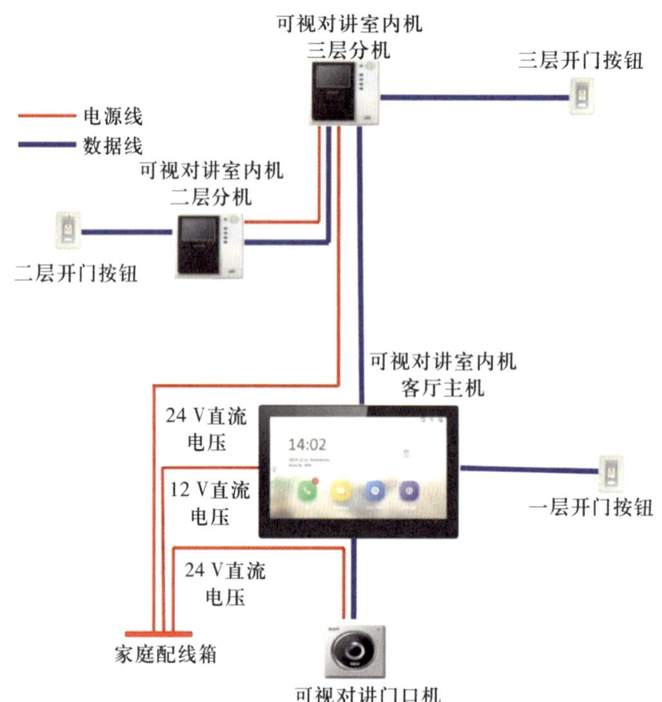

某家庭别墅可视对讲系统连接图

某家庭别墅智能家居安防布线设备材料清单

序号	设备名称	位置	数量	单位
1	可视对讲门口机	入户门	1	台
2	可视对讲室内机	客厅、卧室	3	台
3	解码器	家庭配线箱	1	台
4	摄像头	客厅、门厅、电梯对面、露台、阳台	5	台
5	POE 交换机（视频监控系统）	家庭配线箱	1	台
6	双绞线	家庭配线箱到各房间墙体内	2	箱
7	门窗探测器	门窗	3	对
8	智能网关	客厅	1	台
9	POE 交换机（无线网络系统）	家庭配线箱	1	台
10	面板式 AP	卧室、客厅	4	台

学习目标

1. 能独立查阅任务情境，提取智能家居安防布线实施总体需求、系统组成、施工要求等基本信息，识读图纸关键信息，与小组成员合作完成智能家居安防布线施工现场勘察，确认各暗管通断情况，展示说明智能家居安防布线实施关键信息。

2. 能与小组成员一起整理智能家居安防系统设备和软件的种类及功能，分析案例，选取合适的智能家居安防系统设备和软件，编制智能家居安防布线施工计划。

3. 能独立介绍智能家居安防布线入户施工计划，说明无线网络设备、智能家居安防系统设备选择的情况，并模拟与客户沟通，明确入户施工时间。

4. 能根据实施方案和图纸，按照《综合布线系统工程设计规范》（GB 50311—2016）等标准和规范，正确使用工具，在规定的时间内完成线缆敷设、标签制作，无线网络系统、视频监控系统、门禁系统、入侵检测系统的安装与调试等工作。

5. 能根据实施方案和图纸，选择合适的测试工具，按照《综合布线系统工程验收规范》《智能建筑工程质量验收规范》进行网络的连通性、功能性的测试及维护，检查智能设备安装和调试、双绞线敷设和端接、标签制作的规范性，填写施工记录并及时提交业务主管，必要时向客户提供验收、使用和改造等咨询服务。

6. 在作业过程中严格执行企业操作规范、安全生产管理制度、环保管理制度以及 6S 管理规定，严格遵守从业人员的职业道德，具有环保意识、成本意识和安全意识，养成吃苦耐劳、爱岗敬业、爱护设备设施、节约用电用料和安全施工等的工作态度及职业素养。

建议学时

60 学时

学习路径

学习任务　学习环节　学习步骤及学生活动

智能家居安防布线实施

获取信息

明确智能家居安防布线实施任务的基本信息和要求
- 认识智能家居安防系统的组成
- 明确智能家居安防布线实施任务内容和要求

识读智能家居安防布线施工图
- 识读智能家居安防系统连接图关键信息
- 识读智能家居安防布线系统平面图关键信息

勘察智能家居安防布线施工现场
- 勘察智能家居安防布线施工现场并记录勘察结果
- 展示说明智能家居安防布线实施关键信息

制订计划

选用智能家居安防系统设备和软件
- 收集整理智能家居安防布线实施案例设备信息
- 辨识智能家居安防系统设备的种类
- 判断智能家居安防系统设备选型的合理性
- 选用智能家居安防系统软件

制订智能家居安防布线施工计划
- 编制智能家居安防布线施工计划表
- 核对设备、工具和材料清单

智能家居安防布线实施

- **做出决策**
  - 沟通入户施工计划
- **实施计划**
  - 做好智能家居安防布线施工准备
    - 整理智能家居安防布线施工规范
    - 领取并核对检查材料
    - 领取并测试智能家居安防系统设备
  - 敷设和端接线缆
    - 选择皮线光缆的型号
    - 敷设墙体内线缆
    - 明确光纤冷接操作流程，冷接皮线光缆
    - 端接墙体内线缆并随工自检
  - 安装和调试无线网络系统
    - 明确无线网络设备类型信息，安装和连接无线网络设备
    - 测试与判断无线网络系统的传输质量
  - 安装和调试视频监控系统
    - 辨析摄像头安装要点，安装和连接视频监控系统设备
    - 调试视频监控系统，检测视频监控系统功能性
    - 安装和调试视频监控系统并随工自检
  - 安装和调试门禁系统
    - 辨析门禁系统安装要点，安装和连接门禁系统设备
    - 梳理门禁系统调试内容与要点
    - 安装和调试门禁系统并随工自检
  - 安装和调试入侵检测系统
    - 辨析入侵检测系统安装要点，安装入侵检测系统设备
    - 梳理入侵检测系统调试内容与要点
    - 安装和调试入侵检测系统并随工自检

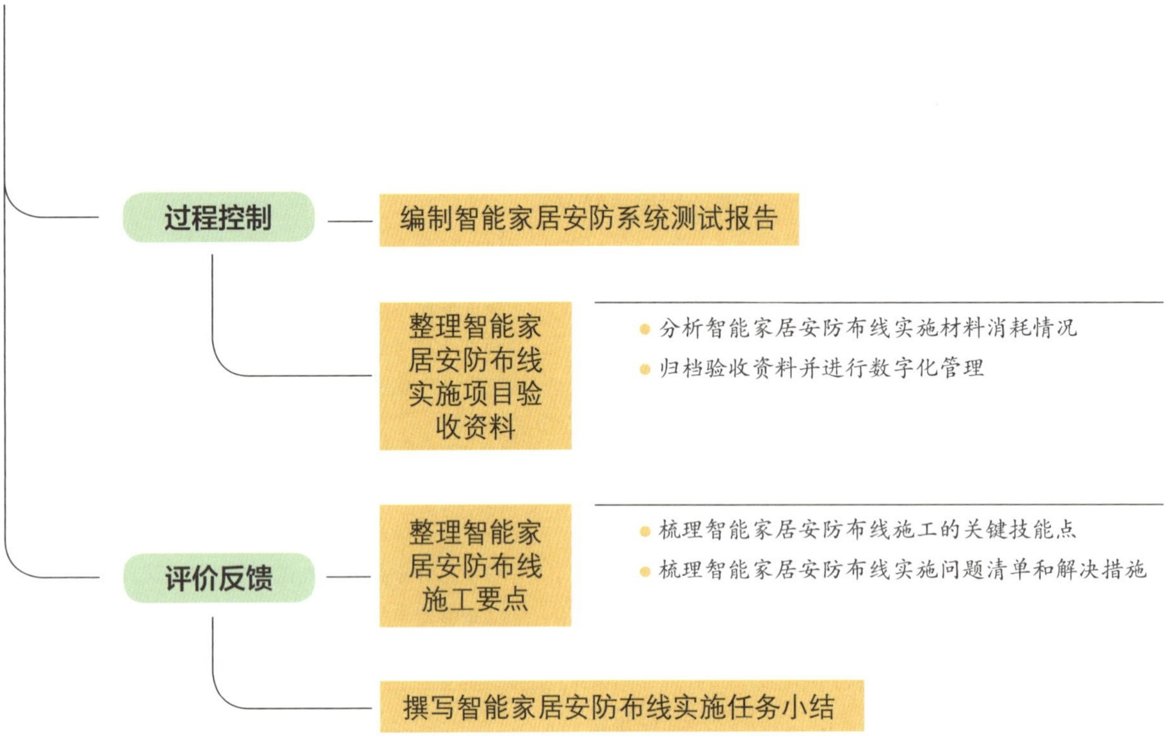

- 过程控制
  - 编制智能家居安防系统测试报告
  - 整理智能家居安防布线实施项目验收资料
    - 分析智能家居安防布线实施材料消耗情况
    - 归档验收资料并进行数字化管理
- 评价反馈
  - 整理智能家居安防布线施工要点
    - 梳理智能家居安防布线施工的关键技能点
    - 梳理智能家居安防布线实施问题清单和解决措施
  - 撰写智能家居安防布线实施任务小结

学习环节一 获取信息

学习目标

1. 能独立查阅任务单，提取智能家居安防布线实施总体需求、系统组成、施工范围等基本信息，总结本任务中视频监控系统、门禁系统、入侵检测系统的功能需求。

2. 能与小组成员合作，识读智能家居安防信息点及布线路由图、可视对讲系统连接图等各类图纸，识别图纸的关键信息。

3. 能与小组成员合作，完成智能家居安防布线施工现场勘察，做好现场标记，确认各暗管通断情况，评估施工条件，合理调整设计方案并展示说明智能家居安防布线实施关键信息。

建议学时

6 学时

学习要求

序号	学习步骤	学习内容	学时	备注
1	明确智能家居安防布线实施任务的基本信息和要求	1. 智能家居安防系统的组成 2. 智能家居安防系统各子系统的功能	2	
2	识读智能家居安防布线施工图	1. 智能家居安防系统连接图的关键信息 2. 智能家居安防系统设备安装位置的识别	2	
3	勘察智能家居安防布线施工现场	1. 智能家居安防布线施工现场勘察的内容 2. 暗管通断测试的常用方法 3. 服务意识 4. 智能家居安防布线实施关键信息的整理与说明	2	

一、明确智能家居安防布线实施任务的基本信息和要求

（一）认识智能家居安防系统的组成

1. 独立查阅信息页中的“智能家居安防系统的组成”，在图 4-1-1 中将右侧智能家居安防系统各子系统的名称与左侧的“智能家居安防系统”用直线连接起来。

智能家居安防系统

视频监控系统
智能窗帘系统
无线网络系统
入侵检测系统
家电控制系统
出入口控制系统
家居照明控制系统
门禁系统

图 4-1-1　智能家居安防系统的组成

2. 独立查阅信息页中的“智能家居安防系统各子系统的功能”，在表 4-1-1 中填写各设备图例对应的设备和所属子系统的名称。

表 4-1-1　　智能家居安防系统设备表

设备图例	设备名称	子系统名称	设备图例	设备名称	子系统名称

续表

设备图例	设备名称	子系统名称	设备图例	设备名称	子系统名称

（二）明确智能家居安防布线实施任务内容和要求

1. 独立阅读本任务的任务情境，听教师讲解任务要求，思考作为一名信息通信网络线务员在本任务中需要完成的工作内容，并从下列选项中选出你认为需要完成的工作内容。

A. 网络布线　　B. 安装家庭配线箱　　C. 安装智能家居安防系统设备

D. 安装调制解调器　　E. 安装交换机　　F. 安装路由器

G. 安装无线 AP　　H. 调试无线网络系统　　I. 安装信息底盒

J. 安装线槽 / 线管　　K. 调试智能家居安防系统设备　　L. 测试无线网络的性能

信息通信网络线务员的工作内容包括：____________________。

2. 独立阅读本任务的任务情境和任务要求，提取关键信息，填写在表 4-1-2 中。

表 4-1-2　　智能家居安防布线实施任务关键信息表

<table>
<tr><th>施工范围</th><th colspan="2">设备所属子系统</th><th>施工期限</th></tr>
<tr><td colspan="2">________覆盖无线网络，智能终端均能上网，每层均需安装监控系统，摄像头能够监控到____________等重要位置，____________需要安装入侵检测系统，________设置家庭门禁系统，________能够与门口进行视频通话，________和____________接入家庭宽带中</td><td>________系统
________系统
________系统
________系统</td><td>______天</td></tr>
<tr><td>无线网络系统功能需求</td><td colspan="3">房间内部无线信号________、强度______、上网速度______，形成______的无线局域网</td></tr>
<tr><td>视频监控系统功能需求</td><td colspan="3">监控范围包括______、______、______、______等关键场所，具有______、______、______等功能。支持通过______、______等设备进行远程访问和监控，随时随地查看家中情况。支持多用户同时访问，方便家庭成员共同监控。采用先进的数据加密技术，确保监控数据的安全传输。访问权限控制支持设置多个用户权限级别，确保监控画面的私密性和安全性</td></tr>
</table>

续表

门禁系统功能需求	可视对讲室内机有______个分机，分别在______、______、______，门口机具有______、______、______等开锁功能。支持设置______，确保只有授权人员才能进入家庭。具备______功能，一旦发现异常情况，可立即向用户发送报警信息。记录人员的______，方便管理人员追溯和统计人员活动情况
入侵检测系统功能需求	入侵检测系统与________联动，可检测______被非法打开、______闯入监控区域等情况。能够准确识别异常事件，并______

3. 结合信息通信网络线务员岗位需求，小组讨论，从工作范围、子系统、工作对象、工作内容和工作要求等方面对比本课程的四个学习任务，以学习任务一为示例，在表 4–1–3 中填写另外三个任务的相关内容。

表 4–1–3 智能家居安防布线实施工作分析表

学习任务	工作范围	子系统	工作对象	工作内容	工作要求
办公室网络布线实施	一个独立的办公室内	工作区子系统、配线子系统	信息面板、双绞线、信息模块、标签等	敷设双绞线、端接信息模块、安装信息面板、制作标签等	遵循设计规范、验收规范
中小型企业网络布线实施					
园区光缆主干网络布线实施					
智能家居安防布线实施					

二、识读智能家居安防布线施工图

（一）识读智能家居安防系统连接图关键信息

1. 独立查阅本任务的某家庭别墅可视对讲系统连接图，确定门禁系统连接线缆类型及连接对象，在图 4–1–2 中将门禁系统设备之间需要连接的线缆类型填写在括号内。

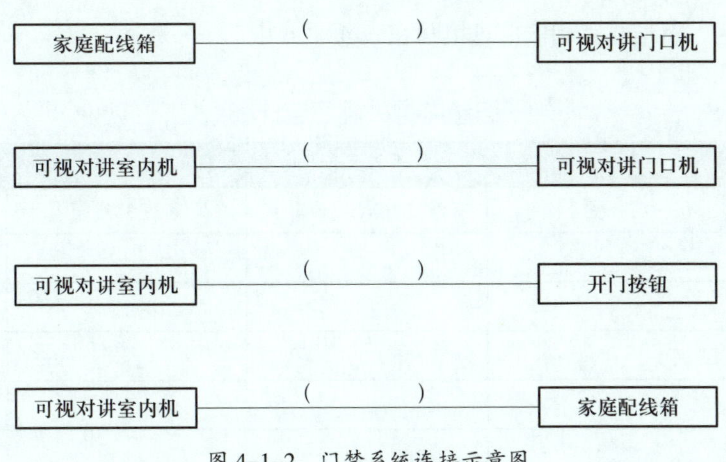

图 4-1-2 门禁系统连接示意图

2. 根据本任务的门禁系统连接图，确定门禁系统设备型号及数量，填写表 4-1-4。

表 4-1-4 门禁系统设备清单

设备名称	设备型号	设备数量	设备供电电压

（二）识读智能家居安防布线系统平面图关键信息

1. 独立阅读信息页中的“智能家居安防系统设备安装位置的识别”和本任务的信息点及布线路由图，将设备名称及编号、设备安装位置填写在表 4-1-5 中。

表 4-1-5 设备安装位置统计表

设备名称及编号	设备安装位置
摄像头 1	二层电梯对面

2. 查阅相关图表，将信息点相关信息填写在表 4-1-6 中。

表 4-1-6　　信息点相关信息统计表

信息点编号	信息点位置	信息点功能	连接远端	传输介质
TO1	一层卧室	有线连接台式计算机	家庭配线箱	双绞线

三、勘察智能家居安防布线施工现场

（一）勘察智能家居安防布线施工现场并记录勘察结果

1. 结合前序任务中墙体内线缆敷设的学习，独立查阅信息页中的“暗管通断测试的常用方法”，将图 4-1-3 所示的暗管通断测试思维导图补充完整。

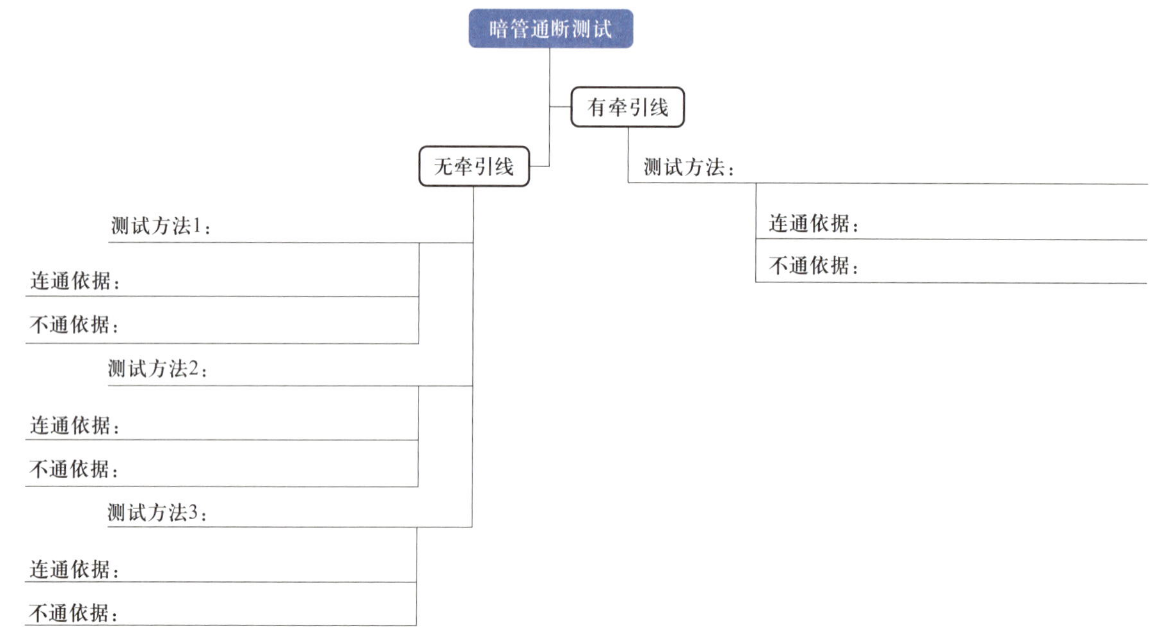

图 4-1-3　暗管通断测试思维导图

2. 独立查阅信息页中的“智能家居安防布线实施服务规范”，结合已有经验，在表 4-1-7 中的各沟通步骤后填写你认为应该使用的礼貌用语。

表 4-1-7 与客户沟通的礼貌用语

序号	沟通步骤	礼貌用语
1	给客户打电话预约上门勘察时介绍自己	
2	确认客户信息	
3	说明打电话的用意	
4	预约勘察时间	
5	结束对话	

3. 独立查阅信息页中的“智能家居安防布线实施服务规范”，判断表 4–1–8 中的物品在上门服务时是不是必需的，并填写相关具体要求。

表 4-1-8 上门服务仪容仪表要求

序号	物品	是否必需	具体要求
1	工装	是□ 否□	
2	工牌	是□ 否□	
3	安全帽	是□ 否□	
4	防护手套	是□ 否□	
5	安全防护鞋	是□ 否□	
6	鞋套	是□ 否□	
7	护目镜	是□ 否□	
8	个性发型	是□ 否□	
9	长指甲	是□ 否□	
10	其他	是□ 否□	

4. 以小组为单位，合作勘察模拟现场，测试各暗管通断情况，结合本任务的任务情境、任务要求和任务资料，核准智能家居安防系统设备的安装位置，将勘察情况填写在表 4–1–9 中。

表 4-1-9 智能家居安防布线施工现场勘察表

序号	勘察项目	勘察内容	勘察结果	备注
1	基本信息	勘察日期	年 月 日	
		项目负责人		

续表

序号	勘察项目	勘察内容	勘察结果	备注
2	现场情况	施工场地 CAD 原图	有□　无□	
		信息点总数		
		信息底盒类型		
		安防监控点处是否有信息点	是□　否□	
		可视对讲机处是否有信息点	是□　否□	
		门窗探测器处是否有信息点	是□　否□	
		家庭配线箱位置		
		家庭配线箱内走线孔数量		
		是否光纤入户	是□　否□	
		各暗管是否通畅	是□　否□	
		不通暗管的位置		
		现有管径是否符合线缆布放要求	是□　否□	
		设备安装位置是否和信息点及布线路由图一致	是□　否□	
		设备安装位置是否需要调整	是□　否□	
3	甲方要求	隐蔽性要求	有□　无□	
		管道布置要求	有□　无□	
结论及建议				
勘察结论				
建议及解决方案				

（二）展示说明智能家居安防布线实施关键信息

1. 独立分析任务资料，结合现场勘察情况，确认智能家居安防系统设备配置数量及预定安装位置信息，填写表 4-1-10。

表 4-1-10　智能家居安防系统设备配置数量与预定安装位置信息表

设备类型	设备配置数量	预定安装位置	备注
面板式 AP			
摄像头			
门窗探测器			
可视对讲门口机			

续表

设备类型	设备配置数量	预定安装位置	备注
可视对讲室内机			
开门按钮			
其他安防系统设备			

2. 独立分析任务资料，结合现场勘察情况，将智能家居安防布线拓扑图绘制在图 4-1-4 中。

调制解调器

图 4-1-4 智能家居安防布线拓扑图

3. 独立查阅信息页中的“入侵检测系统布防要求”，明确智能家居安防系统布防要求，将布防模式、报警方式等信息填在表 4-1-11 中。

表 4-1-11 智能家居安防系统布防要求信息表

布防模式	报警方式	特殊要求
（如离家模式、在家模式、睡眠模式等）	（如声音报警、短信通知、App 推送等）	

4. 以小组为单位讨论智能家居安防布线实施关键信息的内容，形成统一意见后选取一名代表汇报展示。在汇报展示过程中，其他小组按照“智能家居安防布线实施关键信息的整理与说明（学习成果）”考核项目要求完成组间互评，见表 4-1-12。

表 4-1-12 “智能家居安防布线实施关键信息的整理与说明（学习成果）”考核项目评分表

组别：

本考核项目总分占学习任务考核总分的 10%，可按 10 分计算

评分项目	得分（互评占比为 40%、师评占比为 60%）						
	小组一	小组二	小组三	小组四	小组五	小组六	师评
设备配置数量准确，预定安装位置合理，计 4 分，每错误一处扣 1 分							
智能家居安防布线拓扑图绘制全面、准确，计 4 分，每缺一项扣 1 分							
智能家居安防系统布防要求说明全面、准确，计 2 分，每错误一处扣 1 分							
汇总得分							

学习环节二 制订计划

学习目标

1. 能与小组成员合作，整理智能家居安防系统设备和软件的种类及功能，分析案例，选用合适的智能家居安防系统设备和软件。

2. 能与小组成员合作，根据设计方案要求编制智能家居安防布线施工计划表，各阶段工期安排合理，施工进度、人员分工、设备、工具及材料安排合理。

建议学时

6 学时

学习要求

序号	学习步骤	学习内容	学时	备注
1	选用智能家居安防系统设备和软件	1. 信息处理的能力 2. 调制解调器（光猫）的外观结构和接口类型 3. 智能家居安防系统设备的选型原则 4. 智能家居安防系统软件的种类和功能	4	
2	制订智能家居安防布线施工计划	智能家居安防布线施工步骤的安排	2	

一、选用智能家居安防系统设备和软件

（一）收集整理智能家居安防布线实施案例设备信息

1. 独立上网查阅智能家居安防布线实施案例设备信息，参照信息页中的案例，把收集到的案例设备信息填写在表 4-2-1 中。

表 4-2-1　　智能家居安防布线实施案例设备信息收集表

序号	场景	无线网络设备品牌和类型	视频监控系统设备品牌和类型	门禁系统设备品牌和类型	入侵检测系统设备品牌和类型	无线网络覆盖方式

2. 以小组为单位展示并汇报收集和分析的案例信息，按照“智能家居安防布线实施案例信息的收集、整理和展示（通用能力 – 信息处理）”考核项目要求完成组间互评，见表 4-2-2。

表 4-2-2　　“智能家居安防布线实施案例信息的收集、整理和展示（通用能力 – 信息处理）”考核项目评分表

组别：

本考核项目总分占学习任务考核总分的 10%，可按 10 分计算

评分项目	得分（互评占比为 40%、师评占比为 60%）						
	小组一	小组二	小组三	小组四	小组五	小组六	师评
收集的案例数量达到 5 个，计 2 分，每缺少一个扣 1 分，少于或等于 3 个不得分							
整理的信息分类清晰，展示汇报有条理，计 2 分，存在不足扣 1 分							
所有案例均包含本次实施任务所具有的无线网络系统、视频监控系统、门禁系统、入侵检测系统，计 2 分，部分不符合扣 1 分，全部不符合不得分							
案例的设备品牌和类型包含 3 种及以上，无线网络覆盖方式有 2 种及以上，计 2 分，否则不得分							
将不同品牌和类型设备的优缺点、不同无线网络覆盖方式的优缺点、不同类型智能家居安防系统的优缺点整理对比完整，计 2 分，存在不足扣 1 分							
汇总得分							

（二）辨识智能家居安防系统设备的种类

1. 独立查阅信息页中的“调制解调器（光猫）的外观结构和接口类型”，观察图 4–2–1 所示的调制解调器（光猫）接口，将接口的名称填入对应的方框内。

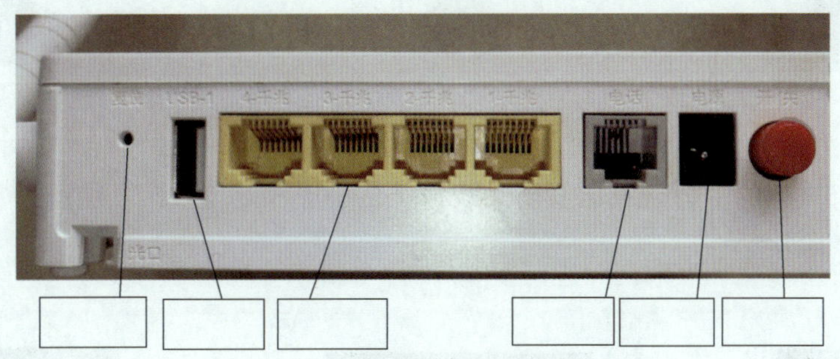

图 4–2–1　调制解调器（光猫）接口

2. 观察图 4–2–2 所示的调制解调器的铭牌，将调制解调器的各项参数填在表 4–2–3 中。

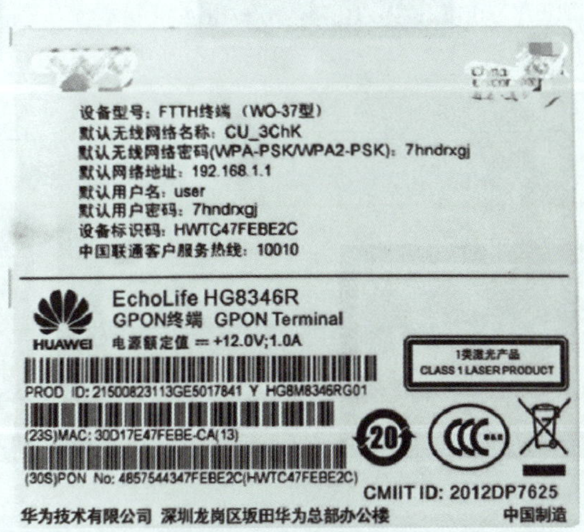

图 4–2–2　调制解调器的铭牌

表 4–2–3　调制解调器参数表

参数名称	参数
设备型号	
默认无线网络名称	
默认无线网络密码	
默认网络地址	
默认用户名	
默认用户密码	
设备标识码	

3. 独立回顾前面学习的视频监控系统设备的知识，辨别下列摄像头的类型，写在下方横线上。

______________ ______________ ______________

4. 独立查阅信息页中的“智能家居安防系统设备的种类和功能”，辨别下列常见门禁系统设备的类型，写在下方横线上。

______________ ______________ ______________

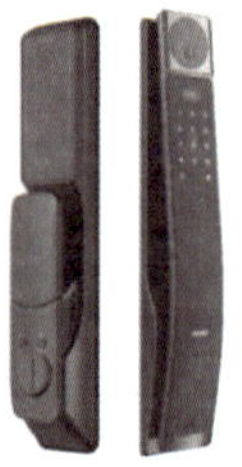

______________ ______________

5. 独立查阅信息页中的“智能家居安防系统设备的种类和功能”，辨别下列常见入侵检测系统设备的类型，写在下方横线上。

______________ ______________ ______________

（三）判断智能家居安防系统设备选型的合理性

1. 独立查阅信息页中的“智能家居安防系统设备的选型原则”，判断将下列智能家居安防系统设备安装到什么位置比较合适，将设备名称与合适的安装位置用直线连接起来。

设备名称	安装位置
红外光栅探测器	入户门
夜视功能摄像头	围墙 / 围栏
门窗磁感应器	庭院门
人脸识别摄像头	门窗
可视对讲机	庭院
电磁锁 / 电插锁	客厅

2. 回顾视频监控系统设备的知识，为下列场景选择最合适的摄像头类型，并说明原因。

（1）下列选项中最适合安装在客厅的是（　　）摄像头。【单选题】

A. 枪式　　B. 半球形　　C. 球形

选择的原因是：____。

（2）下列选项中最适合安装在学生公寓长廊的是（　　）摄像头。【单选题】

A. 枪式　　B. 半球形　　C. 球形

选择的原因是：____。

（3）在教室里安装摄像头的时候，如果需要远距离和高清的监控效果，则可以选择（　　）摄像头；如果需要全方位的监控覆盖和灵活的监控角度调整功能，则可以选择（　　）摄像头；如果注重美观性和隐蔽性，则可以选择（　　）摄像头。【单选题】

A. 枪式　　B. 半球形　　C. 球形

3. 独立查阅信息页中的"智能家居安防系统设备的选型原则"，说明在下列场景中使用该门禁系统设备的优点和缺点。

（1）办公楼宇使用人脸识别设备或指纹设备。

优点：____。

缺点：____。

（2）工业区域使用卡片识别设备。

优点：____。

缺点：____。

（3）别墅使用可视对讲机。

优点：____。

缺点：____。

（四）选用智能家居安防系统软件

1. 在安装调试完无线网络设备后，需要对传输速率和信号强度进行测试，独立查阅信息页中的"智能家居安防系统软件的种类和功能"，回答下面的问题。

（1）一名信息通信网络线务员在进行传输速率测试时，通常使用的工具是（　　），简要说明选择的理由。【单选题】

A. 在线测速工具　　　　B. 专业测速软件

选择的理由：____。

（2）用户在进行传输速率测试时通常使用的工具是（　　），简要说明选择的理由。【单选题】

A. 在线测速工具　　　　B. 专业测速软件

选择的理由：____。

（3）一名信息通信网络线务员在进行无线网络信号强度测试时，通常使用的工具是（　　），简要说明选择的理由。【单选题】

A. 手机 App　　　　B. 计算机软件

C. 路由器后台检测功能　　　　D. 专业信号强度检测器

选择的理由：____。

2. 查阅信息页中的"智能家居安防系统软件的种类和功能"，用户一般选择的视频监控系统设备的调试软件是____。

3. 查阅信息页中的"智能家居安防系统软件的种类和功能"，一名信息通信网络线务员一般选择的门禁系统设备的调试软件是专业门禁管理软件，列举出两个常见的专业门禁管理软件。

专业门禁管理软件：____________________、____________________。

4. 查阅信息页中的"智能家居安防系统软件的种类和功能"，用户一般选择的入侵检测系统设备的调试软件是____________________。

二、制订智能家居安防布线施工计划

（一）编制智能家居安防布线施工计划表

1. 结合前面三个学习任务中的经验，根据本任务情境，为以下给定的施工步骤排序，并说明排序的理由。

A. 敷设线缆　B. 安装入侵检测系统　C. 安装和连接门禁系统　D. 安装和连接视频监控系统

E. 安装和连接无线网络系统　F. 调试和检测无线网络系统　G. 调试和检测视频监控系统

H. 调试和检测门禁系统　I. 调试和检测入侵检测系统

你认为正确的施工步骤顺序是：________________________。

2. 根据前面的施工步骤，以甘特图的形式编制智能家居安防布线施工计划，填写在表 4-2-4 中。

表 4-2-4 智能家居安防布线施工计划（甘特图）

序号	施工人员	施工步骤	计划工期 单位：小时													

续表

序号	施工人员	施工步骤	计划工期　　单位：小时													

（二）核对设备、工具和材料清单

1. 根据任务情境、任务资料以及现场勘察的情况，核对设备清单，将智能家居安防布线施工设备的名称、规格、位置、单位、数量等信息填写在表 4-2-5 中。

表 4-2-5　　智能家居安防布线施工设备清单

序号	设备图片	名称	规格	位置	单位	数量	备注
1							
2							
3							
4							

续表

序号	设备图片	名称	规格	位置	单位	数量	备注
5							
6							
7							
8							
9							
10							
11							
12							

2. 根据任务情境、任务资料以及现场勘察的情况，小组讨论需要用到哪些工具，将智能家居安防布线施工工具的名称、规格、单位、数量等信息填写在表 4–2–6 中。

表 4-2-6 智能家居安防布线施工工具清单

序号	名称	规格	单位	数量	备注
1					
2					
3					

续表

序号	名称	规格	单位	数量	备注
4					
5					
6					
7					
8					
9					
10					
11					

3. 根据任务情境、任务资料以及现场勘察的情况，核对材料清单，将智能家居安防布线施工材料的名称、规格、单位、数量等信息填写在表 4–2–7 中。

表 4–2–7　　智能家居安防布线施工材料清单

序号	名称	规格	单位	数量	备注
1	双绞线				
2					
3					
4					
5					
6					
7					
8					
9					
10					
11					
12					

学习环节三 做出决策

学习目标

能独立介绍智能家居安防布线入户施工计划，说明智能家居安防系统设备选择的情况，并模拟与客户沟通，明确入户施工时间。

建议学时

2 学时

学习要求

序号	学习步骤	学习内容	学时	备注
1	沟通入户施工计划	1. 入户施工计划的说明与沟通 2. 与人交流的能力	2	

沟通入户施工计划

1. 与小组成员共同观察教师模拟交流过程，讨论并将你认为需要告知客户的信息、沟通话术要点、从服务意识角度考虑的问题选项填写在表 4-3-1 中。

表 4-3-1 入户施工计划的说明与沟通内容列表

A. 施工计划与时间表	B. 设备选择与功能介绍	C. 耐心倾听客户对安防系统的具体需求
D. 施工区域与影响范围	E. 密码设定	F. 应急联系方式
G. 布线方案与细节	H. 维护与保养说明	I. 详细解释布线方案的设计思路
J. 安全注意事项	K. 隐私保护政策	L. 承诺提供及时、有效的技术支持服务
M. 售后服务与支持	N. 门禁管理员权限设定	O. 费用明细与支付方式
P. 视频监控控制权限	Q. 提供多种沟通渠道	R. 详细解释施工费用和材料费用的构成
S. 明确告知客户设备的保修期限及保修范围		

续表

告知客户的信息	
沟通话术要点	
服务意识	

2. 结合施工内容，将你认为需要向客户介绍和说明的关键信息填写在表 4–3–2 中。

表 4–3–2　　向客户介绍和说明的关键信息

项目	关键信息
无线网络系统	
视频监控系统	
门禁系统	
入侵检测系统	
施工影响	

3. 小组成员两两合作，模拟施工人员和客户做读稿练习，从礼貌用语、表情与情感等方面进行相互点评，提出改进意见或建议，记录在表 4–3–3 中。

表 4–3–3　　客户交流稿编写建议列表

练习	点评
礼貌用语	问候语（　　）尊称（　　）承诺（　　）邀请（　　）道别语（　　） 其他补充：____________________
表情	自然（　　）微笑（　　）尴尬（　　）紧张（　　） 其他补充：____________________
情感	平稳（　　）起伏较大（　　）抑扬顿挫（　　）平淡（　　） 其他补充：____________________
改进意见或建议	

4. 在读稿练习的基础上，根据改进意见或建议进行完善，小组成员两两合作，模拟施工人员和客户，针对施工计划的说明与解释进行交流，按照“施工计划的说明与解释（通用能力 – 与人交流）”考核项目要求完成组间互评，见表 4–3–4。

表 4-3-4 “施工计划的说明与解释（通用能力 - 与人交流）”考核项目评分表

组别：

本考核项目总分占学习任务考核总分的 10%，可按 10 分计算

评分项目	得分（互评占比为 40%、师评占比为 60%）						
	小组一	小组二	小组三	小组四	小组五	小组六	师评
完整、清晰地说明设备选型、功能，符合客户需求、设计方案及现场环境实际，计 2 分，有所欠缺扣 1 分							
完整说明使用的主要材料，客观、准确地介绍成本，计 2 分，有所欠缺扣 1 分							
清晰说明施工步骤和进度，计 2 分，有所欠缺扣 1 分							
普通话标准，态度亲和，语言流畅、有条理，计 4 分，每存在一项不足扣 1 分							
汇总得分							

学习环节四 实施计划

学习目标

1. 能与小组成员合作，明确施工规范，按施工需求填写领料确认单，领取并核对设备、材料的种类与数量，选取合适的方法对设备、材料进行核检，罗列所需的工具清单并准备工具，确保设备、材料、工具无遗漏。

2. 能与小组成员合作，正确选择工具，完成墙体内线缆敷设、双绞线端接、皮线光缆冷接并自检。

3. 能与小组成员合作，正确选择无线网络设备，按照设备说明书完成无线网络系统的安装和调试并自检。

4. 能与小组成员合作，查阅智能家居安防系统设备说明书，完成视频监控系统、门禁系统、入侵检测系统的安装、调试和测试，对客户负责。

建议学时

40 学时

学习要求

序号	学习步骤	学习内容	学时	备注
1	做好智能家居安防布线施工准备	1. 智能家居安防布线施工规范 2. 带电设备操作通用规范 3. 安全意识 4. 设备加电测试流程和注意事项	4	

续表

序号	学习步骤	学习内容	学时	备注
2	敷设和端接线缆	1. 皮线光缆的结构特点 2. 墙体内线缆敷设 3. 与人合作的能力 4. 规范意识 5. 光纤冷接的操作步骤	10	
3	安装和调试无线网络系统	1. 无线网络设备的结构特点与接口类型 2. 无线网络设备的安装和连接 3. 无线网络系统传输速率的测试与判断	6	
4	安装和调试视频监控系统	1. 视频监控系统设备的安装和连接 2. 波纹软管的裁剪与使用 3. 视频监控系统的调试 4. 诚实劳动的精神	6	
5	安装和调试门禁系统	1. 门禁系统设备安装和连接要点 2. 门禁系统的调试内容	8	
6	安装和调试入侵检测系统	1. 入侵检测系统设备的结构特点 2. 入侵检测系统设备的安装和连接 3. 入侵检测系统的调试内容	6	

一、做好智能家居安防布线施工准备

（一）整理智能家居安防布线施工规范

1. 独立观看智能家居安防布线施工相关案例视频，完成下列填空。

（1）视频中使用的安全防护用品有：____，除此以外，还应该佩戴的安全防护用品有：______________________________________。

（2）视频中给定的线缆冗余长度（合理☐ 不合理☐），若不合理，说明原因并填写正确的冗余范围。

1）家庭配线箱内双绞线冗余长度为：________ ~ ________ cm。

2）家庭配线箱内皮线光缆冗余长度为：________ ~ ________ cm。

3）信息底盒内双绞线冗余长度为：________ ~ ________ cm。

4）信息底盒内皮线光缆冗余长度为：________ ~ ________ cm。

5）摄像头连接处双绞线冗余长度为：________ ~ ________ cm。

（3）写出你认为视频中操作不规范的三个地方。

1）____。

2）____。

3）____。

（4）写出你认为相对应的规范操作。

1）____。

2）____。

3）____。

2. 独立查阅信息页中的“智能家居安防布线施工规范”以及设计规范中智能家居安防布线施工相关规范，完成图4-4-1所示的智能家居安防布线施工规范思维导图的填写。

图4-4-1 智能家居安防布线施工规范思维导图

（二）领取并核对检查材料

根据智能家居安防布线施工材料清单领取施工材料，认真核对材料的规格、数量等信息，填写表4-4-1。

表 4-4-1　　智能家居安防布线施工领料确认单

序号	材料名称	观察点	发现的问题	处理措施	备注
示例	双绞线	种类、规格和数量	领取到的是超五类非屏蔽双绞线	更换为六类非屏蔽双绞线	

（三）领取并测试智能家居安防系统设备

1. 根据智能家居安防布线施工设备清单领取设备，认真核对设备的规格、数量等信息，填写表 4-4-2。

表 4-4-2　　智能家居安防布线施工设备领取确认单

序号	设备名称	观察点	发现的问题	处理措施	备注
示例	摄像头	数量、规格和外观	领到 4 个枪式摄像头	更换为 5 个半球形摄像头	

2. 独立查阅信息页中的“带电设备操作通用规范”，将带电设备操作规范准确地填写在图 4–4–2 中。

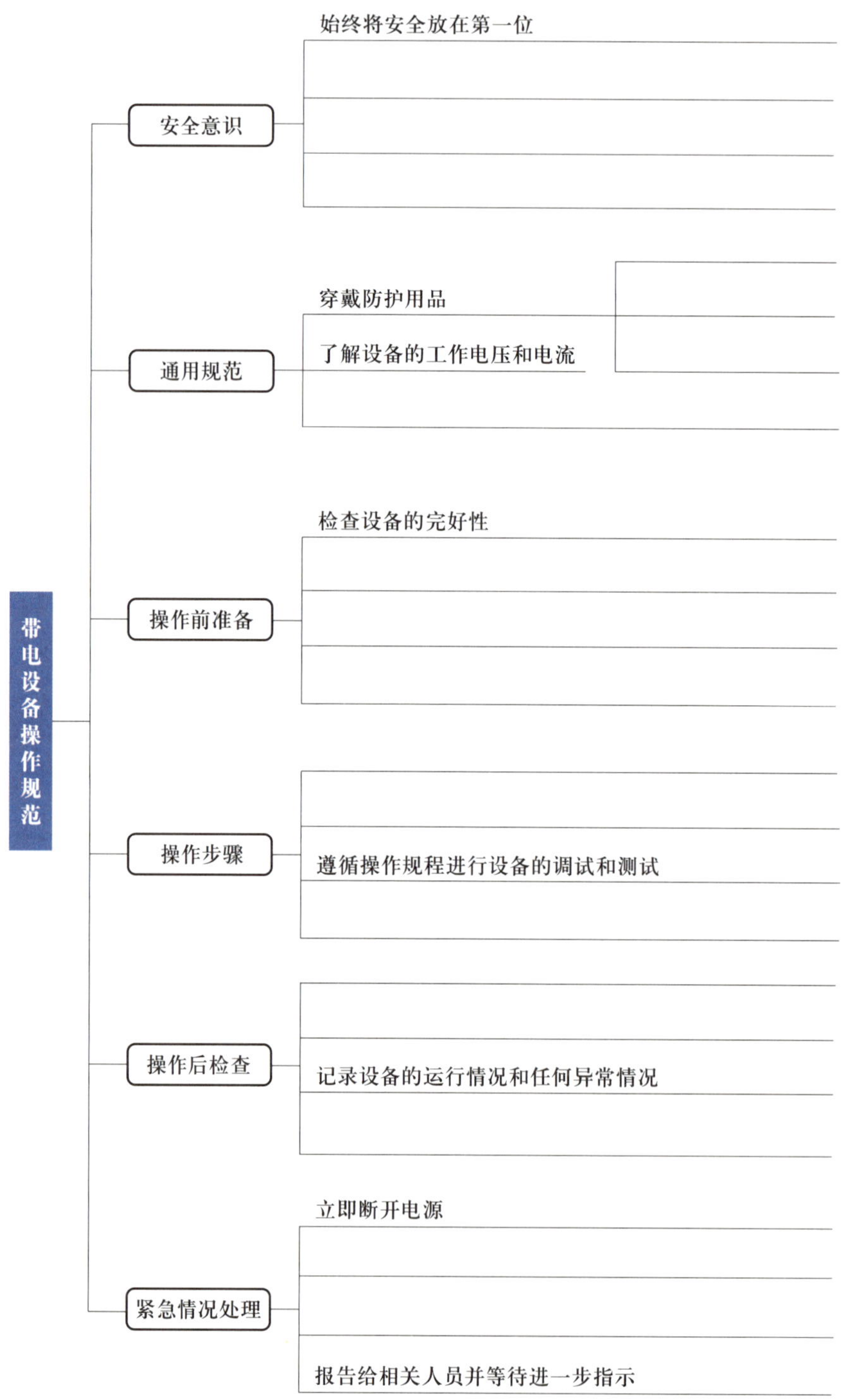

图 4–4–2　带电设备操作规范思维导图

3. 独立查阅信息页中的“设备加电测试流程和注意事项”，把智能家居安防系统设备加电测试流程填写在表 4–4–3 中，确保每个步骤和细节都得到充分考虑和记录。

表 4-4-3　　设备加电测试流程表

序号	设备名称	测试步骤	测试结果	是否通过	备注
1	可视对讲机	加电后，此设备应能正常开启和关闭			
2	监控摄像头	加电后，此设备应能正常启动并传输视频信号			
3	红外传感器	加电后，此设备应能正常检测到人体移动并发出信号			
4	烟雾报警器	加电后，此设备应处于待机状态，烟雾触发时应能发出警报			
5	玻璃破碎报警器	加电后，此设备应能正常检测到玻璃破碎声并发出警报			
6	紧急按钮	加电后，按下按钮应能触发报警信号			

4. 小组合作阅读设备使用说明书，规范完成智能家居安防系统设备加电测试，将测试结果填写在表 4–4–4 中。

表 4-4-4　　智能家居安防系统设备加电测试表

设备名称	设备型号	电源输入	电源指示灯	异常情况
无线网络设备		AC 220 V	正常亮起□　异常□	
视频监控系统设备		DC 12 V	正常亮起□　异常□	
门禁系统设备		AC 220 V	正常亮起□　异常□	
入侵检测系统设备		DC 5 V	正常亮起□　异常□	

二、敷设和端接线缆

（一）选择皮线光缆的型号

1. 独立查阅信息页中的“皮线光缆的结构特点”，明确不同皮线光缆的特点、型号和适用场景，填写在表 4–4–5 中。

表 4-4-5　　皮线光缆类型及其特点汇总表

类型	特点	型号	适用场景
室内皮线光缆			
室外皮线光缆			

续表

类型	特点	型号	适用场景
单芯皮线光缆			
双芯皮线光缆			
多芯皮线光缆			
单模皮线光缆			
多模皮线光缆			
PVC 皮线光缆			
LSZH 皮线光缆			

2. 参考表 4–4–6 中的皮线光缆类型，小组讨论，选择适合本任务的皮线光缆并说明选择的依据。

表 4–4–6　　皮线光缆类型选择表

类型			选择的依据
室内皮线光缆 □	单模皮线光缆 □	PVC 皮线光缆 □	
室外皮线光缆 □	多模皮线光缆 □	LSZH 皮线光缆 □	
单芯皮线光缆 □	双芯皮线光缆 □	多芯皮线光缆 □	

（二）敷设墙体内线缆

1. 独立查阅信息页中的“墙体内线缆敷设”，思考墙体内线缆敷设故障及解决方法，填写图 4–4–3。

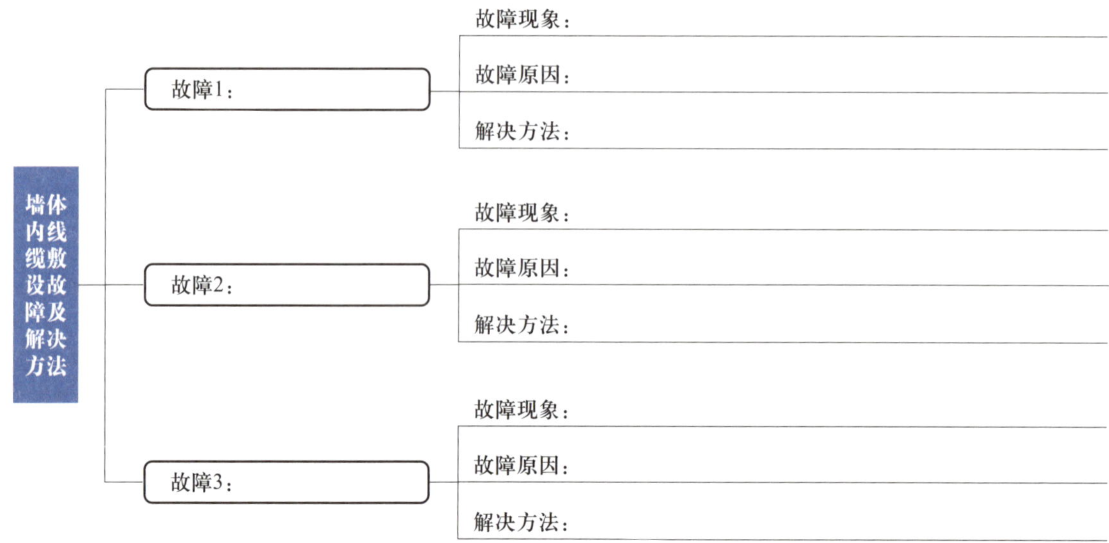

图 4–4–3　墙体内线缆敷设故障及解决方法思维导图

2. 小组合作，根据任务要求，按照线缆敷设规范完成墙体内线缆敷设，根据在敷设过程中遇到的困难和问题，补充完善墙体内线缆敷设故障及解决方法思维导图，重新绘制到下面空白处。

（三）明确光纤冷接操作流程，冷接皮线光缆

1. 独立利用网络查阅光纤端接的适用场景，根据下列给定的场景确定适合使用哪种光纤连接方式并说明选择的理由。

（1）在一个音乐节或大型户外活动中需要临时搭建一个可靠的网络系统，以支持现场直播、票务验证、支付交易等功能。由于时间紧迫且环境复杂，需要一种快速、灵活且稳定的光纤连接方式。

（2）在大型企业、数据中心或城市基础设施中，需要构建一个长期稳定运行的光缆主干网络，用于承载关键业务和数据传输业务。

（3）光纤传感技术广泛应用于环境监测、安全监控和工业自动化等领域，需要构建高精度、高可靠性的光纤传感系统。

（4）随着云计算和大数据的快速发展，数据中心的网络容量需求不断增加。为了快速响应业务需求，需要一种能够快速扩容的光纤连接方式。

（5）随着光纤宽带的普及，光纤到户（FTTH）需要实现高速互联网接入。

（6）一个老旧楼宇的智能化系统需要升级，其中包括网络系统的改造。由于楼宇内部空间有限且结构复杂，需要一种灵活且高效的光纤连接方式。

（7）在跨城市、跨省份或跨国界的通信项目中，需要构建长距离的光纤通信线路，以支持数据传输和通信服务。

（8）一个偏远地区需要接入互联网，但存在地形复杂、电力供给不足等问题。

适合光纤冷接的场景序号：____，

选择的理由：____。

适合光纤熔接的场景序号：____，选择的理由：____。

2. 观看光纤冷接的相关操作视频，并结合信息页中的“光纤冷接的操作步骤”，将下列光纤冷接的操作步骤按顺序排列。

A. 开剥外皮　B. 冷接　C. 准备工具和材料　D. 测试　E. 切割　F. 清洁　G. 剥除涂覆层

正确的光纤冷接操作步骤顺序为：____。

3. 观看光纤冷接的相关操作视频，详细归纳出每一步操作的详细步骤，并补全下面的内容。

（1）光纤冷接需要用到的工具主要包括__________、__________、__________、__________、__________、__________等。

（2）开剥外皮：使用__________，根据光纤的类型和尺寸，选择合适大小的孔径，剥除光纤的外皮。

（3）剥除涂覆层：使用__________，剥除光纤涂覆层，剥除的长度约为__________cm，避免过长或者过短。

（4）清洁：用蘸有__________的无尘纸清洁裸纤，确保裸纤表面干净无杂质。

（5）切割：将光纤放入______________的夹具中，确保光纤端面平整且与切割刀__________，轻轻按下切割刀，切割光纤。

（6）冷接：根据光纤冷接端子的型号和规格，将光纤穿入冷接端子本体。光纤要穿到位，确保__________与冷接端子内部的__________紧密接触。按照冷接端子的操作说明，轻轻__________或__________冷接端子，使其内部的卡槽或夹具将光纤固定并连接在一起。

（7）测试：使用__________或__________等工具，测试光纤的________和________，确保连接质量符合要求。

4. 小组成员对照操作步骤和操作视频练习光纤冷接操作，并归纳出光纤冷接操作的注意事项。

注意事项一：在切割光纤时，为避免影响连接质量，应________________________________。

注意事项二：在清洁光纤时，为避免影响连接效果，应____。

注意事项三：在冷接时，为避免损坏光纤或冷接端子，应____________________________。

注意事项四：在测试时，为确保测试结果的准确性，应____________________________。

（四）端接墙体内线缆并随工自检

1. 独立回顾前面任务中学习的线缆端接、标识的操作步骤，写出线缆端接、标识的操作要点。

（1）铜缆

铜缆端接：____。

铜缆标签位置：____。

铜缆标签数量：____。

铜缆标签书写要求：____。

（2）光纤

光纤端接：____。

光纤标签位置：____。

光纤标签数量：____。

光纤标签书写要求：____。

2. 小组合作，完成墙体内线缆的端接、标识和随工自检，填写表 4–4–7，整理工具，清扫现场。

表 4–4–7　　线缆端接施工记录表

序号	线缆名称	位置	通断情况	标识情况	不规范操作
1					
2					
3					
4					
5					
6					
7					
8					
9					
是否完成现场清洁整理		是□　否□			

3. 各小组安全员和教师一起组成评价小组，按照“墙体内线缆的敷设和端接（技能）”考核项目要求完成组间互评，见表 4–4–8。

表 4-4-8 “墙体内线缆的敷设和端接（技能）”考核项目评分表

组别：							
本考核项目总分占学习任务考核总分的 10%，可按 10 分计算							
评分项目	得分（互评占比为 40%、师评占比为 60%）						
	小组一	小组二	小组三	小组四	小组五	小组六	师评
施工过程规范，计 2 分，每出现一次不规范操作扣 1 分							
双绞线和皮线光缆全部敷设完毕，计 2 分，每少一根线缆扣 1 分							
所有线缆端接完毕并通过通断测试，计 2 分，每出现一根线缆端接不合格扣 1 分							
所有线缆标签位置、内容、数量符合设计规范，计 2 分，每出现一处线缆标识错误扣 1 分							
施工记录表填写完整，内容与实际施工情况相符，计 2 分，每缺少一项内容扣 1 分							
汇总得分							

三、安装和调试无线网络系统

（一）明确无线网络设备类型信息，安装和连接无线网络设备

1. 独立查阅信息页中的“无线网络设备的结构特点与接口类型”，将下列相对应的接口类型、设备类型和结构特点用直线连接起来。

接口类型	设备类型	结构特点
RJ45接口	无线路由器	◆一般包括天线、WAN接口、LAN接口等
RJ11接口	无线AP	◆体积较小，便于安装在天花板、墙壁等位置。接口简单，天线多样
USB接口	调制解调器	◆接口丰富，可连接光纤、双绞线等，外形小巧，便于放置在家庭配线箱内
POE接口	POE交换机	◆一般具有POE供电接口和非供电接口
光纤接口	以太网交换机	◆接口和结构都较为简单，一般只包括双绞线接口

2. 与小组成员讨论并识别调制解调器的盘纤位置和光纤的接口位置、类型，POE 交换机的接口类型和参数，面板式 AP 的类型和结构特点，在图 4-4-4 中的方框内填写对应的内容。

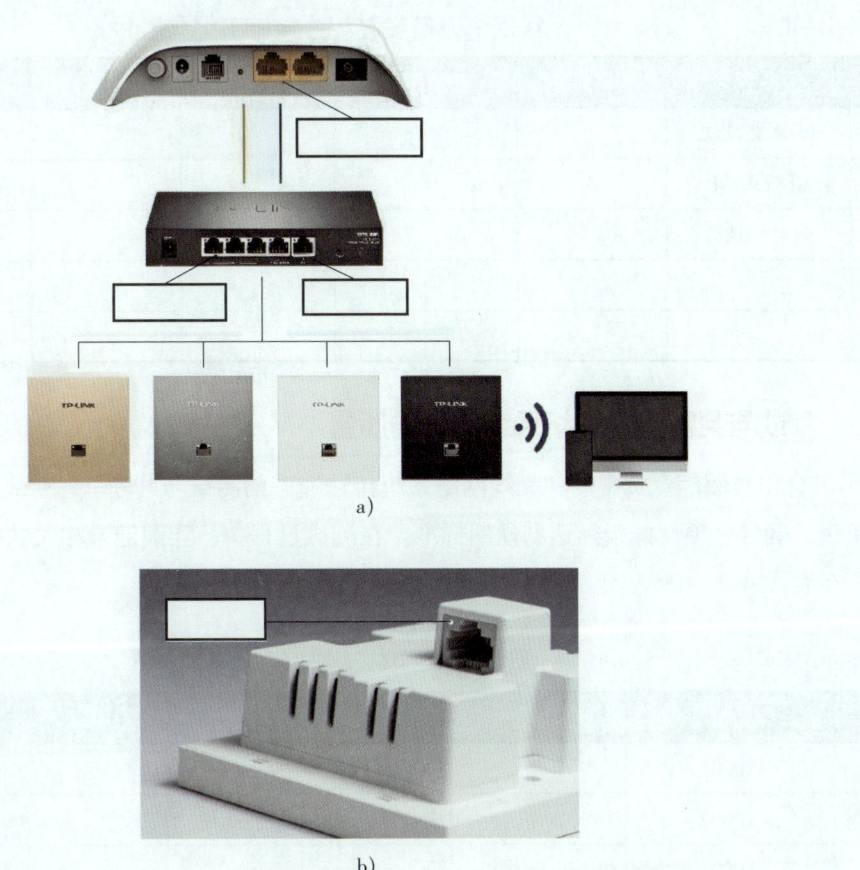

a）

b）

图 4-4-4 家庭无线网络设备连接示意图及面板式 AP 背面结构图

a）家庭无线网络设备连接示意图 b）面板式 AP 背面结构图

3. 小组成员两两配对，共同参照信息页中的“无线网络设备安装示意图”练习安装和连接无线网络设备。在练习过程中，双方需要相互监督，确保每一步操作都符合安装规范。练习完成后，互相对对方的操作过程与结果进行评价，并将详细评价记录在表 4-4-9 中。

表 4-4-9 无线网络系统安装规范评价表

实践内容	评价标准	是否符合	出现的问题
设备选择	根据需求选择合适的品牌和规格	是□ 否□	
安装位置	选择实训室合适的位置	是□ 否□	
设备安装	设备安装牢固，无晃动、倾斜现象	是□ 否□	
线缆敷设	线缆敷设整齐美观，无裸露、纠缠现象	是□ 否□	
安全措施	人员安全措施到位，防护用品佩戴齐整	是□ 否□	

4. 以小组为单位，根据“无线网络系统的安装和调试（技能）”考核项目要求共同安装和连接无线网络设备，安装完成后随工自检安装质量，把施工情况填写在表 4-4-10 中。

表 4-4-10　　无线网络设备安装和连接施工记录表

序号	设备名称	设备规格	安装位置	安装时间	设备数量	设备标签	备注
1	POE 交换机						
2	面板式 AP						
3	调制解调器						
4							
5							

（二）测试与判断无线网络系统的传输质量

1. 小组合作查阅信息页中的“无线网络系统传输速率的测试与判断”，测试并判断无线网络系统的传输质量，确保各项性能指标达到预期标准。在测试过程中，详细记录相关数据，并将测试与判断结果填写在表 4-4-11 中。

表 4-4-11　　无线网络系统测试施工记录表

序号	接入点（AP）编号	频率 /GHz	传输速率 /Mbps	丢包率 /%	传输质量
1	AP001				优 □　良 □　差 □
2	AP002				优 □　良 □　差 □
3	AP003				优 □　良 □　差 □
4	AP004				优 □　良 □　差 □
5	AP005				优 □　良 □　差 □

2. 各小组安全员和教师一起组成评价小组，按照“无线网络系统的安装和调试（技能）”考核项目要求，交叉检查无线网络设备的安装质量和无线网络系统的传输质量，完成组间互评，见表 4-4-12。

表 4-4-12　　“无线网络系统的安装和调试（技能）”考核项目评分表

组别：							
本考核项目总分占学习任务考核总分的 10%，可按 10 分计算							
评分项目	得分（互评占比为 40%、师评占比为 60%）						
	小组一	小组二	小组三	小组四	小组五	小组六	师评
施工过程规范，计 2 分，每出现一次不规范操作扣 1 分							
设备安装牢固，数量、位置正确，计 2 分，每出现一处安装错误扣 1 分							

续表

评分项目	得分（互评占比为 40%、师评占比为 60%）						
	小组一	小组二	小组三	小组四	小组五	小组六	师评
4 个面板式 AP 与 POE 交换机之间的通断测试结果与实际相符，计 2 分，每出现一处错误扣 0.5 分							
所有线缆标签位置、内容、数量符合设计规范，计 2 分，每出现一处标识错误扣 1 分							
施工记录表填写完整，内容与实际施工情况相符，计 2 分，每缺少一项内容扣 1 分							
汇总得分							

四、安装和调试视频监控系统

（一）辨析摄像头安装要点，安装和连接视频监控系统设备

1. 独立查阅信息页中的“诚实劳动”相关内容，判断表 4-4-13 中所描述的信息通信网络线务员行为是否属于诚实劳动，思考并填写违背诚实劳动精神可能带来的后果。

表 4-4-13 信息通信网络线务员诚实劳动案例分析表

行为描述	是否属于诚实劳动	违背诚实劳动精神的后果
信息通信网络线务员在安装摄像头线路时，准确测量线路长度，预留合理的余量，并且确保线路隐蔽安装，在不影响房屋美观的同时保证线路安全	是☐ 否☐	
为了方便，信息通信网络线务员将门窗探测器安装在易误触发的位置或者未安装牢固	是☐ 否☐	
信息通信网络线务员在安装、调试智能家居安防系统设备后未进行全面的功能测试，只是简单地查看设备是否通电，而不检查其实际功能是否正常	是☐ 否☐	
信息通信网络线务员在调试记录中弄虚作假，没有如实记录设备存在的问题或参数设置	是☐ 否☐	
信息通信网络线务员在安装摄像头线路时，使用质量差的线缆或者在线缆中间私自接续，不使用标准的接续盒和接续方式	是☐ 否☐	

2. 各小组分别领取不同类型的摄像头，回顾前序课程中关于摄像头安装的相关知识，观察并分析所领取摄像头的特性，讨论不同类型摄像头的安装要点，填写在表 4-4-14 中。

表 4-4-14　　不同类型摄像头的安装要点表

序号	摄像头类型	安装要点			
		合适的安装位置	固定与安装方式	供电及网络连接方式	特殊注意事项
1					
2					
3					
4					
5					

3. 按照教师要求，将摄像头安装到实训墙的合适位置，组内互查并记录安装规范执行情况，填写在表 4-4-15 中。

表 4-4-15　　摄像头安装规范执行情况统计表

序号	操作步骤	安装规范	执行情况	改进措施
1	选定安装位置			
2	安装摄像头支架			
3	固定摄像头			
4	接线			
5	调整和测试摄像头			

续表

序号	操作步骤	安装规范	执行情况	改进措施
6	固定和封装摄像头			

4. 独立查阅信息页中的“波纹软管的裁剪与使用”，观看教师演示，以小组为单位，练习裁剪、使用波纹软管和连接摄像头，将相关情况记录在表 4-4-16 中。

表 4-4-16 波纹软管裁剪与使用记录表

序号	操作步骤	操作规范	操作中出现的问题	改进措施
1	确定裁剪长度			
2	裁剪波纹软管			
3	处理断口			
4	穿入线缆			
5	固定波纹软管			

（二）调试视频监控系统，检测视频监控系统功能性

1. 独立观看教师演示并记录视频监控系统软件的使用方法，记录视频监控系统调试步骤，将调试相关内容填写在表 4-4-17 中。

表 4-4-17 视频监控系统调试记录表

序号	操作步骤	参数设置	调试要点	实现功能
1	登录摄像头			
2	设置网络参数			
3	调整图像质量			

续表

序号	操作步骤	参数设置	调试要点	实现功能
4	测试视频流			
5	配置移动目标检测功能			
6	配置报警功能			
7	配置存储功能			
8	配置远程访问功能			
9	优化系统功能			
10	测试备份和恢复功能			

2. 小组成员两两配对，按照相互给定的条件调试视频监控系统（监控范围、图像质量、录像功能、远程访问和控制等），将调试相关内容填写在表 4-4-18 中。

表 4-4-18　　视频监控系统调试记录表

序号	具体调试要求	是否调试成功	失败原因	解决方法
1		是□　否□		
2		是□　否□		
3		是□　否□		
4		是□　否□		

续表

序号	具体调试要求	是否调试成功	失败原因	解决方法
5		是☐ 否☐		
6		是☐ 否☐		
7		是☐ 否☐		
8		是☐ 否☐		

（三）安装和调试视频监控系统并随工自检

1. 以小组为单位，听教师讲解“视频监控系统的安装和调试（技能）”考核项目要求，做好组内组织分工，选出一名技能水平最高的学生作为安全员，将分工情况填写在表 4–4–19 中。

表 4–4–19　　视频监控系统安装和调试人员分工表

岗位名称					
人员姓名					
岗位职责					

2. 以小组为单位，按照“视频监控系统的安装和调试（技能）”考核项目要求安装和调试视频监控系统，将施工情况填写在表 4–4–20 中。

表 4–4–20　　视频监控系统安装和调试施工记录表

施工小组：__________　施工人员：__________　安全员：__________

序号	操作步骤	操作人员	操作时长	操作基本情况	存在的问题	问题处理结果
1						
2						
3						

续表

序号	操作步骤	操作人员	操作时长	操作基本情况	存在的问题	问题处理结果
4						
5						
6						
7						
8						
9						
10						
11						

3. 各小组在调试完成后自检视频监控系统的功能，将自检情况填写在表 4–4–21 中，并整理工位。

表 4–4–21　　视频监控系统功能自检表

序号	系统功能	是否调试成功
1		是 □　否 □
2		是 □　否 □
3		是 □　否 □
4		是 □　否 □
5		是 □　否 □
6		是 □　否 □
7		是 □　否 □
8		是 □　否 □
9		是 □　否 □

续表

序号	系统功能	是否调试成功
10		是□ 否□
11		是□ 否□
12		是□ 否□

4. 各小组安全员和教师组成一个评价小组，按照“视频监控系统的安装和调试（技能）”考核项目要求，交叉检查摄像头的安装质量和视频监控系统的功能，完成组间互评，见表4–4–22。

表4–4–22 “视频监控系统的安装和调试（技能）”考核项目评分表

组别：

本考核项目总分占学习任务考核总分的10%，可按10分计算

评分项目	得分（互评占比为40%、师评占比为60%）						
	小组一	小组二	小组三	小组四	小组五	小组六	师评
施工过程规范，计2分，每出现一次不规范操作扣1分							
设备安装牢固，数量、位置正确，计2分，每出现一处安装错误扣1分							
设备调试符合设计方案功能要求，计2分，每出现一处功能错误扣1分							
所有线缆标签位置、内容、数量符合设计规范，计2分，每出现一处标识错误扣1分							
施工记录表和功能自检表填写完整，内容与实际施工情况相符，计2分，每缺少一项内容扣1分							
汇总得分							

五、安装和调试门禁系统

（一）辨析门禁系统安装要点，安装和连接门禁系统设备

1. 独立阅读信息页中的“门禁系统设备安装和连接要点”，观看教师演示，识别门禁系统设备的结构特点、接口类型和连接要点，填写在表4–4–23中。

表4–4–23 门禁系统设备的结构特点、接口类型和连接要点表

序号	设备样例	设备名称	结构特点	接口类型	连接要点
1		可视对讲室内机			

续表

序号	设备样例	设备名称	结构特点	接口类型	连接要点
2		可视对讲门口机			
3		开门按钮			
4		解码器			

2. 观看并记录教师演示的门禁系统设备安装和连接流程，以小组为单位，练习门禁系统设备的安装和连接。

（二）梳理门禁系统调试内容与要点

1. 独立查阅信息页中的“门禁系统的调试内容”，观看教师演示和讲解门禁系统调试内容，记录门禁系统调试内容（IP 地址、账号、权限等），以小组为单位，结合安防功能需求和系统特点，讨论并整理门禁系统调试内容与要点，填写在表 4-4-24 中。

表 4-4-24 门禁系统调试内容与要点

序号	调试设备	调试内容	参数设置	调试要点	实现功能
1		设置网络			
		配置呼叫功能			
2		设置网络			
		关联可视对讲门口机			
		设置房间号			
		设置音视频功能			
		配置异常情况处理功能			
		调试远程访问功能			

续表

序号	调试设备	调试内容	参数设置	调试要点	实现功能
3		设置连接			
		设置密码			
		设置指纹			
		设置人脸识别			

2. 小组合作，根据调试内容，查阅产品说明书，练习调试门禁系统，并将调试过程记录在表 4-4-25 中。

表 4-4-25　门禁系统调试记录表

序号	具体调试要求	是否调试成功	失败原因	解决方法
1		是□　否□		
2		是□　否□		
3		是□　否□		
4		是□　否□		
5		是□　否□		
6		是□　否□		
7		是□　否□		
8		是□　否□		
9		是□　否□		
10		是□　否□		

续表

序号	具体调试要求	是否调试成功	失败原因	解决方法
11		是□　否□		
12		是□　否□		

（三）安装和调试门禁系统并随工自检

1. 以小组为单位，听教师讲解“门禁系统的安装和调试（技能）”考核项目要求，做好组内组织分工，选出一名技能水平最高的学生作为安全员，将分工情况填写在表 4-4-26 中。

表 4-4-26　　门禁系统安装和调试人员分工表

岗位名称					
人员姓名					
岗位职责					

2. 以小组为单位，按照“门禁系统的安装和调试（技能）”考核项目要求安装和调试门禁系统，接受安全员全过程监督，将施工情况填写在表 4-4-27 中。

表 4-4-27　　门禁系统安装和调试施工记录表

施工小组：________　施工人员：________　安全员：________

序号	操作步骤	操作人员	操作时长	操作基本情况	存在的问题	问题处理结果
1						
2						
3						
4						
5						

续表

序号	操作步骤	操作人员	操作时长	操作基本情况	存在的问题	问题处理结果
6						
7						
8						
9						
10						
11						
12						
13						
14						
15						
16						

3. 各小组在调试完成后自检门禁系统的功能，将自检情况填写在表 4-4-28 中，并整理工位。

表 4-4-28　门禁系统功能自检表

序号	系统功能	是否调试成功
1		是☐ 否☐
2		是☐ 否☐

续表

序号	系统功能	是否调试成功
3		是☐ 否☐
4		是☐ 否☐
5		是☐ 否☐
6		是☐ 否☐
7		是☐ 否☐
8		是☐ 否☐
9		是☐ 否☐
10		是☐ 否☐
11		是☐ 否☐
12		是☐ 否☐

4. 各小组安全员和教师组成一个评价小组，按照“门禁系统的安装和调试（技能）”考核项目要求，交叉检查设备的安装质量和门禁系统的功能，完成组间互评，见表4–4–29。

表4–4–29 “门禁系统的安装和调试（技能）”考核项目评分表

组别：							
本考核项目总分占学习任务考核总分的10%，可按10分计算							
评分项目	得分（互评占比为40%、师评占比为60%）						
	小组一	小组二	小组三	小组四	小组五	小组六	师评
施工过程规范，计2分，每出现一次不规范操作扣1分							
设备安装牢固，数量、位置正确，计2分，每出现一处安装错误扣1分							
设备调试符合设计方案功能要求，计2分，每出现一处功能错误扣1分							
所有线缆标签位置、内容、数量符合设计规范，计2分，每出现一处标识错误扣1分							
施工记录表和功能自检表填写完整，内容与实际施工情况相符合，计2分，每缺少一项内容扣1分							
汇总得分							

六、安装和调试入侵检测系统

（一）辨析入侵检测系统安装要点，安装入侵检测系统设备

1. 独立查阅信息页中的“入侵检测系统设备的结构特点”，听教师的讲解，明确入侵检测系统设备的结构特点、接口类型和安装要点，填写在 4-4-30 中。

表 4-4-30 入侵检测系统设备的结构特点、接口类型和安装要点表

序号	设备样例	设备名称	结构特点	接口类型	安装要点
1		门窗探测器			
2		智能网关			

2. 独立查阅信息页中的“入侵检测系统设备的安装和连接”，观看并记录教师演示的入侵检测系统设备安装和连接，以小组为单位，练习入侵检测系统设备的安装和连接。

（二）梳理入侵检测系统调试内容与要点

1. 独立查阅信息页中的“入侵检测系统的调试内容”，观看教师演示和讲解入侵检测系统的调试内容，记录入侵检测系统调试内容（IP 地址、账号、权限等），以小组为单位，结合安防功能需求和系统特点，讨论并整理入侵检测系统调试内容与要点，填写在表 4-4-31 中。

表 4-4-31 入侵检测系统调试内容与要点

序号	调试内容	参数设置	调试要点	实现功能
1	检查与连接设备			
2	检查电源			
3	初始化设备			
4	调试传感器			
5	调试报警控制器			

续表

序号	调试内容	参数设置	调试要点	实现功能
6	联动调试系统			
7	整体测试			

2. 小组合作，根据调试内容，查阅产品说明书，练习调试入侵检测系统，并将调试过程记录在表 4–4–32 中。

表 4–4–32　入侵检测系统调试记录表

序号	具体调试要求	是否调试成功	失败原因	解决方法
1		是□　否□		
2		是□　否□		
3		是□　否□		
4		是□　否□		
5		是□　否□		
6		是□　否□		
7		是□　否□		
8		是□　否□		
9		是□　否□		

续表

序号	具体调试要求	是否调试成功	失败原因	解决方法
10		是□ 否□		

（三）安装和调试入侵检测系统并随工自检

1. 以小组为单位，听教师讲解“入侵检测系统的安装和调试（技能）”考核项目要求，做好组内组织分工，选出一名技能水平最高的学生作为安全员，将分工情况填写在表 4–4–33 中。

表 4–4–33 入侵检测系统的安装和调试人员分工表

岗位名称					
人员姓名					
岗位职责					

2. 以小组为单位，按照“入侵检测系统的安装和调试（技能）”考核项目要求安装和调试入侵检测系统，接受安全员全过程监督，将施工情况填写在表 4–4–34 中。

表 4–4–34 入侵检测系统的安装和调试施工记录表

施工小组：＿＿＿＿＿＿ 施工人员：＿＿＿＿＿＿＿＿＿＿ 安全员：＿＿＿＿＿＿

序号	操作步骤	操作人员	操作时长	操作基本情况	存在的问题	问题处理结果
1						
2						
3						
4						
5						

续表

序号	操作步骤	操作人员	操作时长	操作基本情况	存在的问题	问题处理结果
6						
7						
8						
9						
10						

3. 各小组在调试完成后自检入侵检测系统的功能，将自检情况填写在表 4-4-35 中，并整理工位。

表 4-4-35　入侵检测系统功能自检表

序号	系统功能	是否调试成功
1		是□　否□
2		是□　否□
3		是□　否□
4		是□　否□
5		是□　否□

4. 各小组安全员和教师组成一个评价小组，按照“入侵检测系统的安装和调试（技能）”考核项目要求，交叉检查设备的安装质量和入侵检测系统的功能，完成组间互评，见表 4-4-36。

表 4-4-36　“入侵检测系统的安装和调试（技能）”考核项目评分表

组别：							
本考核项目总分占学习任务考核总分的 10%，可按 10 分计算							
评分项目	得分（互评占比为 40%、师评占比为 60%）						
	小组一	小组二	小组三	小组四	小组五	小组六	师评
施工过程规范，计 2 分，每出现一次不规范操作扣 1 分							

续表

评分项目	得分（互评占比为 40%、师评占比为 60%）						
	小组一	小组二	小组三	小组四	小组五	小组六	师评
设备安装牢固，数量、位置正确，计 2 分，每出现一处安装错误扣 1 分							
设备调试符合设计方案功能要求，计 2 分，每出现一处功能错误扣 1 分							
所有线缆标签位置、内容、数量符合设计规范，计 2 分，每出现一处标识错误扣 1 分							
施工记录表和功能自检表填写完整，内容与实际施工情况相符，计 2 分，每缺少一项内容扣 1 分							
汇总得分							

学习环节五 过程控制

学习目标

1. 能与小组成员合作，按照规范要求整理智能家居安防系统测试结果，形成完整的测试报告。

2. 能与小组成员合作，按照 6S 管理规定整理施工现场，清点、计算、统计剩余材料，对照自查清单，完成实际材料的统计，找出材料使用差异的原因。

3. 能与小组成员合作，按要求整理施工图、施工记录表、材料用量对照自查清单，形成任务案例并提交教师。

建议学时

4 学时

学习要求

序号	学习步骤	学习内容	学时	备注
1	编制智能家居安防系统测试报告	智能家居安防系统测试报告的编制要求	2	
2	整理智能家居安防布线实施项目验收资料	1. 智能家居安防布线实施材料实际用量的统计 2. 成本意识 3. 智能家居安防布线实施纸质版验收资料整理的要求 4. 验收资料数字化归档的步骤和注意事项	2	

一、编制智能家居安防系统测试报告

1. 独立查阅信息页中的“智能家居安防系统测试报告的编制要求”，结合任务施工过程中的随工自检，思考为什么要进行智能家居安防系统测试，测试主要涉及哪些方面，将你认为必要的测试内容的序号填写在表 4-5-1 中。

表 4-5-1 测试项目及测试内容辨析表

测试内容可选项：

A. 视频传输延迟测试　B. 门禁系统设备识别准确性测试　C. 无线网络设备的可靠性测试
D. 无线网络覆盖范围测试　E. 录像存储和回放功能测试　F. 传输稳定性测试
G. 摄像头清晰度测试　H. 进出记录功能测试　I. 报警功能与视频联动测试
J. 无线网络设备之间的连通性测试　K. 报警功能与门禁联动测试　L. 报警响应时间和方式测试
M. 无线网络设备的稳定性测试　N. 上行 / 下行速率测试　O. 入侵检测准确性测试
P. 与其他安防系统的联动测试

测试项目	测试内容
无线网络系统传输测试	
视频监控系统性能测试	
门禁系统性能测试	
入侵检测系统性能测试	

2. 独立查阅信息页中的“智能家居安防系统测试报告样例”，与小组成员合作填写智能家居安防系统测试报告（见表 4-5-2）。针对测试结果判断失败原因，并提出排除方法。

表 4-5-2 智能家居安防系统测试报告

测试项目	测试内容	测试结果	失败原因	排除方法
无线网络系统传输测试	无线网络覆盖范围测试		□无线信号干扰 □室内布局等问题 □无线 AP 位置问题 □设备故障 □网络配置错误	
	上行 / 下行速率测试		□无线信号干扰 □室内布局等问题 □无线 AP 位置问题 □设备故障 □网络配置错误	
视频监控系统性能测试	摄像头清晰度测试		□摄像头质量问题 □光线问题 □电子信号干扰 □聚焦问题 □配置问题	
	视频传输延迟测试		□网络问题 □信号干扰 □视频压缩问题 □设置问题	

续表

测试项目	测试内容	测试结果	失败原因	排除方法
视频监控系统性能测试	录像存储和回放功能测试		□存储设备故障 □设置问题 □软件故障 □网络问题 □兼容性问题	
门禁系统性能测试	门禁系统设备识别准确性测试		□数据采集问题 □数据质量问题 □软件问题 □设备故障 □网络问题	
	进出记录功能测试		□传感器故障 □软件问题 □网络问题 □人为操作错误 □电源问题	
入侵检测系统性能测试	入侵检测准确性测试		□传感器灵敏度问题 □环境干扰 □布线或安装问题 □数据传输问题 □人为操作错误	
	报警响应时间和方式测试		□设备性能问题 □网络延迟 □报警方式设置错误 □电源问题 □软件设计问题	
	与其他安防系统的联动测试		□结构不兼容 □配置错误 □网络问题 □设备故障 □未按规范操作	
负责人		填写日期		

3. 按照“智能家居安防系统测试报告（学习成果）”考核项目要求，针对各小组的测试报告完成组间互评，见表 4–5–3。

表 4-5-3 “智能家居安防系统测试报告（学习成果）”考核项目评分表

组别：

本考核项目总分占学习任务考核总分的 10%，可按 10 分计算

评分项目	得分（互评占比为 40%、师评占比为 60%）						
	小组一	小组二	小组三	小组四	小组五	小组六	师评
无线网络系统测试结果完整、准确，计 2 分，和实际验收结果不符或者填写不全均不得分							
视频监控系统测试结果完整、准确，计 3 分，和实际验收结果不符或者填写不全均不得分							
门禁系统测试结果完整、准确，计 2 分，和实际验收结果不符或者填写不全均不得分							
入侵检测系统测试结果完整、准确，计 3 分，和实际验收结果不符或者填写不全均不得分							
汇总得分							

二、整理智能家居安防布线实施项目验收资料

（一）分析智能家居安防布线实施材料消耗情况

1. 结合成本意识和节约意识，判断下列常见的施工做法是否正确。

（1）为了节省成本，选择价格较低、性能不稳定的材料和设备。（　　）

（2）在施工过程中，为了节省材料降低施工标准。（　　）

（3）为了达到更好性能，在施工过程中选择性能超出任务要求的材料和设备。（　　）

（4）施工结束后，将施工剩余的材料分类回收再利用。（　　）

2. 根据材料用量对照自查清单，与小组成员讨论，思考本组施工中使用材料时是否符合规范，用量是否合理，存在哪些问题，有何改进措施等，填写表 4-5-4。

表 4-5-4 材料用量对照自查清单

序号	材料图例	是否符合规范	实际用量	用量是否合理	存在的问题	改进措施
1		是 □ 否 □		是 □ 否 □		

续表

序号	材料图例	是否符合规范	实际用量	用量是否合理	存在的问题	改进措施
2		是 □ 否 □		是 □ 否 □		
3		是 □ 否 □		是 □ 否 □		
4		是 □ 否 □		是 □ 否 □		
5	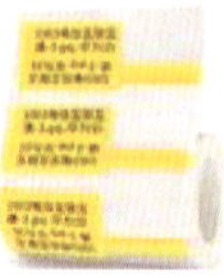	是 □ 否 □		是 □ 否 □		
6	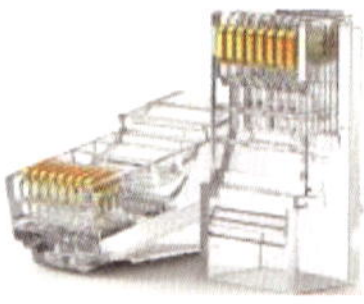	是 □ 否 □		是 □ 否 □		
7		是 □ 否 □		是 □ 否 □		
8		是 □ 否 □		是 □ 否 □		
9	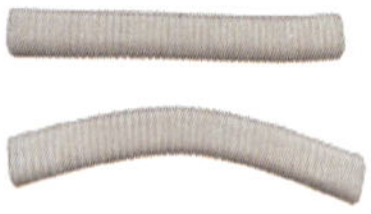	是 □ 否 □		是 □ 否 □		
10		是 □ 否 □		是 □ 否 □		
11		是 □ 否 □		是 □ 否 □		
12		是 □ 否 □		是 □ 否 □		

3. 与小组成员讨论，在今后的布线施工过程中应如何落实成本意识和节约意识？将合理措施填写在图 4-5-1 中。

图 4-5-1　布线施工成本控制措施思维导图

（二）归档验收资料并进行数字化管理

1. 独立查阅信息页中的“智能家居安防布线实施纸质版验收资料整理的要求”，小组合作整理施工图、施工记录表、材料用量对照自查清单等验收资料，将资料信息填写在表 4-5-5 中。

表 4-5-5　智能家居安防布线实施验收资料整理表

序号	装订目录	文件名称	文件编号	归档日期	备注
1	合同文件		XXWL-HT-0001-V1		
2	开工阶段材料	信息点及布线路由图			
3	施工阶段材料	信息网络布线施工记录表			
4	验收阶段材料	信息网络布线竣工验收报告			

2. 独立查阅信息页中的“验收资料数字化归档的步骤和注意事项”，结合教师提供的数字化管理样例，小组合作完成纸质版验收资料的扫描、命名和分类，原数据的标注，数据的存储和备份，权限设置与分享等，将信息填写在表 4-5-6 中。

表 4-5-6　　智能家居安防布线实施验收资料数字化归档统计表

序号	文件夹目录	文件名称	数字化文件编号	数字化文件格式	数字化归档日期	存储位置	备注
1	合同文件						
2	开工阶段材料						
3	施工阶段材料						
4	验收阶段材料						

学习环节六 评价反馈

学习目标

1. 能与小组成员合作，按照智能家居安防布线实施过程，从技术技能、工具材料应用、工作组织上逐项回顾，复盘反思任务过程，梳理关键技能点，找出自身的优缺点，提出任务施工过程中遇到的问题及解决措施。

2. 能独立结合施工过程和撰写的任务小结表述自己在任务施工过程中存在的问题及改进方向。

建议学时

2 学时

学习要求

序号	学习步骤	学习内容	学时	备注
1	整理智能家居安防布线施工要点	1. 复盘的基本流程 2. 解决问题的能力	1	
2	撰写智能家居安防布线实施任务小结	任务小结的编写要求	1	

一、整理智能家居安防布线施工要点

（一）梳理智能家居安防布线施工的关键技能点

独立回顾任务施工过程，根据教师指引，梳理关键技能点，反思线缆敷设与智能家居安防系统设备安装、调试和检测过程，找出施工过程中易出现问题的关键技能点，填写在表 4-6-1 中。

表 4-6-1　　智能家居安防布线施工关键技能点列表

关键技能点	详细说明
施工安全	施工人员登高注意事项包括：____ 防护用品包括：____ 电动工具使用注意事项包括：____
线缆敷设	墙体内线缆敷设注意事项包括：____ 当线缆无法在墙体内敷设时应：____ ____
设备安装	设备安装要求包括：____ ____
设备调试	无线网络系统调试包括：____ 视频监控系统调试包括：____ 门禁系统调试包括：____ 入侵检测系统调试包括：____

（二）梳理智能家居安防布线实施问题清单和解决措施

1. 独立回顾本任务的施工过程，思考在施工过程中遇到的问题并提出解决措施，填写在图 4-6-1 中。

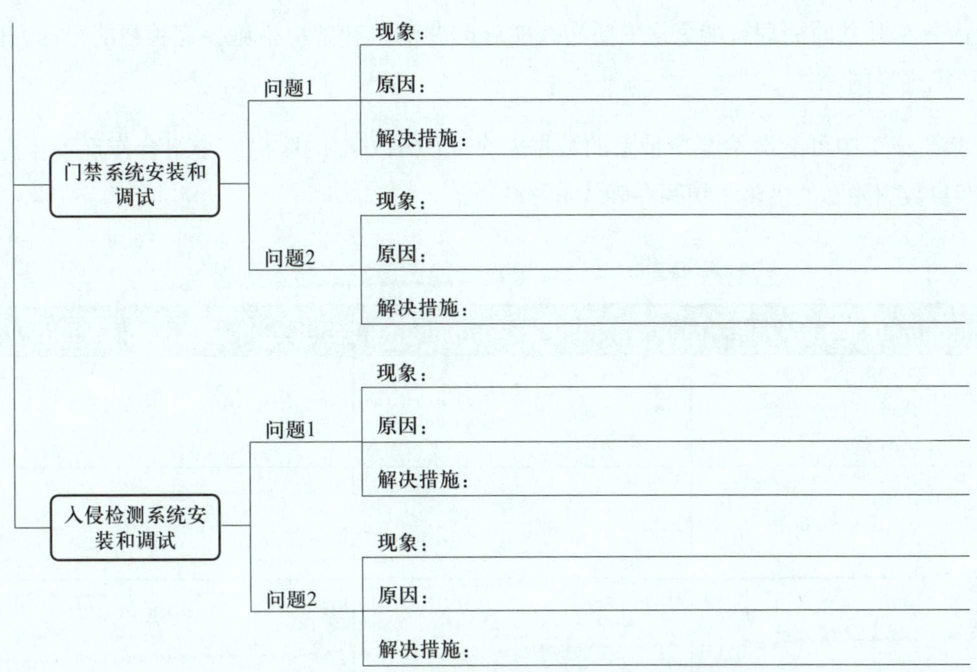

图 4-6-1　智能家居安防布线实施问题清单思维导图

2. 按照“智能家居安防布线实施问题清单思维导图（学习成果）”考核项目要求，分别评价自己和组内其他成员，填写表 4-6-2。

表 4-6-2　“智能家居安防布线实施问题清单思维导图（学习成果）”考核项目评分表

组别：

本考核项目总分占学习任务考核总分的 10%，可按 10 分计算

评分项目	得分（自评占比为 50%、互评占比为 50%）						
	自己姓名	组内成员姓名					
问题现象描述满 3 项且正确，计 3 分，每缺少或错误一项扣 1 分							
问题原因描述满 3 项且正确，计 3 分，每缺少或错误一项扣 1 分							
解决措施满 3 项且正确，计 3 分，每缺少或错误一项扣 1 分							
能够从服务意识、节约意识、质量意识、劳动精神等方面进行反思并提出改进意见计 1 分，有所欠缺扣 0.5 分							
汇总得分							

3. 组内分享并共同梳理智能家居安防布线实施问题清单和解决措施，完善智能家居安防布线实施问题清单思维导图。

4. 思考在施工中可能会给客户带来的数据安全、隐私方面的隐患，小组合作逐项排查风险点，探讨尊重客户数据隐私的措施，填写在表 4-6-3 中。

表 4-6-3　　智能家居安防系统数据安全隐患风险点排查列表

序号	注意事项	风险点	尊重数据隐私措施
1	账号与权限管理		
2	密码策略		
3	数据隐私保护		
4	系统日志与监控		
5	物理安全		
6	软件更新与补丁管理		
7	备份与恢复		

二、撰写智能家居安防布线实施任务小结

1. 独立查阅信息页中的“任务小结的编写要求”，听教师讲解，将任务小结编写建议填写在表 4-6-4 中。

表 4-6-4　　任务小结编写建议列表

部分	编写建议
标题	
学习内容	
学习方法和过程	
学习收获	
结论与展望	

2. 根据教师提供的任务小结的样例，结合编写建议，独立撰写简单的任务小结，重点在情感、行动、技能、职业素养、劳动精神等方面总结收获，查摆存在的问题，明确改进方向。

技工院校工学一体化课程教学资源
技工院校计算机网络应用专业工学一体化教材

信息网络布线
工作页

主编　周志德

学习任务二
中小型企业网络布线实施

中国劳动社会保障出版社

简介

本书为技工院校计算机网络应用专业“信息网络布线”工学一体化课程的工作页，依据《计算机网络应用专业国家技能人才培养工学一体化课程标准》编写，供各地技工院校开展工学一体化教学使用。

本书主要包括办公室网络布线实施、中小型企业网络布线实施、园区光缆主干网络布线实施、智能家居安防布线实施四个学习任务，每个学习任务包含获取信息、制订计划、做出决策、实施计划、过程控制、评价反馈六个学习环节。

完成本书中学习任务所需的相关素材可通过技工教育网（https://jg.class.com.cn）下载并使用。

图书在版编目（CIP）数据

信息网络布线工作页 / 周志德主编. -- 北京：中国劳动社会保障出版社，2025. --（技工院校工学一体化课程教学资源）（技工院校计算机网络应用专业工学一体化教材）. -- ISBN 978-7-5167-7099-3

Ⅰ. TP393.033

中国国家版本馆 CIP 数据核字第 20251XL598 号

信息网络布线工作页

XINXI WANGLUO BUXIAN GONGZUOYE

中国劳动社会保障出版社出版发行

（北京市惠新东街 1 号　邮政编码：100029）

*

北京市艺辉印刷有限公司印刷装订　　新华书店经销

880 毫米 ×1230 毫米　16 开本　20.75 印张　462 千字

2025 年 8 月第 1 版　　2025 年 8 月第 1 次印刷

定价：54.00 元

营销中心电话：400-606-6496

出版社网址：https://www.class.com.cn

https://jg.class.com.cn

技工院校工学一体化课程教学资源
技工院校计算机网络应用专业工学一体化教材

开发院校

牵头院校：广州市工贸技师学院

参与院校：苏州市电子信息技师学院　聊城市技师学院

淄博市技师学院

指导专家

张利芳　陈海娜　马　琳

本书编审人员

主　　编：周志德

参　　编：陈静君　崔玉翠　李　川　朱东方　国梦露　刘志勇　张林燕

张慧青　柴守立　李伟彦　盛　婕

审　　稿：邹伟民

指　　导：张利芳　马　琳

序

技工教育的本质是就业教育，其最显著的特征是职业性，其最好的培养模式就是“在工作中学习、在学习中工作”。培育大批高技能人才，既要适应新一轮科技革命和产业变革的需要，也要遵循技能人才成长发展规律，创新技能人才培养方式。推进工学一体化技能人才培养模式改革是推进校企融合、提质培优的重要途径，是技工院校服务制造业和实体经济发展的务实举措。

2009 年，人力资源社会保障部办公厅印发了《技工院校一体化课程教学改革试点工作方案》，分三批在部分技工院校试点开展工学一体化课程教学改革工作，到 2021 年已经覆盖 31 个专业 191 所部级试点院校。经过十多年的发展，理念得到认同、试点不断扩大、学生学习兴趣明显提高，取得了显著成效。2022 年 3 月，人力资源社会保障部印发了《推进技工院校工学一体化技能人才培养模式实施方案》，提出在全国技工院校大力推进工学一体化技能人才培养模式，实现百个专业、千所院校、万名教师的“百千万”工作目标，以促进技工院校人才培养模式变革、提升技能人才培养质量、带动形成技工院校改革创新新局面。

新一轮工学一体化课程教学改革开展聚焦“课程标准”“课程资源”“教师培养”三项重点工作，为持续推进技工院校工学一体化技能人才培养模式实施奠定了坚实基础。印发《〈国家技能人才培养工学一体化课程标准〉开发技术规程》，出版《工学一体化课程开发指导手册》，分三阶段指引完成 103 个专业国家技能人才培养工学一体化课程标准与课程设置方案开发；编制《工学一体化课程教学资源开发指

南》，开发第一批 14 个专业 37 门课程工学一体化课程教学资源；印发《技工院校工学一体化教师培训标准》，出版《工学一体化教师培训指导手册》，依托工学一体化教师培训基地培育师资队伍；印发《技工院校工学一体化课堂、课程、专业、院校建设标准》，出版《工学一体化课程教学实施指导手册》，指引 1 000 所技工院校对标开展工学一体化优质课堂、精品课程、示范专业、骨干院校的建设工作，实现以评促建的目标。

教材建设是教学改革成果固化的重要载体。本次工学一体化课程教学资源按照工作逻辑呈现实践、理论知识和素养，遵循工作过程六步法，从工作向“工作 + 学习”融合，通过引导问题层层递进，实现“输入—内化—输出—考核”的学习闭环，突出学生心智技能和思维的培养，强调学生个人成长的积累。近年来，通过指导专家、几百位试点院校的骨干教师以及编辑团队共同努力，产出了教学指导用书、工作页及答案、信息页及数字资源等形式的系列教材学材，以满足技工院校的教学使用需求。

本系列教材及配套资源的出版，不仅是对本轮技工院校工学一体化技能人才培养模式改革工作的阶段性总结，也是打通从课程标准到课堂实施最后一公里的全新尝试，意义深远。希望全国技工院校将推行工学一体化技能人才培养模式作为创新人才培养模式、提高人才培养质量的重要抓手，为加快培养具有良好工作思维与习惯、自主学习意识与能力、精湛专业技艺与技能的复合型技能人才作出新的更大贡献！

技工教育和职业培训教学指导委员会

2025 年 4 月

目录

学习任务二
中小型企业网络布线实施

任务描述

任务情境

某传媒企业因扩大规模搬迁进驻新办公楼，租用新办公楼的一、二层部分区域，其中一层面积为 450 m²，二层面积为 420 m²。现装修设计和隔断安装等基础性施工已经完成，进入电源和弱电系统的施工阶段。办公楼的一层和二层包含了前台、办公室、会议室、开放办公区、打印共享和无线接入点等信息点覆盖区域，信息点包含语音和数据两种类型。弱电系统项目施工单位已经完成前期需求调研，并进行了信息网络布线系统整体设计，其中一层以常规办公上网为主，追求网络性能的稳定，计划配置六类布线系统；二层供媒体设计、资源开发等后台支撑部门使用，对网络带宽和安全保密性要求较高，计划采用超六类屏蔽布线系统。此外，两层办公楼共计 6 个开放办公区，全部采用集合点的方式进行设计，以保障日后办公区域调整的灵活性。项目前期已完成招标并签订商务合同，进入项目实施阶段，机柜已经在配线间和设备间完成了定位、接地和安装，机柜到各办公区的金属线管已经完成暗埋。此任务拟由施工技术小组在 6 个工作日内完成。

作为施工技术小组的一员（信息通信网络线务员），学生需要从教师处接受任务，领取施工图表、技术交底书等资料，明确施工任务基本情况和总体技术要求，识读项目施工图表，核准网络布线系统关键信息，确认与任务需求的一致性，勘察现场并应对环境或条件的临时变化；分析链路结构，明确设备、材料及施工方式，整理施工步骤，选用工具；规范完成跨楼层网络布线系统实施工作并随工自检；测试链路通断情况并解决常见故障，确保链路稳定可靠；填写施工记录和验收报告并交付给教师。

布线实施执行《综合布线系统工程设计规范》（GB 50311—2016）（简称设计规范），项目验收执行《综合布线系统工程验收规范》（GB/T 50312—2016）（简称验收规范）。工作过程中注重团队协作和施工质量，施工环境符合工程管理要求，做到以人为本，安全第一。

任务要求

1. 布线实施过程需符合以下规范要求。

（1）一层、二层各办公区网络布线实施需要规范完成信息点及集合点安装、线槽/线管安装、铜缆配线架安装，选择合适的线缆牵引技术将线缆从信息点端引入楼层配线设备（FD）并完成端接。施工过程应符合设计规范、验收规范中工作区子系统和配线子系统的规范要求。

（2）从二层配线间机柜到一层设备间机柜的网络干线布线实施需要通过竖井通道，规范完成室内光纤干线链路敷设和大对数语音电缆敷设，并完成光纤配线架和语音配线架的端接与安装。施工过程应符合设计规范、验收规范中干线子系统、设备间子系统的规范要求。

2. 交付的中小型企业网络布线系统需符合以下验收要求。

对铜缆链路和光纤链路均要进行通断情况测试并排除可能出现的故障，确保链路通畅且稳定可靠；网络布线系统中的设备、线缆、信息点等设施应按照便于维护的方式进行标识和记录，符合设计规范、验收规范中的标签标识管理规范要求。

任务资料

任务资料包括网络布线项目需求调研表、平面布置图、综合布线系统图、机柜设备安装图、信息点及布线路由图、设备材料统计表、端口对应表、技术交底书。

某传媒企业网络布线项目需求调研表

客户单位：***** 传媒有限公司　　单位性质：私营企业　　项目地点：某新建办公楼

序号	项目	需求	说明
1	项目名称/属性	企业办公楼	名称/政府、商业、小区
2	项目性质	新建办公楼	智能建筑、小区等；新建、改造等
3	规模或数量	共计 80 个语音、80 个数据	信息点数
4	建筑规模	2 层楼	建筑物数量或楼层数量
5	业务种类	网络、语音	网络、语音、电视
6	网络出口带宽	1 Gbps 上传	—
7	局域网带宽	1 000 Mbps 内部网络速率	—
8	线缆等级	CAT 6、CAT 6A	—
9	资料提供	办公室平面布置图	—

续表

序号	项目	需求	说明
10	配线子系统	一层以营销办公需求为主，采用 CAT 6 双绞线；二层以设计、研发部门为主，采用超六类屏蔽布线系统	—
11	信息点	86 型信息面板，部分采用地弹式信息插座，开放办公区增加集合点设计	—
12	干线	干线要求带宽 10 Gbps，推荐室内光缆作为数据干线	网络带宽
13	无线覆盖	2.4 Gbps/5 Gbps 双频，Wi-Fi 6 AP 接入	—
14	设计寿命	15 年	15 年、20 年、30 年
15	信息安全等级	六类非屏蔽、超六类屏蔽	屏蔽、阻燃等
16	项目实施时间	施工阶段 6 个工作日	起止时间
17	品牌倾向	国产品牌	国产
18	总体预算	待核定	—
19	布线方式	吊顶桥架、暗管敷设，信息底盒安装	—
20	投标方式	邀标	招标、邀标、议标等
21	资质要求	100 万元	注册资金、施工资质等

调研 / 编制：　　　　　　　　　　　　　　　　　　时间：

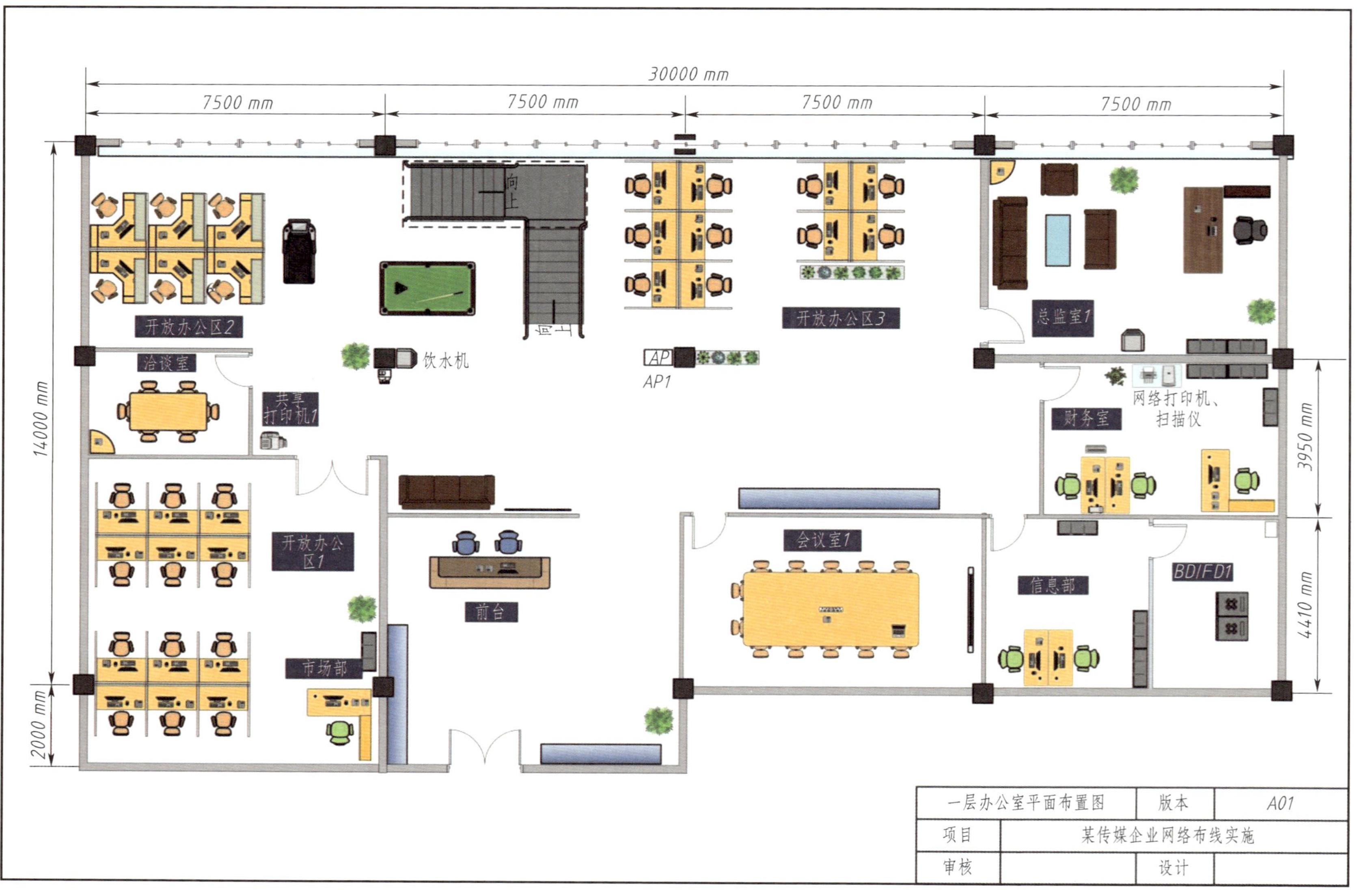

某传媒企业一层办公室平面布置图

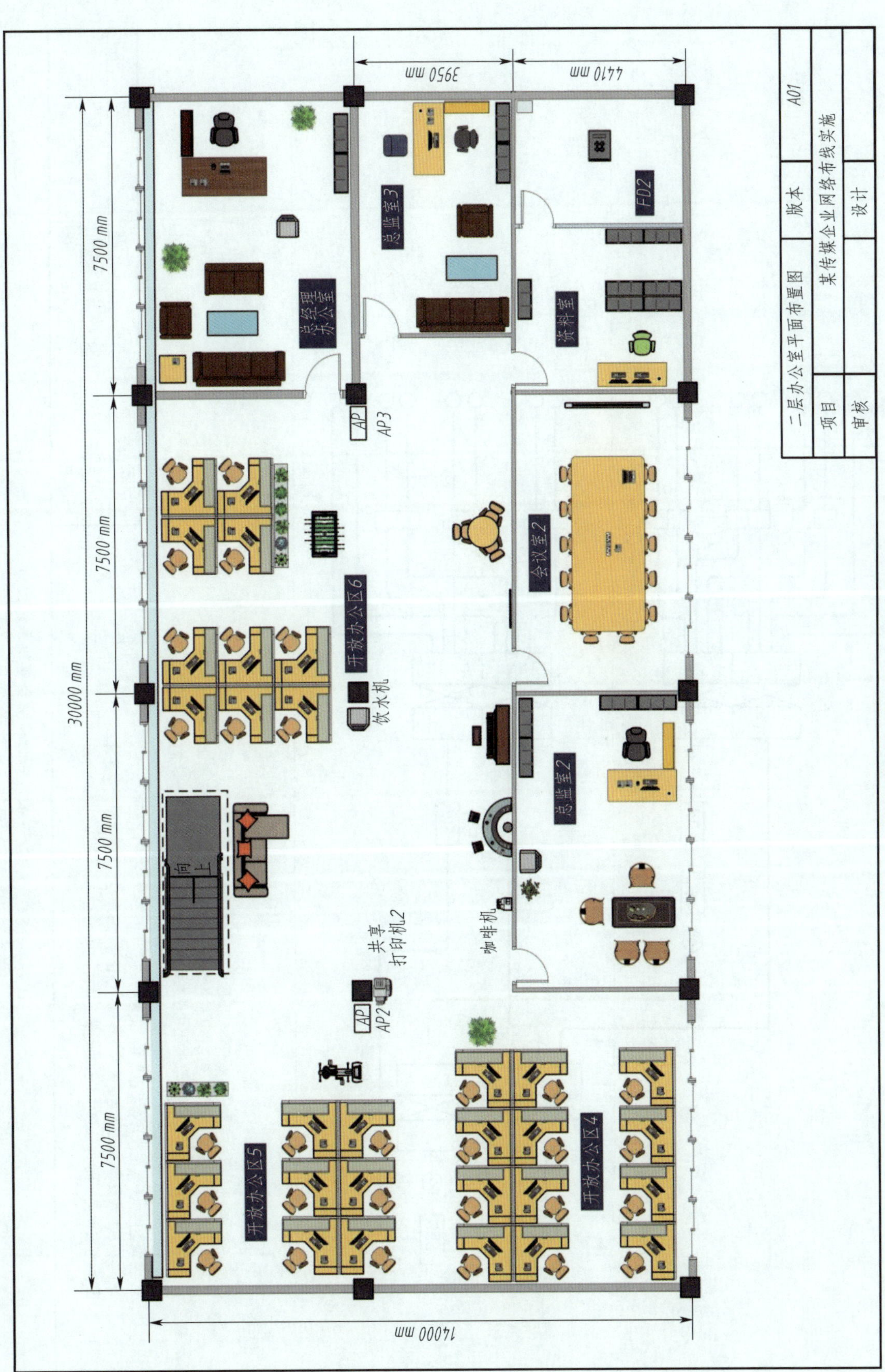

某传媒企业二层办公室平面布置图

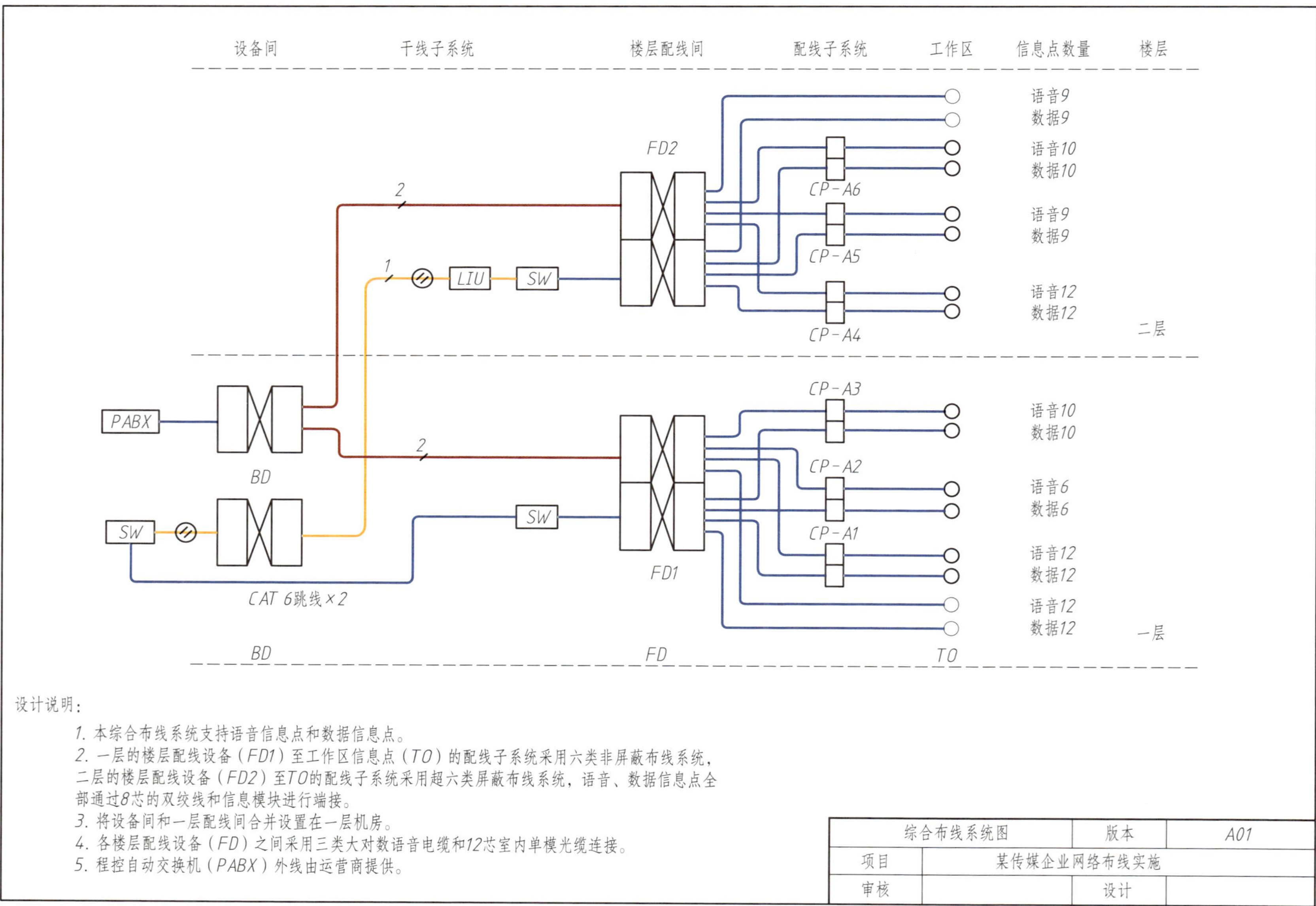

某传媒企业综合布线系统图

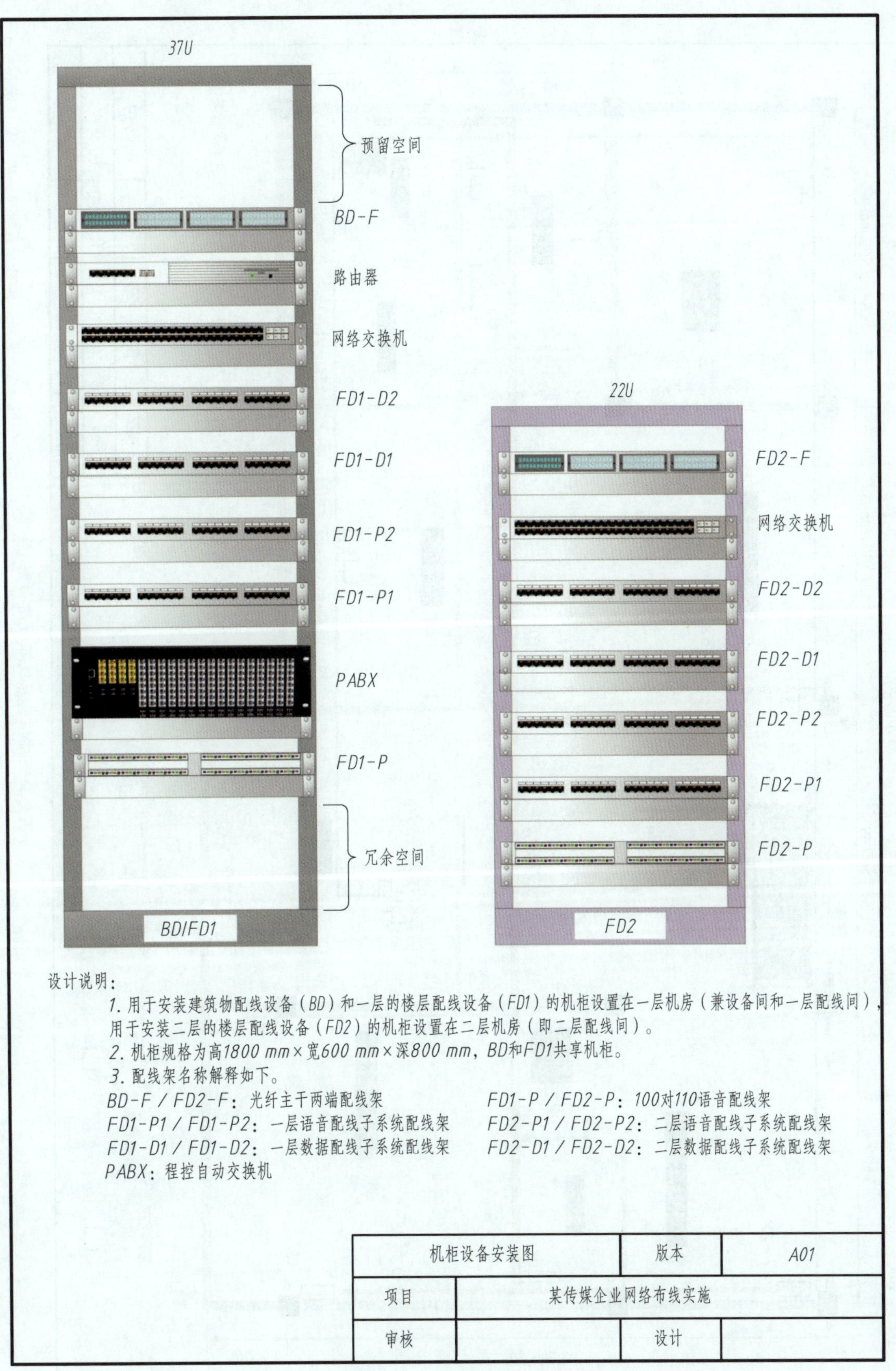

某传媒企业机柜设备安装图

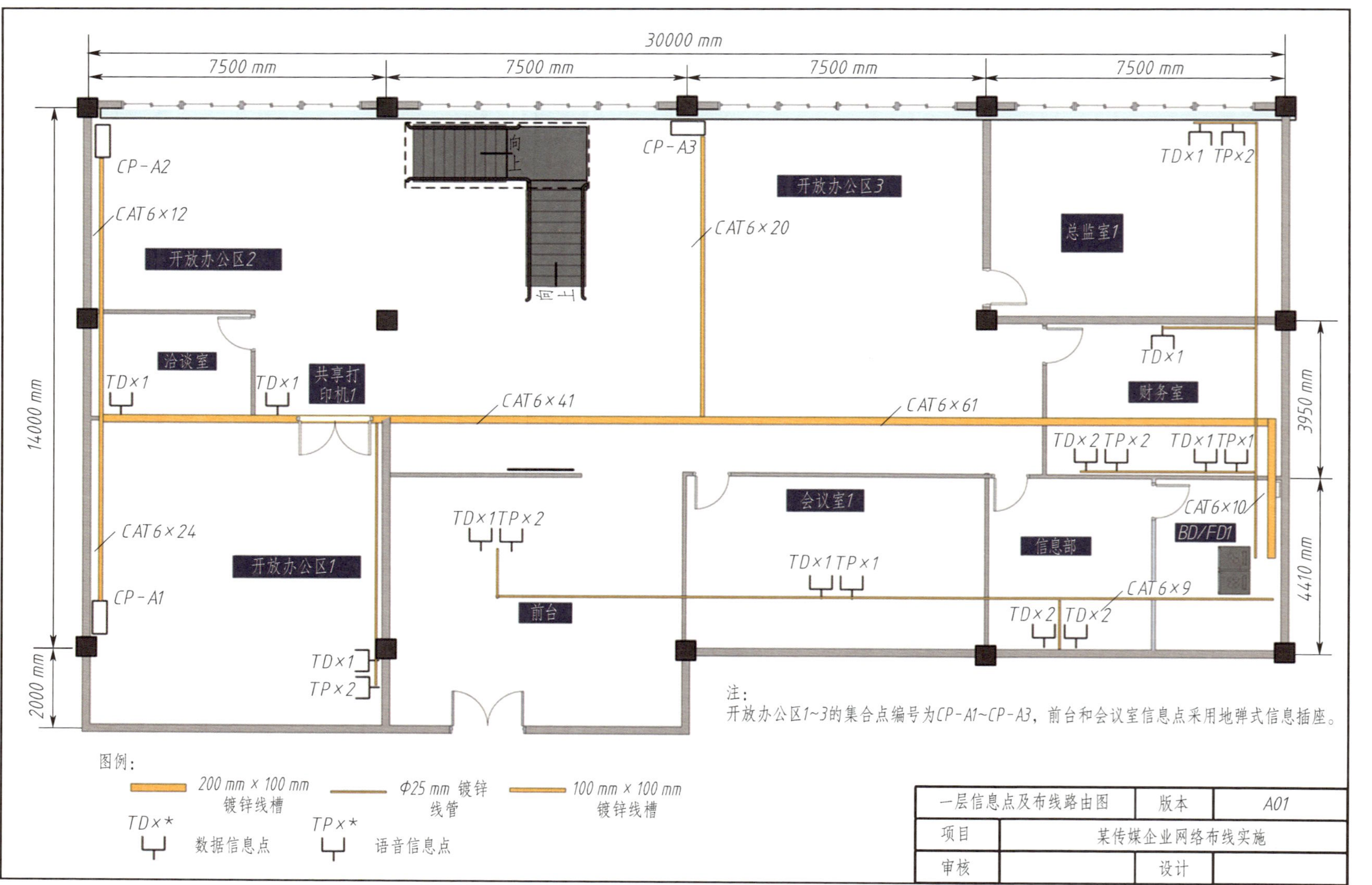

某传媒企业一层信息点及布线路由图

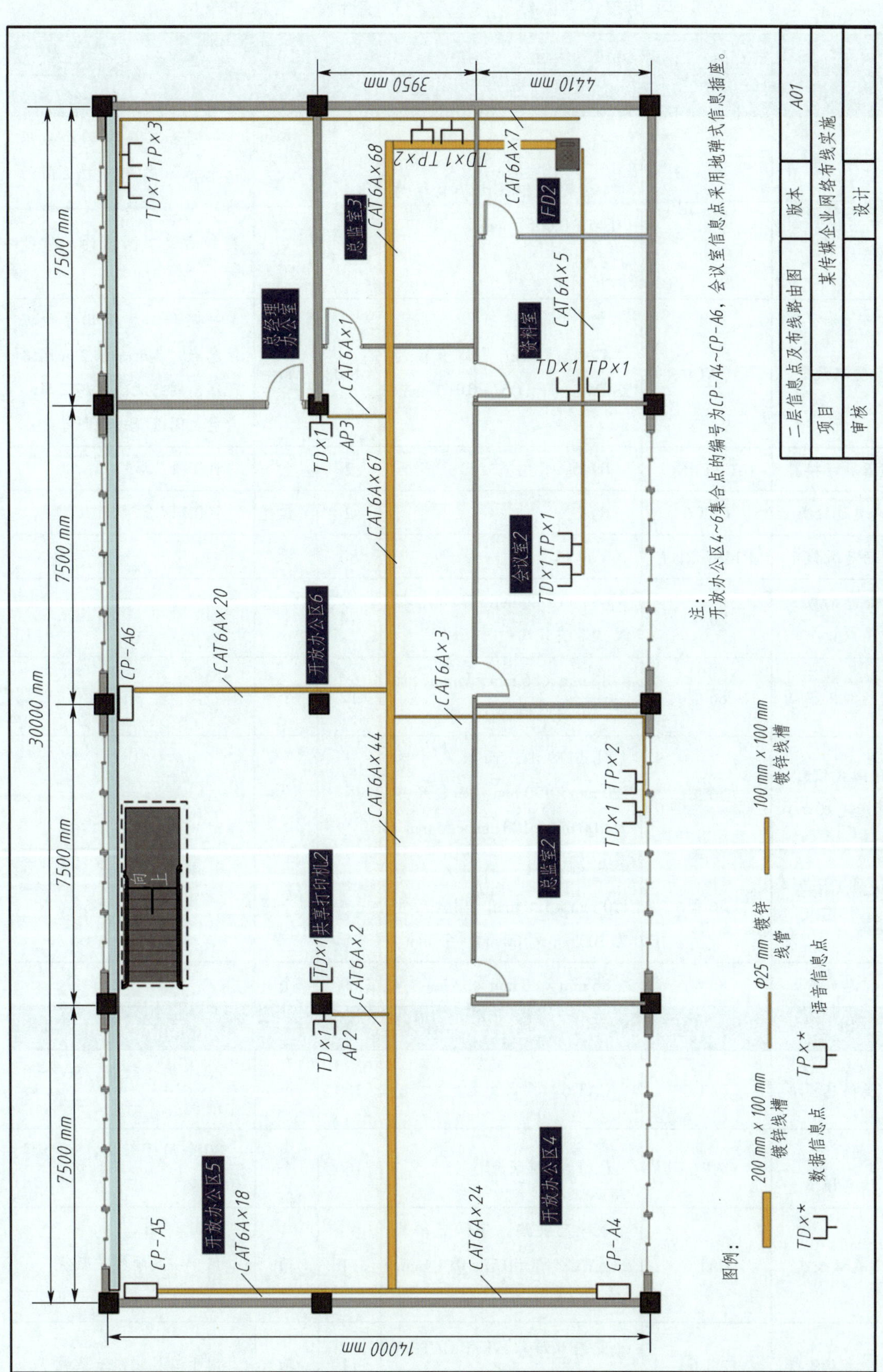

某传媒企业二层信息点及布线路由图

某传媒企业网络布线设备材料统计表

编号	品名	规格 / 型号	产品描述	数量	单位	备注
工作区系统						
1	超五类双绞线	CAT 5E	4 对无氧铜，线芯直径为（0.45 ± 0.005）mm	160	m	一层和二层各 40 个数据信息点，各配一根 2 m 网络跳线，网络跳线在超五类和六类之间选择一种即可
2	六类双绞线	CAT 6	4 对无氧铜，导体直径为 23 AWG，即（0.57 ± 0.01）mm	160	m	一层和二层各 40 个数据信息点，各配一根 2 m 网络跳线，网络跳线在超五类和六类之间选择一种即可
3	超五类连接器	CAT 5E	RJ45	2	盒	100 颗 / 盒
4	六类连接器	CAT 6	RJ45	2	盒	100 颗 / 盒
5	语音跳线	RJ45 ~ RJ11	3 m/ 根	80	根	—
6	信息面板（双口）	86 型	86 mm × 86 mm × 9 mm，标配，带安装螺钉	74	个	—
7	信息面板单口	86 型	86 mm × 86 mm × 9 mm，标配，带安装螺钉	12	个	—
8	地弹式信息插座（双口）	86 型	纯铜防水，面板尺寸为 120 mm × 120 mm，底盒尺寸为 100 mm × 100 mm × 55 mm	5	个	—
9	地弹式信息插座（单口）	86 型	纯铜防水，面板尺寸为 120 mm × 120 mm，底盒尺寸为 100 mm × 100 mm × 55 mm	1	个	—
10	信息底盒	86 型	86 mm × 86 mm × 33 mm	80	个	—
配线子系统						
1	六类信息模块	CAT 6	CAT 6 非屏蔽免打	160	个	80 个用于数据，80 个用于语音
2	超六类信息模块	CAT 6A	CAT 6A 屏蔽免打	160	个	80 个用于数据，80 个用于语音
3	六类双绞线	CAT 6	4 对无氧铜，导体直径为 23 AWG，即（0.57 ± 0.01）mm，305 米 / 箱	11	箱	用于一层配线子系统
4	超六类双绞线	CAT 6A	室内双屏蔽 S/FTP CAT 6A 类 0.57 无氧铜，305 米 / 轴	11	轴	用于二层配线子系统

续表

编号	品名	规格 / 型号	产品描述	数量	单位	备注
配线子系统						
5	六类数据配线架	标准机架式 1U	24 口模块化，直通式，兼容六类信息模块	4	个	用于一层数据链路端接
6	超六类数据配线架	标准机架式 1U	24 口模块化，直通式，兼容超六类信息模块	4	个	用于二层数据链路端接
干线子系统						
1	单模光缆	单模，12 芯	黄色（单模），12 芯，9 μm/125 μm，低烟无卤护套	30	m	—
2	大对数语音电缆	CAT 3 × 25P	国标语音电话通信线缆，纯铜，阻燃环保外皮	50	m	—
3	语音配线架	标准机架式 1U	110 型 100 对	2	个	每套端接 100 对语音
4	语音模块	4 对	纯铜端子	3	包	每包 10 个 4 对连接块
5	语音模块	5 对	纯铜端子	3	包	每包 10 个 5 对连接块
6	光纤配线架	标准机架式 1U	24 口 LC	2	个	含 24 个 LC 光纤耦合器及尾纤
设备间子系统						
1	19 英寸标准机柜		600 mm × 800 mm × 1 800 mm	2	台	已安装在一层设备间/配线间和二层配线间
2	网络跳线（铜缆）	RJ45–RJ45	3 m	80	根	数据用，一层、二层各 40 根
3	语音跳线	鸭嘴头 – RJ45	3 m	40	根	语音用，二层用
4	语音跳线	鸭嘴头 – RJ11	3 m	40	根	语音用，一层用
5	语音跳线	RJ45–RJ11	3 m	40	根	语音用，一层用
6	网络跳线（光纤）	单模 LC–LC	3 m	2	根	—
7	网络交换机	带万兆光口交换机	48 口，带万兆 LC 单模模块	2	台	一层、二层各 1 台
8	程控自动交换机	48 口	4 进 48 出	3	台	分部门管理

续表

编号	品名	规格 / 型号	产品描述	数量	单位	备注
主要材料						
1	镀锌线管	ϕ25 mm	热镀锌 JDG 管，直径（外径）为 25 mm，壁厚为 1.4 mm	100	m	已安装完成
2	镀锌线槽	100 mm × 100 mm	热浸镀锌	50	m	已安装完成
3	镀锌线槽	200 mm × 100 mm	热浸镀锌	80	m	已安装完成
辅料						
1	普通扎带	2 500 mm × 8 mm	—	5	包	—
2	标签扎带	100 mm × 5 mm	—	2	包	—
3	标签纸	40 mm × 40 mm	—	5	张	—
4	热缩套管	60 mm	—	2	包	100 根 / 包
5	自攻螺钉	25 mm	—	2	盒	—
6	胶粒	ϕ6 mm	—	2	盒	—
7	吊装角铁	—	—	50	kg	—
8	管码	ϕ25 mm	—	2	盒	—

某传媒企业一层铜缆数据信息点端口对应表

一层 BD/FD1			一层 TO		
配线架编号	配线架端口序号	配线架端口编号	TO 端口序号	TO 端口编号	位置
FD1-D1	01 ~ 13	FD1-D1-01 ~ FD1-D1-13	01 ~ 13	FD1-D1-D01 ~ FD1-D1-D13	开放办公区 1
	14	FD1-D1-14	14	FD1-D1-D14	洽谈室
	15 ~ 21	FD1-D1-15 ~ FD1-D1-21	15 ~ 21	FD1-D1-D15 ~ FD1-D1-D21	开放办公区 2
FD1-D2	01 ~ 10	FD1-D2-01 ~ FD1-D2-10	22 ~ 31	FD1-D2-D22 ~ FD1-D2-D31	开放办公区 3
	11	FD1-D2-11	32	FD1-D2-D32	总监室 1
	12 ~ 15	FD1-D2-12 ~ FD1-D2-15	33 ~ 36	FD1-D2-D33 ~ FD1-D2-D36	财务室

续表

一层 BD/FD1			一层 TO		
配线架编号	配线架端口序号	配线架端口编号	TO 端口序号	TO 端口编号	位置
FD1-D2	16	FD1-D2-16 ~ FD1-D2-17	37 ~ 38	FD1-D2-D37 ~ FD1-D2-D38	信息部
	18	FD1-D2-18	39	FD1-D2-D39	会议室 1
	19	FD1-D2-19	40	FD1-D2-D40	前台

某传媒企业一层铜缆语音信息点端口对应表

一层 BD/FD1			一层 TO		
配线架编号	配线架端口序号	配线架端口编号	TO 端口序号	TO 端口编号	位置
FD1-P1	01 ~ 14	FD1-P1-01 ~ FD1-P1-14	01 ~ 14	FD1-P1-P01 ~ FD1-P1-P14	开放办公区 1
	15 ~ 20	FD1-P1-15 ~ FD1-P1-20	15 ~ 20	FD1-P1-P15 ~ FD1-P1-P20	开放办公区 2
FD1-P2	01 ~ 10	FD1-P2-01 ~ FD1-P2-10	21 ~ 30	FD1-P2-P21 ~ FD1-P2-P30	开放办公区 3
	11 ~ 12	FD1-P2-11 ~ FD1-P2-12	31 ~ 32	FD1-P2-P31 ~ FD1-P2-P32	总监室 1
	13 ~ 15	FD1-P2-13 ~ FD1-P2-15	33 ~ 35	FD1-P2-P33 ~ FD1-P2-P35	财务室
	16 ~ 17	FD1-P2-16 ~ FD1-P2-17	36 ~ 37	FD1-P2-P36 ~ FD1-P2-P37	信息部
	18	FD1-P2-18	38	FD1-P2-P38	会议室 1
	19 ~ 20	FD1-P2-19 ~ FD1-P2-20	39 ~ 40	FD1-P2-P39 ~ FD1-P2-P40	前台

某传媒企业二层铜缆数据信息点端口对应表

二层 FD2			二层 TO		
配线架编号	配线架端口序号	配线架端口编号	TO 端口序号	TO 端口编号	位置
FD2-D1	01 ~ 12	FD2-D1-01 ~ FD2-D1-12	01 ~ 12	FD2-D1-D01 ~ FD2-D1-D12	开放办公区 4
	13 ~ 23	FD2-D1-13 ~ FD2-D1-23	13 ~ 23	FD2-D1-D13 ~ FD2-D1-D23	开放办公区 5
FD2-D2	01 ~ 11	FD2-D2-01 ~ FD2-D2-11	24 ~ 34	FD2-D2-D24 ~ FD2-D2-D34	开放办公区 6
	12	FD2-D2-12	35	FD2-D2-D35	总经理办公室
	13	FD2-D2-13	36	FD2-D2-D36	总监室 3
	14 ~ 15	FD2-D2-14 ~ FD2-D2-15	37 ~ 38	FD2-D2-D37 ~ FD2-D2-D38	资料室
	16	FD2-D2-16	39	FD2-D2-D39	会议室 2
	17	FD2-D2-17	40	FD2-D2-D40	总监室 2

某传媒企业二层铜缆语音信息点端口对应表

二层 FD2			二层 TO		
配线架编号	配线架端口序号	配线架端口编号	TO 端口序号	TO 端口编号	位置
FD2-P1	1 ~ 12	FD2-P1-01 ~ FD2-P1-12	1 ~ 12	FD2-P1-P01 ~ FD2-P1-P12	开放办公区 4
	13 ~ 21	FD2-P1-13 ~ FD2-P1-21	13 ~ 21	FD2-P1-P13 ~ FD2-P1-P21	开放办公区 5
FD2-P2	1 ~ 10	FD2-P2-01 ~ FD2-P2-10	22 ~ 31	FD2-P2-P22 ~ FD2-P2-P31	开放办公区 6
	11 ~ 13	FD2-P2-11 ~ FD2-P2-13	32 ~ 34	FD2-P2-P32 ~ FD2-P2-P34	总经理办公室
	14 ~ 15	FD2-P2-14 ~ FD2-P2-15	35 ~ 36	FD2-P2-P35 ~ FD2-P2-P36	总监室 3
	16	FD2-P2-16	37	FD2-P2-P37	资料室
	17 ~ 18	FD2-P2-17 ~ FD2-P2-18	38	FD2-P2-P38	会议室 2
	19	FD2-P2-19	39 ~ 40	FD2-P2-P39 ~ FD2-P2-P40	总监室 2

某传媒企业光纤配线设备端口对应表

一层 BD/FD1			二层 FD2		
配线架编号	配线架端口序号	配线架端口编号	配线架编号	配线架端口序号	配线架端口编号
BD-F	01	BD-F-01	FD2-F	01	FD2-F-01
	02	BD-F-02		02	FD2-F-02
	03	BD-F-03		03	FD2-F-03
	04	BD-F-04		04	FD2-F-04

某传媒企业语音配线设备端口对应表

一层 BD/FD1			二层 FD2		
配线架编号	配线架端口序号	配线架端口编码	配线架编号	配线架端口序号	配线架端口编码
FD1-P	01 ~ 05	蓝	FD2-P	01 ~ 05	蓝
	06 ~ 10	橙		06 ~ 10	橙
	11 ~ 15	绿		11 ~ 15	绿
	16 ~ 20	棕		16 ~ 20	棕
	21 ~ 25	灰		21 ~ 25	灰

某传媒企业网络布线项目技术交底书

年　月　日

工程名称	***** 企业网络布线	工程地址	
工程类别	弱电工程－综合布线	文档编号	

交底内容：综合布线技术要求

前置要求

1. 严格按照甲方审核批准的信息点及布线路由图进行布线施工。

2. 工程施工的材料（信息底盒、PVC 线管、超五类双绞线、视频线等）全部采用符合国家标准的优质产品，具备齐全的产品检验报告。

一、开始施工的条件

1. 设备及材料要求

（1）所有材料的型号及规格应符合设计规范要求，并有产品合格证。

（2）材料的数量充足。

（3）线缆外观完好无损，铠装无锈蚀、无机械损伤，无明显褶皱和扭曲现象。油浸线缆应密封良好，无漏油及渗油现象。线缆的橡套、塑料外皮及绝缘层无老化和裂纹。

（4）各种金属线槽 / 线管不应有明显锈蚀，管内无毛刺。所有紧固螺栓均应采用镀锌件。

（5）线缆和连接器等需要进行材料和性能确认。

2. 主要器具要求

（1）冲击钻、手电钻、角磨机、扳手、螺钉旋具、美工刀、金属弯管器、穿线器、斜口钳、吊绳、铁锤、水泥铲刀等。

（2）打线刀、剪线钳、剥线器、压线钳、五对打线刀、水口钳、简易通断测试仪、剪刀等。

（3）光纤熔接机、对讲机、网络认证测试仪。

3. 作业条件

（1）土建工程应具备下列条件。

1）预留孔洞、预埋件符合设计要求，预埋件安装牢固、强度合格。

2）线缆沟、隧道、竖井及人孔等处的地坪及抹面工作结束，线缆沟排水畅通、无积水。

3）线缆沿线设施拆除完毕。场地清理干净、道路畅通，沟盖板齐备。

4）脚手架搭设符合安全要求，施工沿线照明亮度满足施工要求。

（2）设备安装应具备下列条件。

1）变配电室内全部电气设备及用电设备配电箱柜安装完毕。

2）线缆桥架、线缆托盘、线缆支架及线缆过管、保护管安装完毕，并检验合格。

二、施工工艺流程

准备工作→管槽施工→线缆敷设→线缆保护→机柜安装→配线架端接→用标签标识→测试验收

三、质量要求

1. 信息底盒安装

信息底盒位置需要与信息点位置保持一致，墙面信息点离地高度不小于 300 mm，信息底盒开口与墙面平行，并且固定牢固。

2. 线槽 / 线管安装

由机房延伸至各区域的干线线槽走向需要横平竖直、整体水平偏差不超过 3°，金属线槽或桥架的托臂 / 吊杆安装牢固，本项目要求每米线槽 / 线管能承载 30 kg 以上的线缆负重；暗装线管要求不超过 3 m 设置一个过线口，与地面、墙面的固定牢固。

3. 配线子系统线缆敷设

线管内径面积利用率不超过50%，每根线管穿线拉力不超过80 N；对于开放办公区布线链路的线缆，在线槽布放时，需要注意线槽横截面积利用率不超过50%，要求线缆相对平行走线，减少交叉情况出现；所有敷设的线缆不得出现扭曲、打结、接续等情况；信息点端预留30 cm以上的端接长度，配线架端机柜位置统一预留5 m，线缆的端点做好防护，避免受潮，线缆可根据信息点的编号做简易标识。

4. 干线子系统线缆敷设

本项目的干线子系统涉及室内光缆和大对数语音电缆，要求根据设计的线缆根数进行布放，每米有3个扎线固定点，扎线牢固无勒压，线缆两端到达机柜端预留5 m长度以便端接，线缆的端点做好防护，避免受潮，线缆两端做好简易标识。

5. 机柜安装

落地机柜安装位置符合设计要求，前面最少预留1 m，后面预留80 cm的维护空间，机柜到位后，调整脚杯超过脚轮的高度，并保持四角处于同一水平面；挂墙集合点机柜需要采用两颗M8规格的膨胀螺钉进行固定，机柜的左右处于同一水平线，不同机柜高度保持一致，挂墙机柜根据配线架编号表做好标识。

6. 铜缆配线架与信息点端接

配线架安装位置准确、牢固，线缆引入端做好固定，线缆开剥符合标准，绝缘位移连接器卡接良好，多余线芯裁断整齐，线缆做好标识，冗余线缆整体规划长度后盘留于机柜底部；信息点端接时统一预留15 cm左右长度，对信息底盒内的线缆做好标识，信息面板安装牢固，信息模块卡接稳固，信息面板需粘贴机器对应的端口编号。信息点两端端接后及时进行随工测试，若有异常应及时排故。

7. 光纤配线架端接

光纤配线架安装位置准确、牢固，光缆入口固定可靠，盘纤符合颜色排列规范，理线美观，并做好冗余芯线的绑扎，热缩套管的处理符合工艺要求、卡装牢固，尾纤盘纤处理牢固、美观，光纤耦合器插接到位，光纤配线架端口做好标识。

8. 语音配线架端接

大对数语音配线架端接遵循通用色标（主色：白红黑黄紫；副色：蓝橙绿棕灰）进行端接，左侧安装5个4对连接块，右侧安装1个5对连接块。大对数语音电缆在配线架入口处固定牢固，纤芯预留20 cm以便端接，纤芯在配线架凹槽处理横直紧实，多余纤芯裁剪平直整齐。

9. 施工人员管理

人员上岗前进行技术交底培训，了解项目的材料和工艺要求，并发放施工进场证件，每日施工要进行考勤和施工任务记录。

10. 材料和工具管理

材料和工具统一存放并安排专人进行严格管理，领料时根据进度领取当下任务阶段所需材料，对无变更情况下材料的异常损耗要进行跟进检查，材料入库后需要安排进行及时的测试和记录。

11. 项目变更

对于施工过程中出现需要进行变更的地方，在不涉及增加材料数量的情况下，需要通过书面形式知会监理和建设单位（用户）进行确认；对于更改设计增加材料预算的情况，需要由项目经理知会工程师进行材料和施工量核算，并形成变更预算表，经由三方确认。

12. 隐蔽工程验收

对于涉及暗装线槽/线管等隐蔽工程施工的验收，需要在进入下一装修阶段前进行，由施工技术小组在完成隐蔽工程施工后及时通知监理和建设单位，组织驻场人员进行验收，并做好记录和图纸标注，验收通过后由三方签章确认。

13. 性能测试

完成综合布线链路施工后，在项目总验收前需要组织性能测试验收，由三方根据链路的设计性能等级，选用共同认可的测试仪器进行链路性能逐条测试，测试记录名称以工作区信息终端编号进行命名，性能异常时共同商定解决方案。

四、预防措施

1. 对直埋线缆铺砂盖板或砖时应防止不清除沟内杂物、不用细砂或细土、盖板或砖不严、有遗漏部分，施工负责人应加强检查。

2. 线缆进入室内线缆沟时，应防止套管防水处理得不好，沟内进水，应严格按规范和工艺要求施工。

3. 沿支架或桥架敷设线缆时，应防止线缆排列不整齐、交叉严重。施工前须将线缆事先排列好，画出排列图表，按图表进行施工。敷设线缆时，应敷设一根，整理一根，卡固一根。

4. 沿桥架或托盘敷设的线缆应防止弯曲半径不够。在桥架或托盘施工时，施工人员应考虑满足该桥架或托盘上敷设的最大横截面积线缆的弯曲半径的要求。

五、成品保护

1. 直埋线缆施工不宜过早，一般在其他室外工程基本完工后进行，防止其他地下工程施工时损伤线缆。若已提前将线缆敷设完成，则实施其他地下工程施工时应加强巡视。

2. 直埋线缆敷设完成后，应立即铺砂、盖板或砖，回填夯实，防止其他重物损伤线缆，并及时画出竣工图，标明线缆的实际走向方位坐标及敷设深度。

3. 室内沿线缆沟敷设线缆施工完成后应立即将沟盖板盖好。

4. 室内沿桥架或托盘敷设线缆宜在管道及空调工程基本施工完成后进行，防止其他专业施工时损伤线缆。

5. 线缆两端处的门窗应装好并加锁，防止线缆丢失或损毁。

交底人：　　　　　　　　　　施工班组主管：

接受人（班组人员）：

学习目标

1. 能提取任务基本信息，明确总体技术要求，核对网络布线系统关键信息以及其与任务需求的一致性，根据现场勘察结果合理调整布线路由。

2. 能分析各布线子系统链路结构，根据设备、材料及施工方式规划施工步骤，并正确选择布线施工工具。

3. 能辨别跨楼层布线系统的结构与特征，解析中小型企业网络布线系统信息传输路径，针对重点施工步骤提出施工质量控制措施。

4. 能按施工需求领取并核对材料的种类与数量，规范完成工作区子系统和配线子系统布线施工。

5. 能根据场景选择干线子系统线缆敷设方式，规范完成干线子系统布线施工，对比分析存在的问题并加以改进。

6. 能判断工程变更带来的影响，从工程变更案例中提取变更需求、变更原因、变更流程，明确工程变更的注意事项。

7. 能正确判断光纤链路故障的表象与状态，分析故障原因并解决光纤链路常见故障，完成简单的铜缆链路性能测试，配合三方验收并填写项目验收报告。

8. 能总结跨楼层网络布线项目整体实施思路，梳理标签标识系统，整理干线子系统布线实施的关键步骤、技能及素养，合理应对施工中的特殊情况，具备系统性思维、灵活应变意识和热爱劳动的精神。

建议学时

72 学时

学习路径

学习任务　学习环节　学习步骤及学生活动

- 获取信息
  - 明确中小型企业网络布线实施任务基本信息和要求
    - 提取任务基本信息，辨别网络布线系统构成
    - 明确任务内容及总体技术要求
  - 识读中小型企业网络布线施工图表
    - 认识中小型企业网络布线施工图表的要素和作用
    - 识读中小型企业网络布线施工图表关键信息
    - 核对中小型企业网络布线施工图表关键信息
  - 勘察中小型企业网络布线施工现场
    - 勘察施工环境并明确中小型企业网络布线施工现场勘察内容和目的
    - 按勘察结果和需求变化调整信息点及布线路由
- 制订计划
  - 规划中小型企业网络布线施工步骤
    - 规划工作区子系统施工步骤
    - 规划配线子系统施工步骤
    - 规划干线子系统施工步骤
    - 规划设备间子系统施工步骤
    - 综合安排中小型企业网络布线施工步骤
  - 选择干线子系统和设备间子系统布线施工工具

中小型企业网络布线实施

- 做出决策
  - 分析跨楼层网络布线系统的信息传输路径
    - 辨析跨楼层网络布线系统结构和信息传输路径
    - 确定干线链路施工质量控制措施
  - 明确中小型企业网络布线重点施工步骤质量控制措施
- 实施计划
  - 领取并核对中小型企业网络布线施工材料
    - 领取并核对布线施工材料
    - 检查布线施工工具
    - 检查施工安全防护及环保措施
  - 安装信息底盒和 PVC 线槽（巩固拓展）
    - 识别信息底盒应用场景并整理地弹式信息插座安装步骤
    - 安装信息底盒和 PVC 线槽并自检
  - 敷设六类、超六类双绞线
    - 在 PVC 线槽中敷设六类、超六类双绞线
    - 在 PVC 线管中敷设六类、超六类双绞线
    - 在桥架上敷设六类、超六类双绞线并制作线缆标签
  - 端接并安装屏蔽式铜缆配线架
    - 按照端口对应表规范端接并安装屏蔽式铜缆配线架
    - 按照端口对应表制作配线子系统标签
  - 检查和测试配线子系统铜缆链路
    - 随工自检配线子系统铜缆链路施工规范
    - 随工测试配线子系统铜缆链路
  - 敷设室内光缆和大对数语音电缆
  - 开剥室内光缆
    - 认识光纤接续方式
    - 识别光纤配线架的结构
    - 开剥并固定室内光缆
  - 辨析光纤色谱
    - 按光纤色谱识别光纤链路设计图的接续光纤
    - 按光纤色谱尝试熔接室内光纤链路

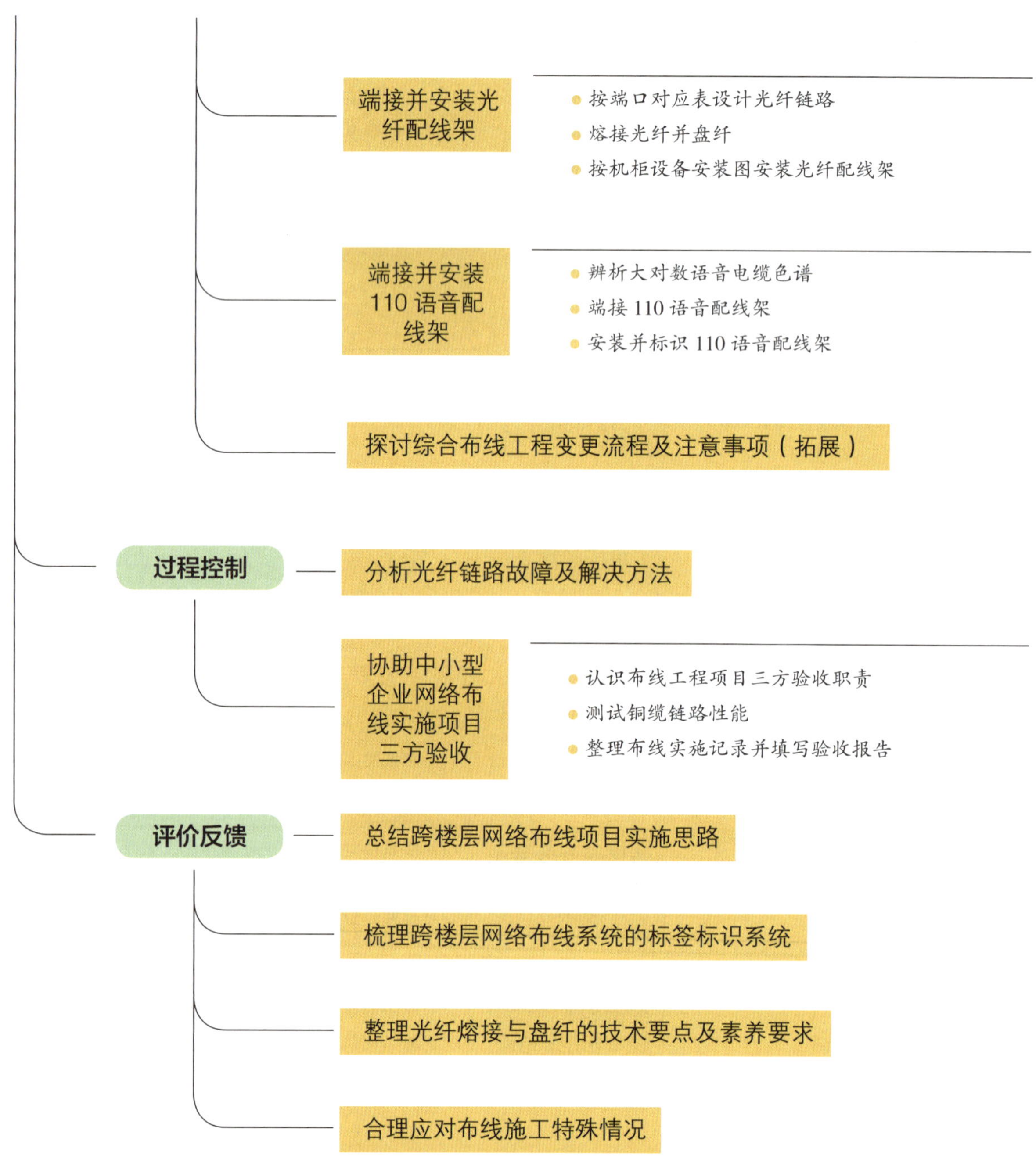
端接并安装光纤配线架
按端口对应表设计光纤链路
熔接光纤并盘纤
按机柜设备安装图安装光纤配线架
端接并安装110语音配线架
辨析大对数语音电缆色谱
端接110语音配线架
安装并标识110语音配线架
探讨综合布线工程变更流程及注意事项（拓展）
过程控制
分析光纤链路故障及解决方法
协助中小型企业网络布线实施项目三方验收
认识布线工程项目三方验收职责
测试铜缆链路性能
整理布线实施记录并填写验收报告
评价反馈
总结跨楼层网络布线项目实施思路
梳理跨楼层网络布线系统的标签标识系统
整理光纤熔接与盘纤的技术要点及素养要求
合理应对布线施工特殊情况

学习环节一 获取信息

学习目标

1. 能识别干线子系统和设备间子系统的构成要件，在项目交底中提取项目需求、项目环境、工期、开始施工的条件、布线系统的结构等基本信息及总体技术要求，思考并沟通存在的疑问。

2. 能识别干线子系统和设备间子系统布线常用术语、图形符号和缩略语，与小组成员共同识读施工图表，识别施工区域、设备位置、信息点数量、路由走向、传输介质等布线系统关键信息，核准与任务需求的一致性。

3. 能辨别中小型企业网络布线施工现场勘察内容及目的，小组合作根据勘察结果，按照信息点及布线路由变更原则调整设计路由并说明理由。

建议学时

10 学时

学习要求

序号	学习步骤	学习内容	学时	备注
1	明确中小型企业网络布线实施任务基本信息和要求	1. 中小型企业网络布线实施任务基本信息的提取 2. 干线子系统、设备间子系统、管理子系统的构成 3. 技术交底书的内容结构及作用	2	
2	识读中小型企业网络布线施工图表	1. 干线子系统和设备间子系统布线常用术语、图形符号和缩略语 2. 跨楼层网络布线施工图表关键信息的识读与核准	4	

续表

序号	学习步骤	学习内容	学时	备注
2	识读中小型企业网络布线施工图表	3. 信息处理的能力 4. 与人交流的能力 5. 与人合作的能力 6. 耐心细致的工作作风		
3	勘察中小型企业网络布线施工现场	1. 中小型企业网络布线施工现场勘察的内容和目的 2. 信息点及布线路由的变更原则 3. 解决问题的能力 4. 认真细致的工作作风	4	

一、明确中小型企业网络布线实施任务基本信息和要求

在具有一定规模的信息网络布线项目实施前，施工技术团队必须先参加项目技术交底。项目技术交底是由施工项目负责人（如项目经理）在施工前组织布线施工管理人员和施工人员，明确施工项目背景、需求、条件等基本信息和相关技术要求的沟通过程。

（一）提取任务基本信息，辨别网络布线系统构成

中小型企业的员工规模从几十人到几百人不等，随着规模的扩大，企业办公场所往往跨楼层分布，因此需要搭建的信息网络布线系统比单一的办公室要复杂得多。本任务中的企业需要的是两层楼结构的信息网络布线系统，属于跨楼层的网络布线系统。项目技术交底时需要清楚本任务的基本信息。

1. 查阅任务描述和网络布线项目需求调研表，提取任务基本信息，并将其填写在表 2-1-1 中。

表 2-1-1　　中小型企业网络布线实施任务基本信息表

施工地点	覆盖范围	信息点的种类	施工期限
需求特点及传输介质（一层）：			
需求特点及传输介质（二层）：			
开放办公区布线方式及目的：			
前期已完成的施工内容：			

2. 观看信息网络布线七大子系统微课视频，参考图 2-1-1，思考本任务施工内容与学习任务一相比新增了哪些信息网络布线子系统？将它们填写在横线上。

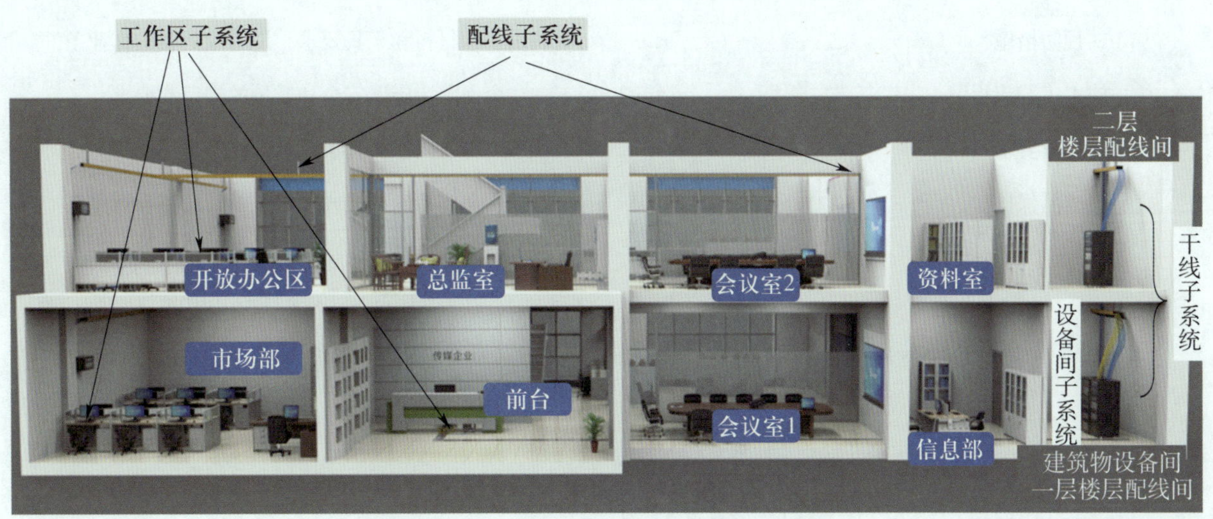

图 2-1-1　跨楼层信息网络布线子系统演示图

新增的信息网络布线子系统有：_______________、_______________。

3. 查阅信息页中的“干线子系统、设备间子系统、管理子系统的构成”，观察以下图片，在表 2-1-2 中选出各子系统的构成要件。

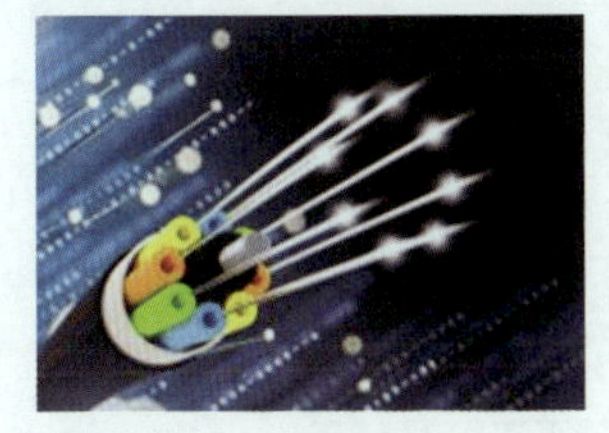

A. 干线线缆

B. 网络跳线

C. 配线设备

D. 标签标识

表 2-1-2　干线子系统、设备间子系统、管理子系统的构成要件列表

子系统名称	构成要件（可多选）
干线子系统	
设备间子系统	
管理子系统	

（二）明确任务内容及总体技术要求

1. 阅读任务描述中的任务要求，分别把主要工作内容和所对应的总体技术要求用下画线标出来。

2. 技术交底书是综合表达布线施工技术要求的项目资料。阅读本任务的技术交底书，思考各部分内容对布线施工的作用，连连看。

内容	作用
预防措施	明确设备、材料和工具要求，说明应具备的作业条件
施工工艺流程	全面限定施工安全和质量的规范与要求
质量要求	明确保护施工成果的注意事项
成品保护	提供遇到特殊情况或技术难题时的指导意见
开始施工的条件	指导总体施工流程与进程

3. 查阅本任务的技术交底书，根据图 2-1-2 中的提示，在横线上补充本任务的总体技术要求。

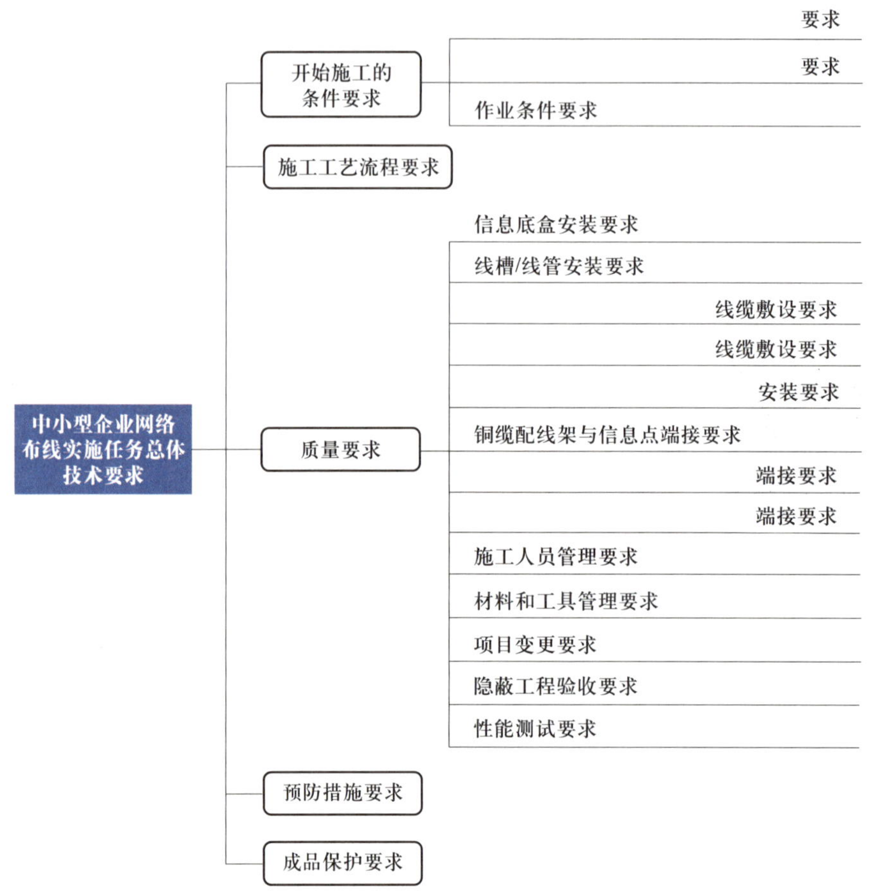

图 2-1-2　中小型企业网络布线实施任务总体技术要求结构图

二、识读中小型企业网络布线施工图表

完成项目交底后，施工人员需要识读施工图表，识别施工区域、设备位置、信息点数量、路由走向、传输介质及性能等级等布线系统关键信息，并核准与任务需求的一致性。这个过程往往由施工技术小组共同完成，需要对各图表的信息充分交流、准确核对。根据引导问题，逐步完成本任务的图表识读工作。

(一)认识中小型企业网络布线施工图表的要素和作用

1. 查阅信息页中的“干线子系统和设备间子系统布线常用术语、图形符号和缩略语”，为以下缩略语和图形符号找到对应的术语和图片，用直线连接起来。

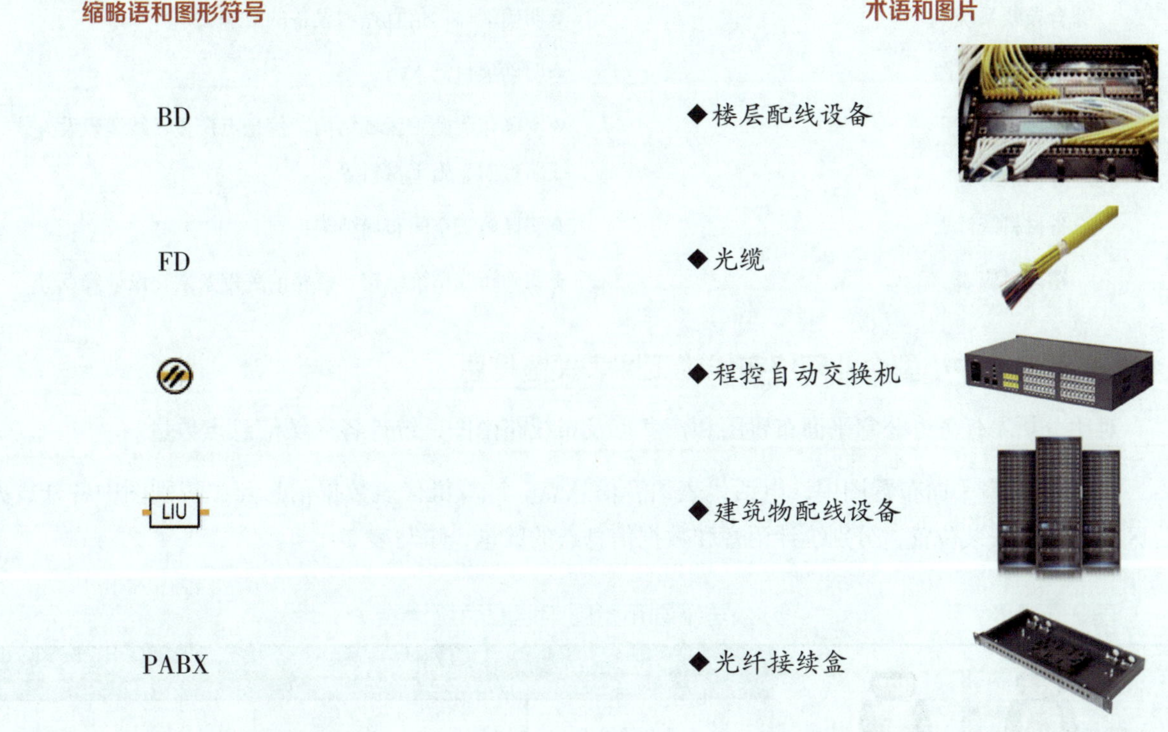

2. 结合学习任务一中的经验，观察本任务的各类施工图表，根据表2-1-3中的选项，判断各图表信息要素的来源。

表2-1-3 中小型企业网络布线施工图表信息要素来源分类表

①网络布线项目需求调研表 ②平面布置图 ③综合布线系统图 ④信息点及布线路由图 ⑤设备材料统计表 ⑥端口对应表 ⑦机柜设备安装图

信息要素	来源
信息点位置	②④
信息点数量	
布线系统结构	
传输介质种类	
布线方式	
设备安装位置	

3. 基于以上分析，判断本任务各类图表的主要作用，把以下图表名称和对应的图表作用用直线连接起来。

图表名称	图表作用
网络布线项目需求调研表	◆明确设备的安装位置
平面布置图	◆明确项目施工所需的所有材料
综合布线系统图	◆明确端口、信息点和设备的对应关系
机柜设备安装图	◆明确项目需求
信息点及布线路由图	◆明确布线施工区域结构、信息点位置、线缆敷设方式、线路走向、施工材料等
设备材料统计表	◆明确施工空间布局结构
端口对应表	◆明确布线系统结构、链路的关键要素、设计要点等

（二）识读中小型企业网络布线施工图表关键信息

对比分析本任务办公室平面布置图和信息点及布线路由图，统计各区域信息点数量。

1. 在办公室平面布置图中，电话代表语音信息点，计算机代表数据信息点，识别图中各开放办公区的信息点安装位置，分别统计语音和数据信息点的数量，填写表 2-1-4。

表 2-1-4　　办公室平面布置图中信息点统计表

区域	语音信息点数量	数据信息点数量
一层开放办公区		
二层开放办公区		

2. 通过对比办公室平面布置图和信息点及布线路由图可以发现，6 个开放办公区均使用了集合点。在信息点及布线路由图中圈出集合点的位置，并统计各集合点的信息点数量，填写表 2-1-5。

表 2-1-5　　信息点及布线路由图中集合点的信息点统计表

开放办公区 1	开放办公区 2	开放办公区 3	开放办公区 4	开放办公区 5	开放办公区 6

3. 识别信息点及布线路由图中两个楼层配线间的位置并用红笔圈出来，判断：信息的传输路径应由每个楼层的信息点汇聚到每个楼层的______________。

4. 识读信息点及布线路由图，在提示下计算配线子系统的信息点数量。

如图 2-1-3 所示，一层使用的传输介质是________，通过__________和________敷设到楼层配线间。开放办公区 1 中安装了 3 个信息点和 1 个集合点（CP-A1，汇聚了 24 个信息点），共 27 个信息点；开放办公区 2 中安装了 1 个集合点（CP-A2，汇聚了 12 个信息点）；洽谈室和共享打印机各需要 1 个信息点。

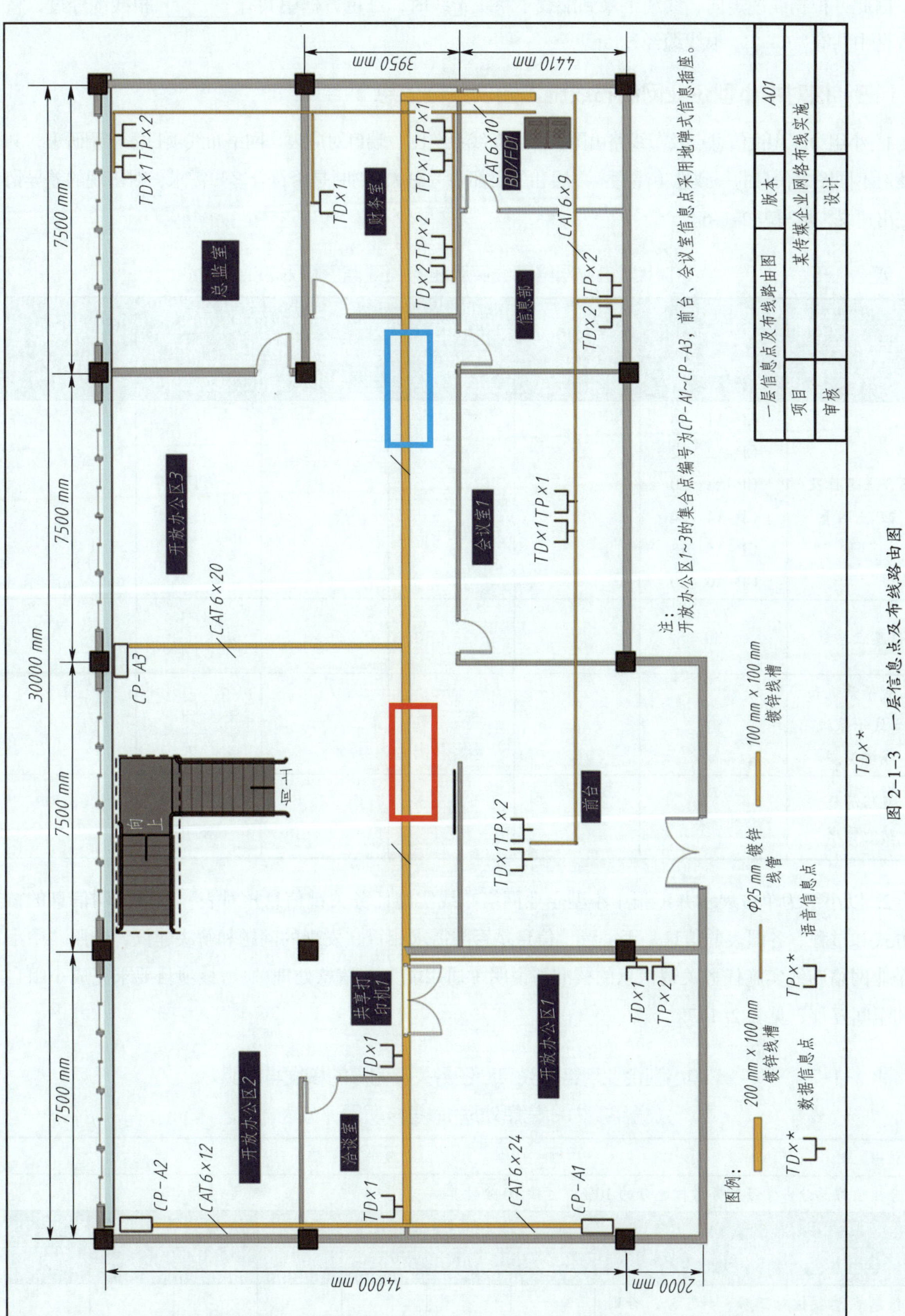

图 2-1-3 一层信息点及布线路由图

因此，根据线缆走向，线缆汇聚到配线子系统干线时，红色方框中共有________根线缆经过，蓝色方框中共有________根线缆经过。

（三）核对中小型企业网络布线施工图表关键信息

1. 小组分工识读信息点及布线路由图、综合布线系统图、端口对应表、网络布线项目需求调研表，共同核对不同图表信息的一致性（注意：一层和二层都要考虑），判断是否符合客户需求，对出现的差异情况提出建议，填写表 2-1-6。

表 2-1-6　　中小型企业网络布线实施任务关键信息核对表

核对内容	信息点及布线路由图	综合布线系统图	端口对应表	网络布线项目需求调研表	信息是否一致且满足需求	差异说明及建议
集合点名称及信息点数量	CP–A1　24 CP–A2　12 CP–A3　20 CP–A4　24 CP–A5　18 CP–A6　20				是□ 否□	
信息点总数	80				是□ 否□	
配线子系统和干线子系统线缆类型					是□ 否□	
链路屏蔽功能需求					是□ 否□	

2. 以小组为单位展示并汇报中小型企业网络布线实施任务关键信息核对表，重点说明信息的核对方式和过程、各图表的信息是否一致、信息是否与需求相符、发现的问题和解决建议，按照“中小型企业网络布线实施任务关键信息的核准与说明（通用能力 – 信息处理）”考核项目要求完成小组自评和组间互评，见表 2-1-7。

表 2-1-7　　“中小型企业网络布线实施任务关键信息的核准与说明（通用能力 – 信息处理）”考核项目评分表

组别：

本考核项目总分占学习任务考核总分的 10%，可按 10 分计算

评分项目	得分（自评占比为 20%、互评占比为 20%、师评占比为 60%）						
	小组一	小组二	小组三	小组四	小组五	小组六	师评
信息点总数核对正确，计 1 分，否则不得分							

续表

评分项目	得分（自评占比为 20%、互评占比为 20%、师评占比为 60%）						
	小组一	小组二	小组三	小组四	小组五	小组六	师评
各集合点名称及信息点数量统计正确，计 2 分，每错一项扣 1 分							
线缆类型判断正确，计 2 分，每错一处扣 1 分							
链路屏蔽功能需求判断正确，计 2 分，每错误一处扣 1 分							
信息来源无误，在信息的识别、统计、核对过程中耐心细致，信息结果经过复核与确认，计 3 分，有所欠缺扣 1～2 分							
汇总得分							

3. 针对以上工作，你认为施工前全面细致地核定施工图表信息有什么价值或意义？下列选项中理解最恰当的是（　　）。【单选题】

A. 最大程度节省施工成本

B. 避免错误施工，减少不必要的损失，体现施工人员应有的社会责任

C. 有利于核定工作量和劳动报酬

三、勘察中小型企业网络布线施工现场

“纸上得来终觉浅，绝知此事要躬行。”与学习任务一相比，本任务的规模更大，环境更复杂，干扰因素更多。施工人员必须通过现场勘察，进一步检查实际环境与图纸的差异，及时发现实际环境因素可能对施工造成的影响，从而做出预判和应对，有利于施工的顺利开展和质量保障。根据引导问题，完成本任务施工现场勘察的相关学习。

（一）勘察施工环境并明确中小型企业网络布线施工现场勘察内容和目的

1. 跟随教师勘察教室周边真实环境，思考哪些内容需要特别认真细致地观察，把相关勘察结果记录在表 2-1-8 中，小组汇总展示。

表 2-1-8　　施工现场勘察记录表

勘察内容	具体的勘察结果
施工现场周边环境	

续表

勘察内容	具体的勘察结果
建筑空间装饰情况	
建筑结构、隔断和墙体、门窗位置等	
暖通管道、电气管槽、消防管道等通路占用情况	
信息点位置、集合点位置、场地尺寸、楼层高度等	
垂直管井、机柜的安装位置，干线线槽的安装方式	

2. 查阅信息页中的“中小型企业网络布线施工现场勘察的内容和目的”，将以下各项勘察内容与对应的勘察目的用直线连接起来。

勘察内容

◆施工现场周边环境

◆建筑空间装饰情况

◆建筑结构、隔断和墙体、门窗位置等

◆暖通管道、电气管槽、消防管道等通路占用情况

◆信息点位置、集合点位置、场地尺寸、楼层高度等

◆垂直管井、机柜的安装位置，干线线槽的安装方式

勘察目的

◆检查运输进出通道、搬运通道、材料存放位置是否异常，有无影响施工的障碍物

◆核对建筑结构与图纸是否一致，判断施工条件

◆预判施工可能对装饰造成的影响

◆预判线缆敷设走向和连接位置

◆核对现场与图纸是否一致，预估线缆走向和长度

◆核对路由是否与现有其他通路冲突，判断是否需要调整线路

（二）按勘察结果和需求变化调整信息点及布线路由

1. 在真实项目施工中，经常会出现由环境或客户需求临时变化导致原计划的信息点及布线路由设计无法执行的情况，需要施工人员灵活应变加以解决。根据以下案例场景提出解决方案。

经现场勘察和与客户沟通发现，本任务中的总经理办公室的房间布局需要变更，小组讨论，对照图 2-1-4 和图 2-1-5 所示的办公室变更前后的平面布置图、信息点及布线路由图，查阅信息页中的“信息点及布线路由的变更原则”，在图 2-1-5 中标注变更后的信息点及布线路由、线缆敷设方式。

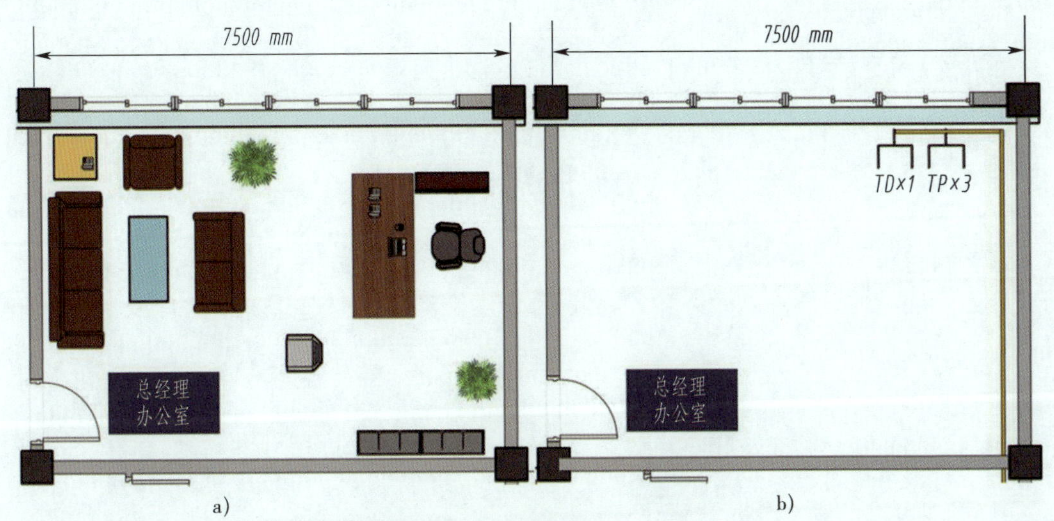

图 2-1-4 总经理办公室（变更前）

a）平面布置图 b）信息点及布线路由图

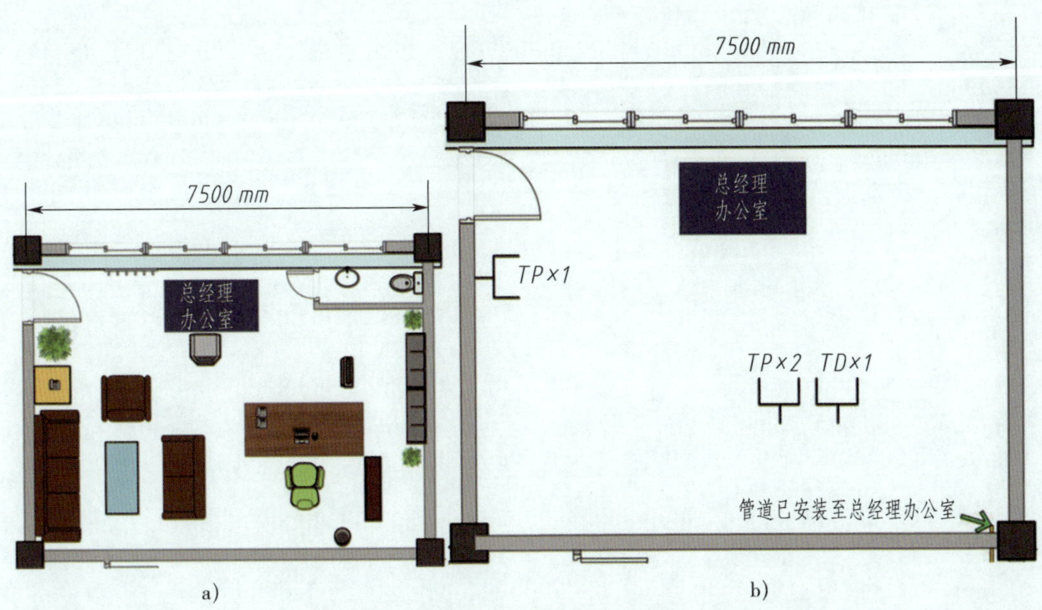

图 2-1-5 总经理办公室（变更后）

a）平面布置图 b）信息点及布线路由图

注：可以考虑线槽明装或暗装、直走或绕行，但尽可能避开房间内的设备和家具，确保横平竖直。

2. 简述本组的信息点及布线路由变更设计方案考虑了哪些因素。为什么这么调整？

学习环节二　制订计划

学习目标

1. 能与小组成员合作，根据项目图纸，分析布线子系统的结构、路由、材料选型和施工步骤，遵循网络布线施工步骤顺序的安排原则，区分固定步骤和自由步骤，综合安排网络布线施工步骤顺序。

2. 能识别干线子系统和设备间子系统的布线施工工具，判断其关键作用，并根据设备和材料的装接需要匹配选用。

建议学时

8 学时

学习要求

序号	学习步骤	学习内容	学时	备注
1	规划中小型企业网络布线施工步骤	1. 金属线管、线槽的种类及特点 2. 室内光缆和大对数语音电缆的种类 3. 干线线缆的敷设规范 4. 干线子系统设备与材料数量的估算 5. 配线架与线缆的对应关系 6. 设备间子系统的设备与线材的匹配关系 7. 网络布线施工步骤顺序的安排原则 8. 耐心细致的工作作风	6	
2	选择干线子系统和设备间子系统布线施工工具	干线子系统和设备间子系统布线施工工具的种类与作用	2	

一、规划中小型企业网络布线施工步骤

完成项目交底和现场勘察后，接下来就要合理规划布线施工步骤，以确保施工顺利、高效推进。本任务包含了工作区子系统、配线子系统、干线子系统、设备间子系统，下面将按照分析链路结构—明确设备材料及施工方式—规划施工步骤的思路规划各子系统的施工步骤。

（一）规划工作区子系统施工步骤

1. 统计施工材料：结合已知的工作区子系统结构，以及在获取信息环节获取的信息点信息，查阅信息点及布线路由图，清点一、二层各施工区域所需材料数量，填写表 2-2-1。

表 2-2-1　　工作区子系统施工材料统计表

楼层	施工区域	双口信息面板数量 / 个	单口信息面板数量 / 个	双口地弹式信息插座数量 / 个	单口地弹式信息插座数量 / 个
一层	财务室	3	1		
	信息部				
	总监室 1				
	会议室 1				
	开放办公区 3				
	前台				
	开放办公区 1				
	开放办公区 2				
	洽谈室				
二层	资料室				
	总监室 2				
	总经理办公室				
	开放办公区 6				
	会议室 2				
	总监室 3				
	开放办公区 4				
	开放办公区 5				
以上施工区域的墙面型信息面板共需配备____个____型信息底盒					

2. 以上材料中包含了地弹式信息插座，领取并观察样品，试判断在前台和会议室中选用地弹式信息插座的原因是（　　）。【多选题】

A. 环境决定　　B. 美观耐用　　C. 造价低廉　　D. 便于获取

3. 结合学习任务一中的施工经验，本任务中工作区子系统的施工内容主要是安装____________，安装的注意事项有：____________。

（二）规划配线子系统施工步骤

1. 在本任务中，配线子系统是由__________到__________构成的。

2. 对照一层和二层信息点及布线路由图尺寸，清点配线子系统所需的材料，结合学习任务一中的经验预估数量（需预留一定冗余），并填写表 2-2-2。

表 2-2-2　　配线子系统施工材料统计表

楼层	ϕ 25 mm 镀锌线管长度 /m	100 mm × 100 mm 镀锌线槽长度 /m	200 mm × 100 mm 镀锌线槽长度 /m	CAT 6 双绞线数量 / 箱	CAT 6A 双绞线数量 / 箱
一层					
二层					

本任务采用的是模块化配线架，根据信息点数量应配备六类信息模块____个、超六类信息模块____个

注：线缆以箱为单位，每箱 305 m

3. 以上材料中的镀锌线管和镀锌线槽属于金属线管、线槽，领取并观察样品，查阅信息页中关于金属线管、线槽的种类介绍，为以下问题选择合适的选项。

（1）镀锌线管、镀锌线槽的特点包括（　　）。【多选题】

A. 对线缆保护性好　　B. 性价比高

C. 具有一定的屏蔽功能　　D. 易于安装

（2）观察下面的图片，镀锌线管的安装方式可以是（　　），镀锌线槽的安装方式可以是（　　）。【多选题】

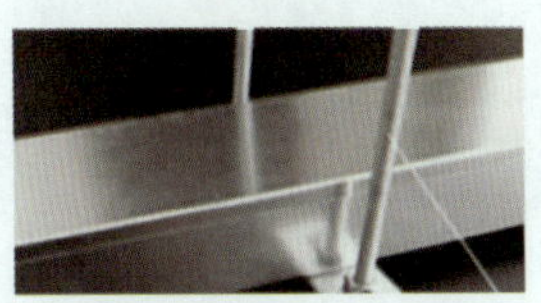

A. 天花板吊装

B. 壁面安装

C. 地面沟槽暗埋

D. 地板下暗埋

4. 根据配线子系统的结构和材料，结合学习任务一中的施工经验，从以下选项中选择属于配线子系统的施工步骤，并按照施工的先后顺序将其填写在下面的横线上（共有 10 项）。

安装信息底盒 □　安装镀锌线槽 / 线管□　敷设配线子系统线缆 □　整理配线子系统线缆 □　端接信息点 □ 安装铜缆配线架 □　端接铜缆配线架 □　安装理线架（铜缆）□　制作、粘贴信息点端线缆标签 □ 制作、粘贴配线架端线缆标签 □　随工测试（铜缆链路）□　敷设室内光缆 □　制作、粘贴干线光缆标签 □ 敷设大对数语音电缆 □　安装光纤配线架 □　端接光纤配线架 □　安装 110 语音配线架 □ 端接 110 语音配线架 □　制作、粘贴大对数语音电缆标签 □　安装理线架（光纤）□ 安装理线架（大对数语音电缆）□　随工测试（光纤链路）□　随工测试（语音链路）□

（1）<u>安装镀锌线槽 / 线管</u>　（2）________

（3）________　（4）________

（5）________　（6）________

（7）________　（8）________

（9）<u>安装理线架（铜缆）</u>　（10）<u>随工测试（铜缆链路）</u>

（三）规划干线子系统施工步骤

1. 观看信息网络布线七大子系统微课视频（干线子系统部分），回顾任务描述中的第二点任务要求，结合对干线子系统的理解，在图 2-2-1 中用箭头标出干线子系统的布线路由走向。

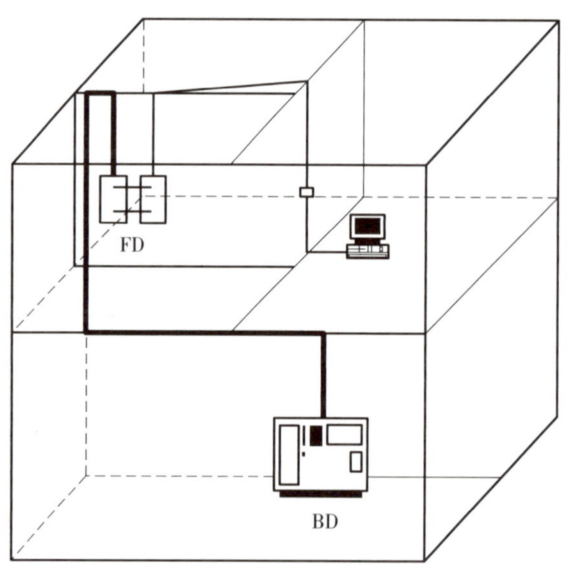

图 2-2-1　干线子系统的布线路由走向示意图

2. 在二层配线间和一层设备间 / 配线间中需要使用不同的配线架对线缆进行管理。领取并观察 24 口非屏蔽式铜缆配线架、24 口屏蔽式铜缆配线架、24 口 LC 光纤配线架、110 语音配线架，对比它们的结构差异，将以下配线架和匹配的线型用直线连接起来。

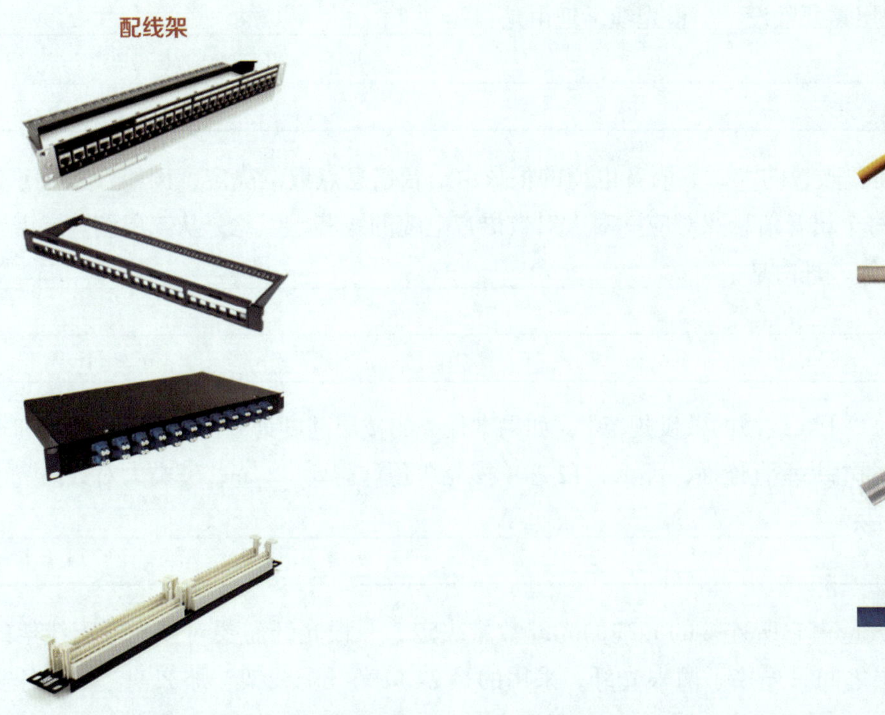

3. 查阅信息页中的“室内光缆和大对数语音电缆的种类”，领取并观察单模光缆和大对数语音电缆，对照设备材料统计表，本任务干线子系统中应选用的材料有（ ）。【多选题】

A. 12 芯单模光缆　　B. 24 芯单模光缆

C. 三类 25 对大对数语音电缆　　D. 五类大对数语音电缆

4. 查阅信息页中的“室内光缆的印字标识内容”，判断图 2-2-2 中的室内光缆的印字标识内容所代表的意思，填写在表 2-2-3 中。

图 2-2-2 室内光缆的印字标识

表 2-2-3 室内光缆的印字标识内容语义解读表

标识内容（字段）	语义（代表的意思）
10313 YCL0040 BOYANG	制造商信息
BY-GJF JH-12B6	该光缆为________芯
11/2022	
00200M	

5. 敷设线缆时，需要敷设的干线光缆的根数由接入的交换机数量决定，正常情况下，一台交换机需要一对（两根）光纤收发数据（全双工模式）。根据机柜设备安装图，本任务二层只有一台交换

机，因此，从二层到一层需要敷设____根光缆，理由是：______________________________

____

____。

6. 敷设线缆时，需要敷设的大对数语音电缆的根数由语音信息点数量决定，例如，本任务二层有 40 个语音信息点，每个语音信息点对应一对大对数语音电缆的线芯，因此，从二层到一层需要敷设____根大对数语音电缆，理由是：______________________________

____

____。

7. 查阅信息页中的“干线线缆的敷设规范”，如果本任务的楼层高度为 6 m，二层配线间和一层设备间 / 配线间可通过弱电井垂直连通，那么，12 芯单模光缆预计需要____m，三类大对数语音电缆需要____m，计算过程是：______________________________

____。

8. 光纤配线架的数量由它所连接的光缆的光纤数量决定，一根光纤需要对接光纤配线架的一个端口。本任务一二层之间只连接了两根光纤，采用的是 24 口光纤配线架，那么一、二层各需要____个 24 口光纤配线架；同理，从二层连接 40 个语音信息点到一层，每个语音信息点需要对接一对大对数语音电缆的线对，每对线对对应两个端口，采用的是 100 对大对数语音配线架（有 200 个端口），因此，一、二层各需要____个 100 对大对数语音配线架就足够了。

9. 参考以下图片，根据以上对干线子系统结构和材料的预估，按照敷设线缆、端接设备、整理线缆、用标签标识、随工测试的逻辑顺序选出并排列干线子系统施工步骤。

1	2	3	4	5
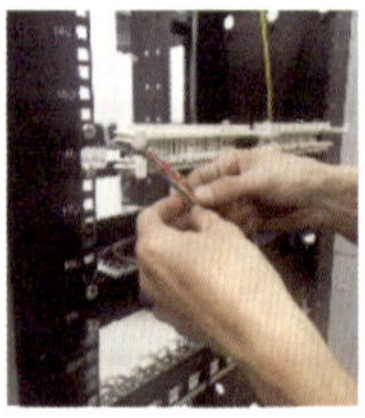 安装语音配线架	 安装 PVC 线槽	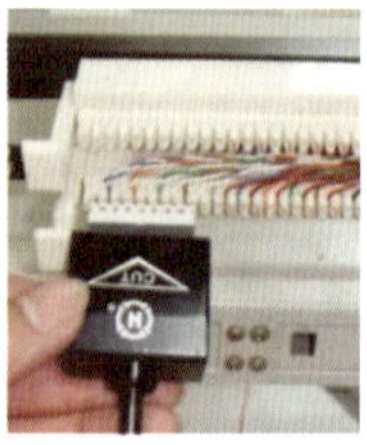 端接语音配线架	 安装理线架（大对数语音电缆）	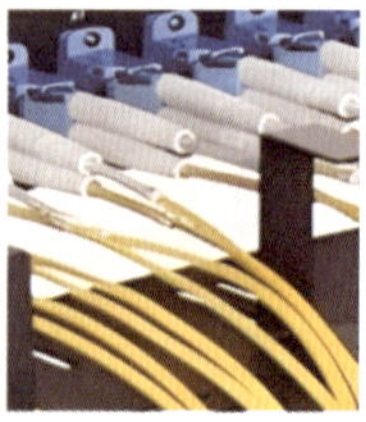 安装理线架（光纤）
6	**7**	**8**	**9**	**10**
 安装理线架（铜缆）	 安装铜缆配线架	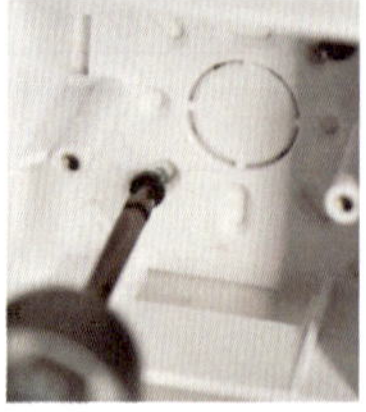 安装信息底盒	 端接铜缆配线架	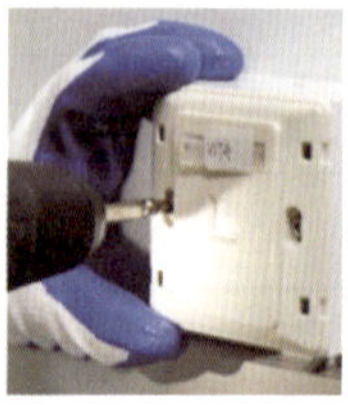 安装信息面板

11	12	13	14	15
敷设大对数语音电缆	敷设配线子系统线缆	敷设室内光缆	安装光纤配线架	端接光纤配线架
16	17	18	19	20
随工测试（光纤链路）	随工测试（铜缆链路）	随工测试（语音链路）	整理配线子系统线缆	制作配线架端线缆标签
21	22	23	24	25
制作信息点端线缆标签	制作干线光缆标签	端接模块	标识语音配线架	制作大对数语音电缆标签

（1）敷设室内光缆　　（2）________

（3）________　　（4）________

（5）________　　（6）________

（7）________　　（8）________

（9）________　　（10）________

（11）________　　（12）________

（13）________

（四）规划设备间子系统施工步骤

本任务一层配线间同时充当了设备间，因此既接入了一层的配线子系统线缆，又接入了其他楼层的干线子系统线缆，结合任务施工图表思考以下问题。

1. 查阅设备材料统计表，判断本任务中从配线子系统和干线子系统进入配线间和设备间的线缆是（　　）。【多选题】

A. CAT 6A 双绞线

B. CAT 6 双绞线

C. 12 芯单模光缆

D. 三类大对数语音电缆

E. 5A 双绞线

2. 对比综合布线系统图和机柜设备安装图，试判断以下说法中正确的是（　　）。【单选题】

A. 配线子系统的所有线缆都不经过转接直接汇聚到设备间

B. 设备间只汇聚干线子系统所用到的所有线缆

C. 二层所有办公区的信息点都可以通过线缆直接连通外部网络

D. 二层的配线子系统中的所有线缆都要通过二层配线间再汇聚到一层设备间 / 配线间

3. 现在，已经知道各子系统的系统结构、路由等信息，接下来需要了解各类设备中信息是如何流动的。认真观察机柜设备安装图，在图 2–2–3 中标注设备名称，以信息从设备端向外发出为方向，用带箭头的线条把数据和语音信息所经过的设备、信息点、设备间机柜中的各设备连接起来。

4. 在图 2–2–3 所示的线路连接中，机柜中的配线架和交换机还需要使用匹配的网络跳线（含铜缆跳线和光纤跳线）进行连接，这样才能使信息得以传输。查阅本任务的设备材料统计表，找出需要使用的跳线类型，观察实物，识别以下跳线及连接器类型与设备及接口之间的对应规律，根据匹配关系将每一类跳线及连接器和它对应的两类设备及接口用直线连接起来。

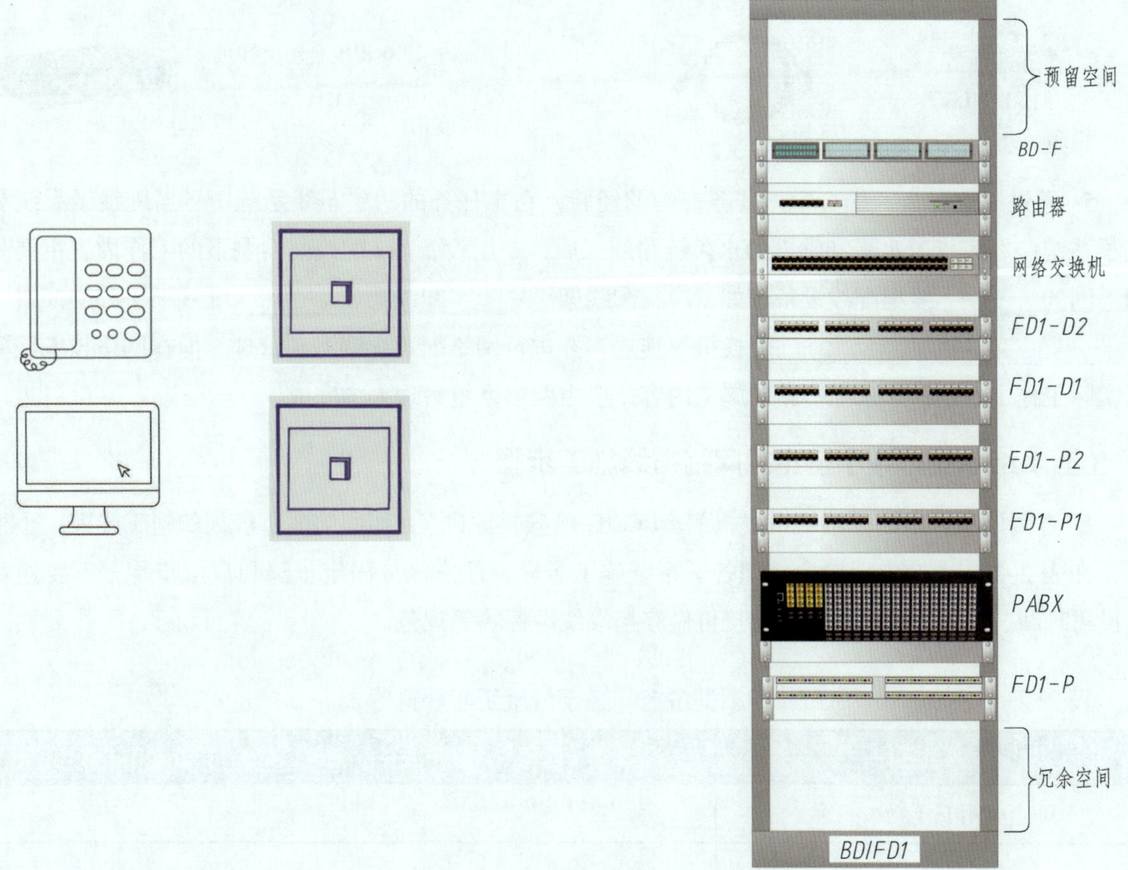

图 2-2-3　中小型企业网络布线设备连接图

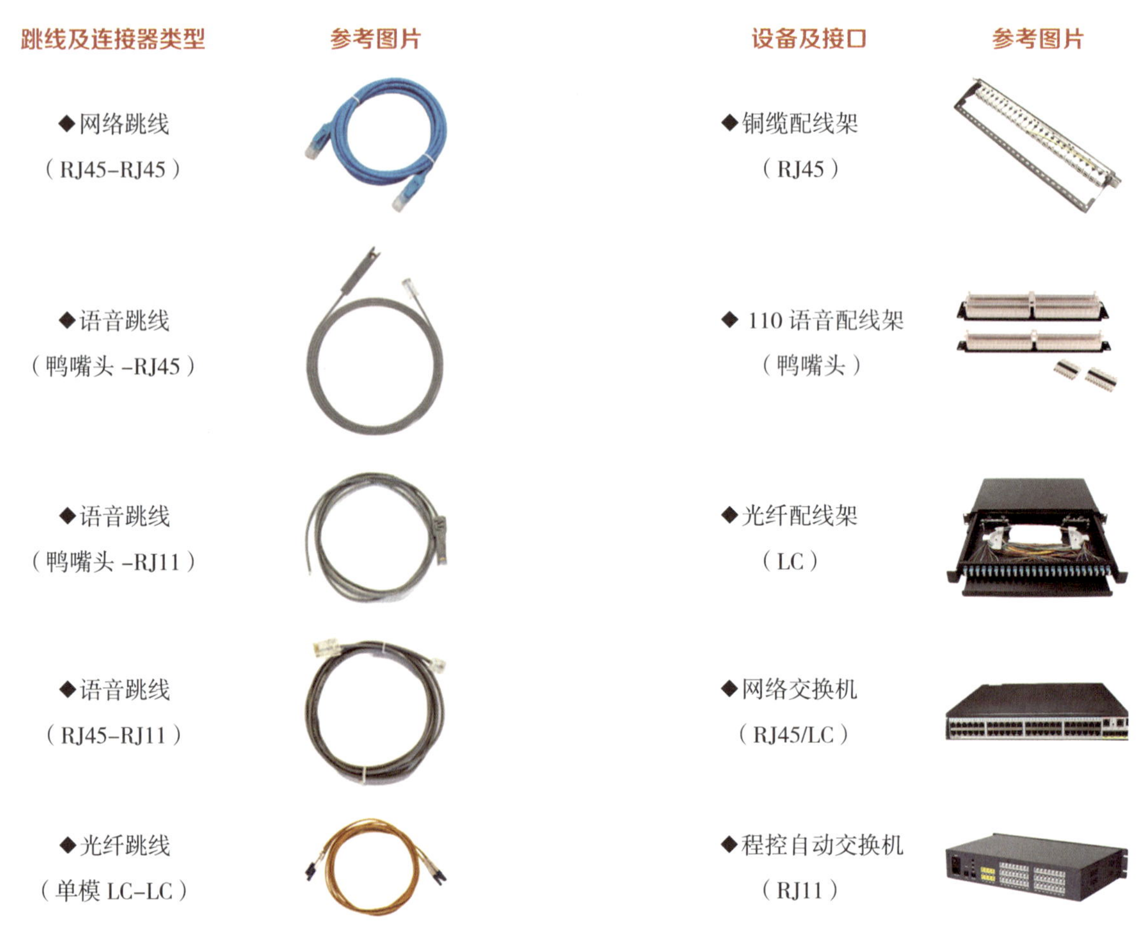

跳线及连接器类型	参考图片	设备及接口	参考图片
◆网络跳线（RJ45–RJ45）		◆铜缆配线架（RJ45）	
◆语音跳线（鸭嘴头 –RJ45）		◆ 110 语音配线架（鸭嘴头）	
◆语音跳线（鸭嘴头 –RJ11）		◆光纤配线架（LC）	
◆语音跳线（RJ45–RJ11）		◆网络交换机（RJ45/LC）	
◆光纤跳线（单模 LC–LC）		◆程控自动交换机（RJ11）	

5. 通过以上分析，结合学习任务一中的经验，在本任务的两层布线系统中，当配线子系统和干线子系统已经完成了水平和垂直的永久链路施工后，一层设备间 / 配线间内剩下的工作内容主要是利用不同的________线把配线设备（如______配线架、______配线架、________配线架）和交换机（如__________交换机、__________交换机）连通，并进行网络配置、调测和管理，但在网络技术服务项目实际工作中，这些非永久链路的施工内容一般由网络系统管理人员完成。

（五）综合安排中小型企业网络布线施工步骤

1. 查阅信息页中的“网络布线施工步骤顺序的安排原则”，回顾前面所规划的施工步骤，小组讨论，在表 2–2–4 中按先后顺序排列各子系统施工步骤，注意区分固定步骤和自由步骤，不要违背先敷设再理线、先端接再测试、先端接再做终接端线缆标签等规范。

表 2–2–4　　中小型企业网络布线施工步骤排序表

子系统名称	施工步骤（填写“规划干线子系统施工步骤”第 9 题中的数字序号）
工作区子系统	
配线子系统	
干线子系统	

2. 在布线施工中，各子系统之间的施工步骤顺序、同一个子系统内部的施工步骤顺序均可以根据实际情况灵活调整，请根据不同条件进行判断。

如果施工工期非常短，并且有足够多的施工人员同时施工，则可以同步做的施工步骤有：________

____

____

____。

如果施工时间比较充裕，而施工人员不多，则一般按照常规逻辑先敷设所有子系统的______，再分类端接________。

3. 以小组为单位展示并说明施工步骤顺序，解答教师或其他小组提出的问题，按照“中小型企业网络布线施工步骤的整理（学习成果）”考核项目要求完成组间互评，填写表 2-2-5。

表 2-2-5　“中小型企业网络布线施工步骤的整理（学习成果）”考核项目评分表

组别：

本考核项目总分占学习任务考核总分的 10%，可按 10 分计算

评分项目	得分（互评占比为 30%、师评占比为 70%）						
	小组一	小组二	小组三	小组四	小组五	小组六	师评
施工步骤整理齐全，做到认真细致，计 2 分，每缺一项扣 0.5 分							
施工步骤分类正确，计 2 分，每错误一项扣 0.5 分							
施工步骤排序无明显错误，计 3 分，每错误一项扣 0.5 分							
能合理解答教师或其他小组提出的问题，计 3 分，存在不足扣 1～2 分							
汇总得分							

二、选择干线子系统和设备间子系统布线施工工具

“工欲善其事，必先利其器。”在干线子系统和设备间子系统布线施工中将使用到一些新的工具，这些工具有助于提升施工效率和质量。

1. 利用网络自行查阅资料，了解干线子系统和设备间子系统布线施工所需的工具，观察教师提供的工具，根据以下设备或材料的装接需求选择合适的工具，并用直线将它们连接起来。

设备或材料

24 口屏蔽式铜缆配线架

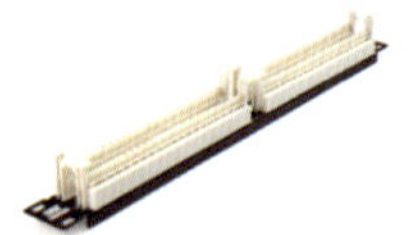
100 对 110 语音配线架

24 口 LC 光纤配线架

12 芯室内单模光缆

25 对大对数语音电缆

PVC 线管弯角

工具

弯管器

五对打线刀

米勒钳

光纤切割刀

红光笔

光纤熔接机

剥线器

PVC 线管切割刀

2. 查阅信息页中的“干线子系统和设备间子系统布线施工工具的种类与作用”，从下列选项中选出工具所对应的关键用途，把正确的选项填写在横线上。

A. 把需要对接的光纤熔接起来，实现信息延续传输
B. 在需要拼接或去除多余长度时，快速、整齐切割 PVC 线管
C. 把每五对语音线对组成一个模块压接到 110 语音配线架上，通过模块化操作提升效率
D. 在光纤熔接时把需要对接的光纤切割平整，提升熔接质量
E. 测试光纤链路的通断情况
F. 根据线路拐弯需求，根据线管大小选择弯管器制作 PVC 线管弯角
G. 在光纤熔接时把光纤的涂覆层剥掉，提升熔接质量

弯管器：____；五对打线刀：____；米勒钳：____；光纤切割刀：____；红光笔：____；光纤熔接机：____；PVC 线管切割刀：______。

学习环节三 做出决策

学习目标

1. 能与小组成员合作，辨别跨楼层网络布线系统结构与特征，分析中小型企业网络布线系统信息传输路径，针对干线链路明确施工质量控制措施。

2. 能与小组成员合作，针对重点施工步骤整体梳理中小型企业网络布线重点施工步骤质量控制措施。

建议学时

4 学时

学习要求

序号	学习步骤	学习内容	学时	备注
1	分析跨楼层网络布线系统的信息传输路径	1. 跨楼层网络布线系统结构与特征 2. 网络布线系统信息传输路径	2	
2	明确中小型企业网络布线重点施工步骤质量控制措施	1. 施工质量控制措施的识别 2. 质量意识	2	

根据任务要求和技术交底书的质量要求，为做好施工质量把控，需要全面分析跨楼层网络布线系统的信息传输路径，辨别重点施工步骤，确定本任务的施工质量控制措施。

一、分析跨楼层网络布线系统的信息传输路径

（一）辨析跨楼层网络布线系统结构和信息传输路径

1. 辨别系统结构与特征

回顾图 2-2-3，观看“数据包出游记”微课视频，辨别跨楼层网络布线系统结构与特征，把关键词选项标注到图 2-3-1 中适当的位置。

系统结构关键词	系统特征关键词
A. 工作区子系统 B. 配线子系统 C. 干线子系统	D. 链路不断汇聚 E. 信息流量不断增大 F. 多楼层信息集中向外

图 2-3-1　中小型企业跨楼层网络布线系统结构与特征示意图

2. 分析数据信息传输路径

（1）查阅信息页中的“网络布线系统信息传输路径”，观察图 2-3-2，根据节点特征选择匹配的设备，把选项填写在方框中。

可选项：A. 铜缆配线架　　B. 网络交换机

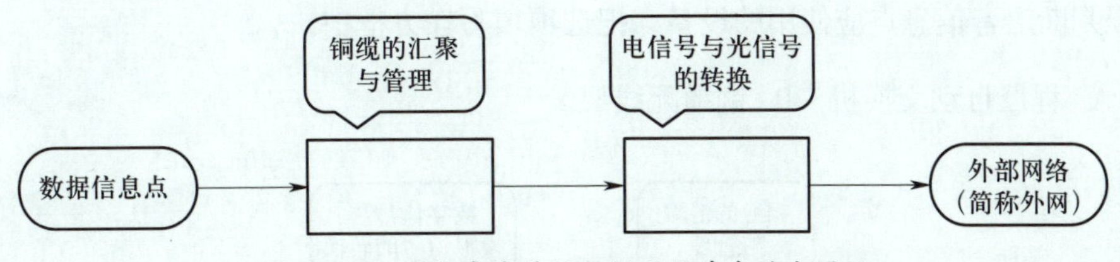

图 2-3-2　网络布线系统数据通信基本路由原理

（2）图 2-3-3 所示为本任务的网络布线系统数据信息传输路径示意图，根据图 2-3-2 所示的原理，结合配线架的作用，判断下图中数据信息点应使用的设备，把选项填写在方框中。

可选项：A. 六类屏蔽式配线架　　　　　　B. 六类非屏蔽式配线架

C. 网络交换机（带万兆 LC 光模块） D. 24 口 LC 光纤配线架

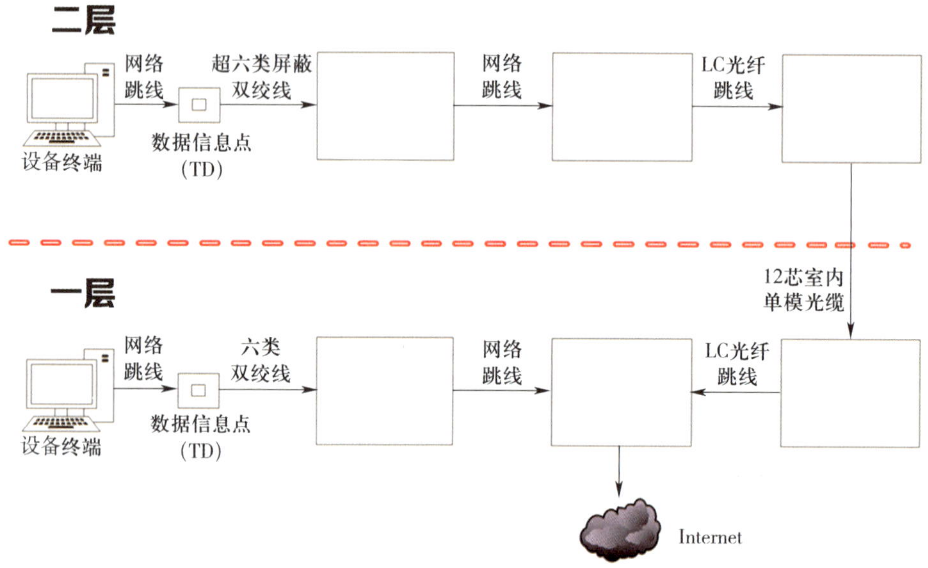

图 2-3-3　中小型企业网络布线系统数据信息传输路径示意图

（3）按照以下引导问题，对照综合布线系统图，对图 2-3-3 中的数据信息传输路径进行详细解析和说明。

1）二层的数据信息需要先通过超六类屏蔽双绞线连接到二层配线间的____________，再使用________跳线连接到网络交换机，然后通过______跳线连接到光纤配线架，采用（光缆□　铜缆□）将二层的光纤配线架与一层设备间 / 配线间的光纤配线架进行连接，通过________跳线连接到光纤交换机，这样才能实现与外部数据的通信。

2）整栋楼的设备间位于一层，兼作一层的配线间，因此，一层的数据信息需要通过六类非屏蔽双绞线连接到一层设备间 / 配线间的______________，直接与一层的网络交换机相连，实现一层数据信息点与外部的通信。

3. 分析语音信息传输路径

（1）查阅信息页中的“网络布线系统信息传输路径”，结合本任务布线系统结构观察图 2-3-4，根据节点特征判断语音信息点应使用的设备，把选项填写在方框中。

可选项：A. 程控自动交换机　B. 铜缆配线架

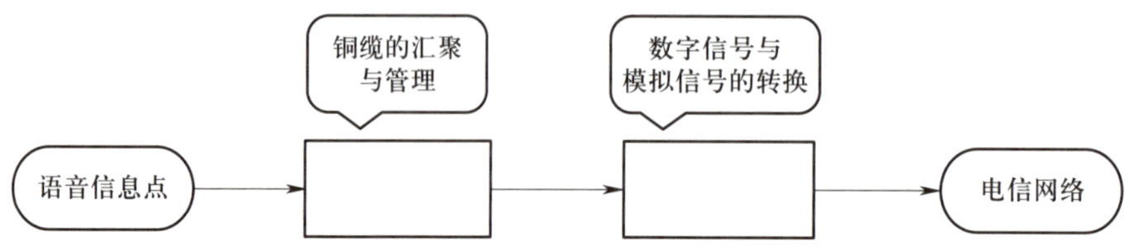

图 2-3-4　网络布线系统语音通信基本路由原理

（2）根据图 2–3–4 所示的原理，结合配线架的作用，判断图 2–3–5 中语音信息点应使用的设备，把选项填写在方框中。

可选项：A. 六类屏蔽式配线架　　B. 六类非屏蔽式配线架

C. 程控自动交换机　　D. 100 对 110 语音配线架

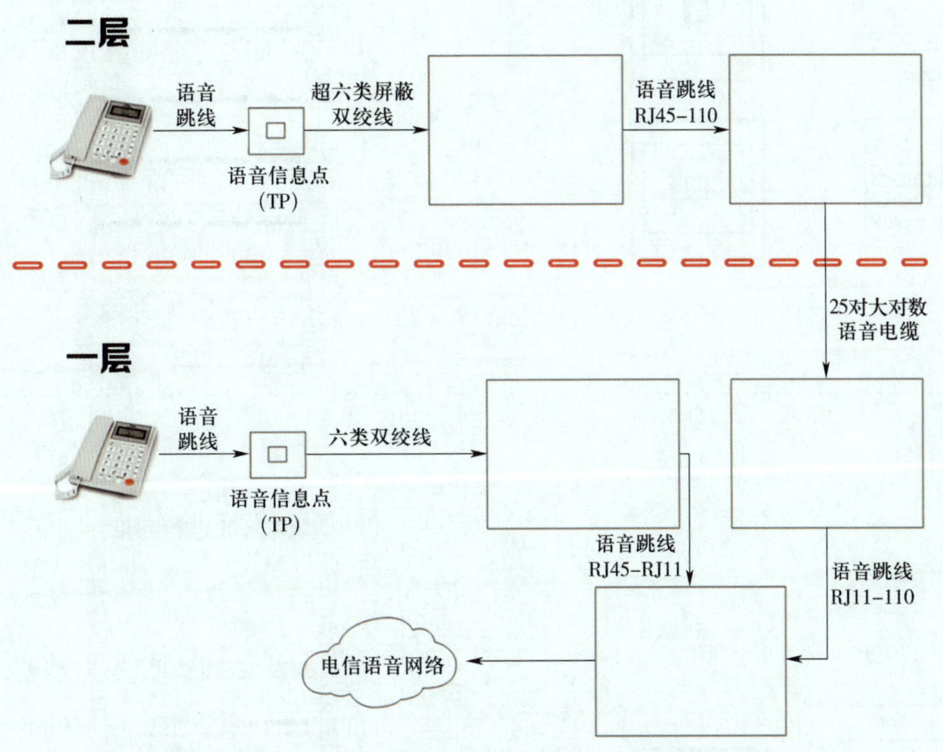

图 2–3–5　中小型企业网络布线系统语音信息传输路径示意图

（3）按照以下引导问题，对照综合布线系统图，对图 2–3–5 中的语音信息传输路径进行详细解析和说明。

1）二层的语音信息需要先通过__________连接到二层配线间机柜中的__________，经过__________转换后，再通过大对数语音电缆转到一层设备间/配线间的__________，最后通过________跳线转入程控自动交换机，这样才能实现与外部语音的通信。

2）一层的语音信息需要先通过__________连接到一层的配线间/设备间的________________，再通过__________跳线直接与程控自动交换机相连，即可实现一层语音信息点与外部的通信。

4. 信息传输是双向的，基于以上分析，以信息从终端设备发送的方向为例，在图 2–3–6 中标注信息传输路径，分别用带箭头的实线和虚线表示数据和语音信息传输路径，并用文字标注各线段具体使用的线缆或跳线种类。

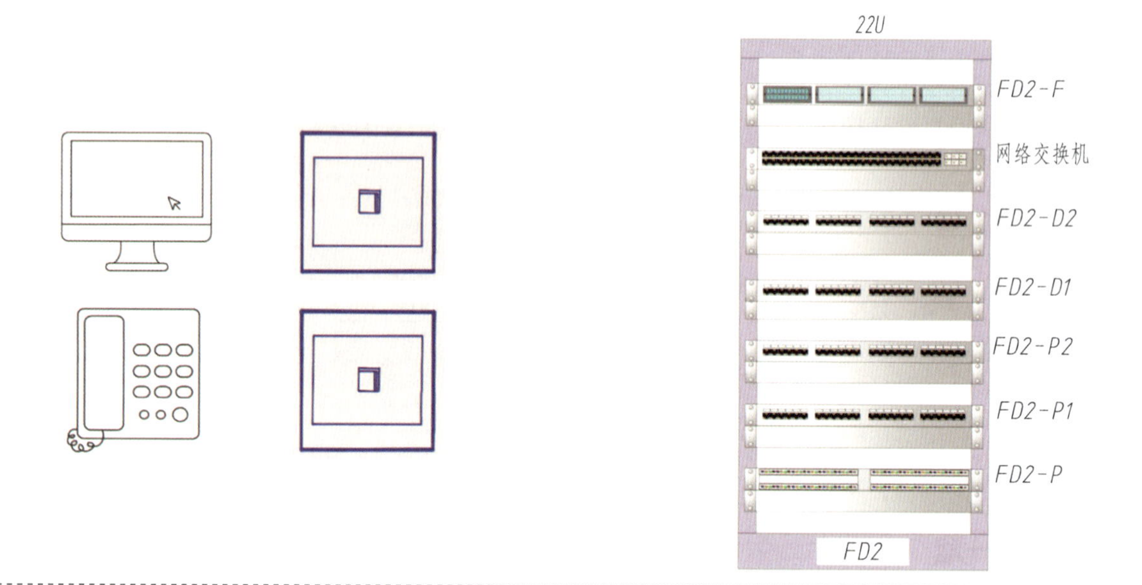

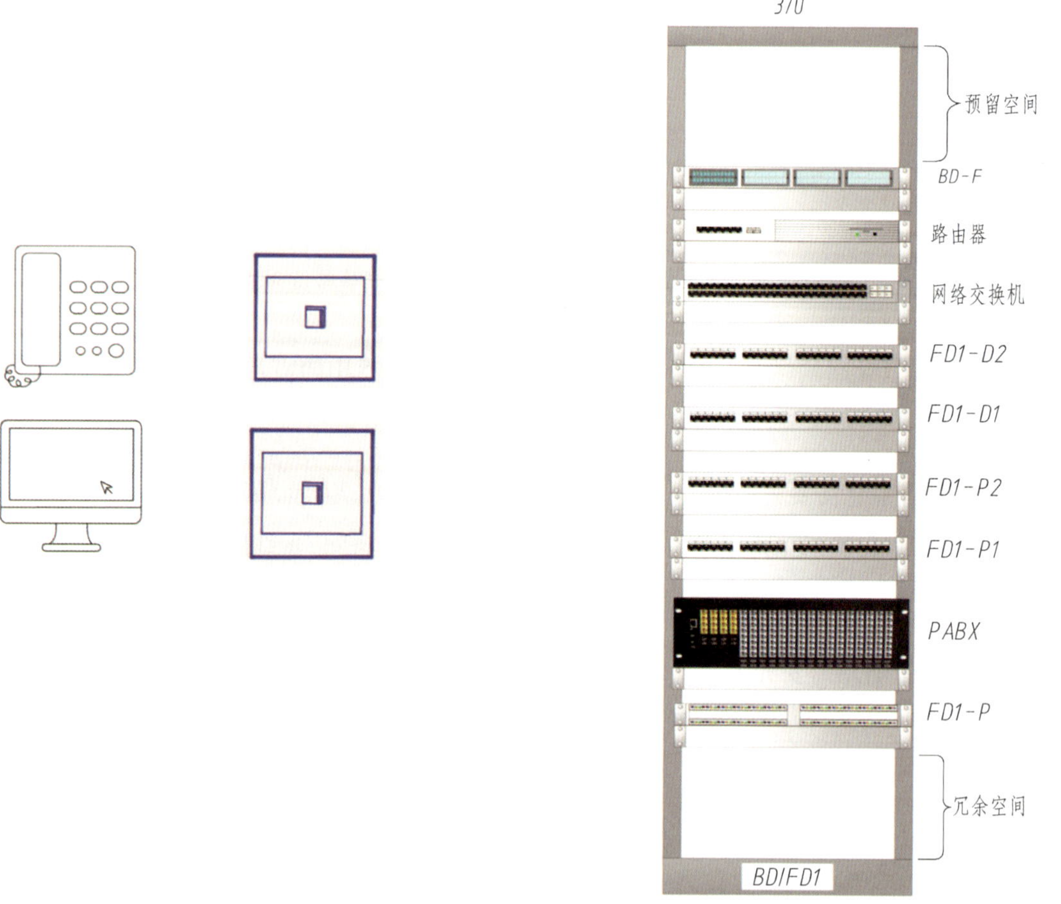

图 2-3-6 中小型企业网络布线系统信息传输路径注解图

5. 按照“中小型企业网络布线系统信息传输路径的注解（学习成果）”考核项目要求，对已完成的图 2–3–6 进行个人自评和组间配对互评（一个小组共同对配对组的每个组员的成果分别进行评价），见表 2–3–1。

表 2–3–1　“中小型企业网络布线系统信息传输路径的注解（学习成果）”考核项目评分表

组别：

本考核项目总分占学习任务考核总分的 10%，可按 10 分计算

<table>
<tr><th rowspan="3">评分项目</th><th colspan="9">得分（自评占比为 20%、互评占比为 20%、师评占比为 60%）</th></tr>
<tr><th rowspan="2">自评</th><th colspan="7">组间配对互评（学生姓名）</th><th rowspan="2">师评</th></tr>
<tr><th></th><th></th><th></th><th></th><th></th><th></th><th></th></tr>
<tr><td>设备名称标注正确，计 3 分，每缺失或错误一处扣 0.5 分</td><td></td><td></td><td></td><td></td><td></td><td></td><td></td><td></td><td></td></tr>
<tr><td>设备的连接关系正确，计 4 分，每缺失或错误一处扣 0.5 分</td><td></td><td></td><td></td><td></td><td></td><td></td><td></td><td></td><td></td></tr>
<tr><td>系统中的线缆或跳线标注正确，认真细致，计 3 分，每缺失或错误一处扣 0.5 分</td><td></td><td></td><td></td><td></td><td></td><td></td><td></td><td></td><td></td></tr>
<tr><td>汇总得分</td><td colspan="9"></td></tr>
</table>

（二）确定干线链路施工质量控制措施

1. 由信息传输路径可知，二层的数据最终都需汇聚到一层后才能与外界通信，以下选项中，连通一、二层数据网络的干线链路是（　　）。【单选题】

A. 从某个信息点到楼层配线间的铜缆配线架之间的链路

B. 从设备间的配线架到交换机之间的网络跳线

C. 从二层配线间的光纤配线架到一层设备间 / 配线架的光纤配线架之间的光纤链路

D. 从二层配线间的语音配线架到一层设备间 / 配线架的语音配线架之间的链路

2. 本任务的干线链路承载着二层所有用户的信息流量，作用重大，光纤的熔接质量和盘纤工艺对链路的损耗有重要影响。查阅信息页中的图 2–3–3，与小组成员讨论，以下措施中，有利于把控干线链路施工质量的有（　　）。【多选题】

A. 根据光纤的应用场景选择正确的光纤熔接机

B. 规范使用光纤熔接工具

C. 耐心细致操作，一丝不苟

D. 相互监督检查

E. 努力提升技能操作的熟练水平

F. 做好随工测试

二、明确中小型企业网络布线重点施工步骤质量控制措施

回顾制订计划环节所制定的施工步骤，你认为哪些步骤需要重点把控？针对这些重点施工步骤，在表 2-3-2 中选择合适的质量控制理由和措施，进行组间交流。

表 2-3-2　　中小型企业网络布线重点施工步骤质量控制措施分析表

控制理由	A. 直接影响链路通断　B. 影响系统的整体运行　C. 便于管理维护和持续运行　D. 具有较高的技术难度		
控制措施	①选用合适的工具　②规范使用施工工具　③耐心操作，注意细节，一丝不苟　④对照验收规范施工并自检　⑤提升技能操作的熟练水平　⑥检查设备、材料是否与设计要求匹配　⑦做好随工测试　⑧检查施工环境，排除干扰因素		
子系统	**重点施工步骤**	**控制理由（选填序号）**	**控制措施（选填序号）**
配线子系统	端接信息点，端接铜缆配线架		
干线子系统	敷设室内光缆		
设备间子系统	端接光纤配线架		
管理子系统	用标签标识链路		

学习环节四 实施计划

学习目标

1. 能按施工需求领取并核对布线施工材料的种类与数量，选取合适的检查内容和方法检查材料及工具，做好施工安全防护。

2. 能与小组成员合作，根据应用场景选用不同的信息底盒并整理地弹式插座安装步骤，规范安装信息底盒和 PVC 线槽并总结经验。

3. 能与小组成员合作敷设六类和超六类双绞线，整理线缆穿管敷设技巧，解析线缆标识内容构成，完成线缆组标签标识。

4. 能与小组成员合作，按照端口对应表、机柜设备安装图端接并安装屏蔽式铜缆配线架，熟练端接信息点并粘贴配线子系统线缆标签，符合验收规范中的“5. 设备安装检验”。

5. 能与小组成员合作，按照规范要求完成配线子系统的随工自检自测，及时解决发现的链路故障。

6. 能根据不同的施工场景选择干线子系统线缆敷设方式，明确垂放敷设的方法和要求，模拟敷设干线子系统线缆，确保线缆的保护、绑扎和固定符合规范要求。

7. 能识别光纤接续方式、光纤及光纤配线架的内部结构，合理预估光缆开剥长度，开剥并在光纤配线架上固定光缆，符合验收规范中的“6.1. 缆线的敷设”。

8. 能灵活运用光纤色谱辨认光纤链路中的特定光纤，观摩并整理光纤熔接操作步骤，识别注意要点，使用光纤熔接机熔接光纤环路，对比分析存在的问题并加以改进。

9. 能与小组成员合作，按端口对应表设计光纤链路，观摩并整理盘纤操作步骤，识别注意要点，判断不同盘纤形状的应用场景及规范要求，完成光纤的熔接、盘纤，光纤配线架的安装，干线线缆的标签标识等光纤配线架端接工作，按规范自检自测，对比分析存在的问题并加以改进。

10. 能与小组成员合作，观摩并整理语音配线架端接操作步骤，识别注意要点，按照机柜设备安装图和大对数语音电缆色谱，完成大对数语音电缆的进线长度预估、开剥、固定、线芯压接及语音端子安装等语音配线架端接工作，随工自检自测，对比分析存在的问题并加以改进。

11. 能判断工程变更带来的影响，从工程变更案例中提取变更需求、变更原因、变更流程，明确工程变更的注意事项。

建议学时

42 学时

学习要求

序号	学习步骤	学习内容	学时	备注
1	领取并核对中小型企业网络布线施工材料	1. 跨楼层布线施工材料检查的方法 2. 认真细致的工作作风	1	
2	安装信息底盒和PVC线槽（巩固拓展）	地弹式信息插座的安装步骤（拓展）	3	
3	敷设六类、超六类双绞线	1. 线缆穿管的方法与技巧 2. 线缆桥架敷设的规范要求 3. 线缆标签标识方法	4	
4	端接并安装屏蔽式铜缆配线架	1. 屏蔽式铜缆配线架端接的操作步骤及注意事项 2. 验收规范“5. 设备安装检验” 3. 耐心细致的工作作风	4	
5	检查和测试配线子系统铜缆链路	一丝不苟的工匠精神	1	
6	敷设室内光缆和大对数语音电缆	干线子系统线缆的垂放敷设方法和规范要求	2	
7	开剥室内光缆	1. 光纤接续方式 2. 光纤配线架的结构 3. 室内光缆开缆与固定的操作步骤及要点	6	
8	辨析光纤色谱	1. 光纤色谱 2. 光纤熔接机的主要部件及功能 3. 光纤熔接的操作步骤及要点 4. 安全意识 5. 环保意识 6. 一丝不苟的工匠精神	6	

续表

序号	学习步骤	学习内容	学时	备注
9	端接并安装光纤配线架	1. 盘纤的操作要点及注意事项 2. 光纤配线架安装要求 3. 质量意识 4. 环保意识 5. 执着专注、一丝不苟的工匠精神	8	
10	端接并安装110语音配线架	1. 大对数语音电缆色谱 2. 110语音配线架端接的操作步骤及注意事项 3. 五对打线刀的使用技巧 4. 110语音配线架标识方法 5. 耐心细致的工作作风 6. 热爱劳动的精神	6	
11	探讨综合布线工程变更流程及注意事项（拓展）	工程变更处理流程及注意事项	1	

教学建议

1. 本任务的施工内容为跨楼层网络布线系统，工程量较大，考虑到院校的实训场地、设施设备条件限制，教学时可根据院校自身情况采用模拟施工的方式进行教学，建议选择一层和二层的部分办公区进行模拟施工教学，保证一定的信息点规模，以支撑线缆组敷设和用标签标识等相关新增学习内容。模拟施工范围示意图如图2–4–1、图2–4–2所示；模拟施工的网络布线系统结构示意图如图2–4–3所示。

2. 本任务采用了镀锌线槽 / 线管敷设配线子系统，由于需要进行金属切割、焊接等处理，模拟施工中可以使用PVC线槽 / 线管和网格桥架进行代替，其中网格桥架一般在模拟实训装置中已安装，不作为学习内容。

3. 如果在实训场地中无法完成地埋及地弹式信息插座安装，则可用单项技能训练或视频学习等方式代替。

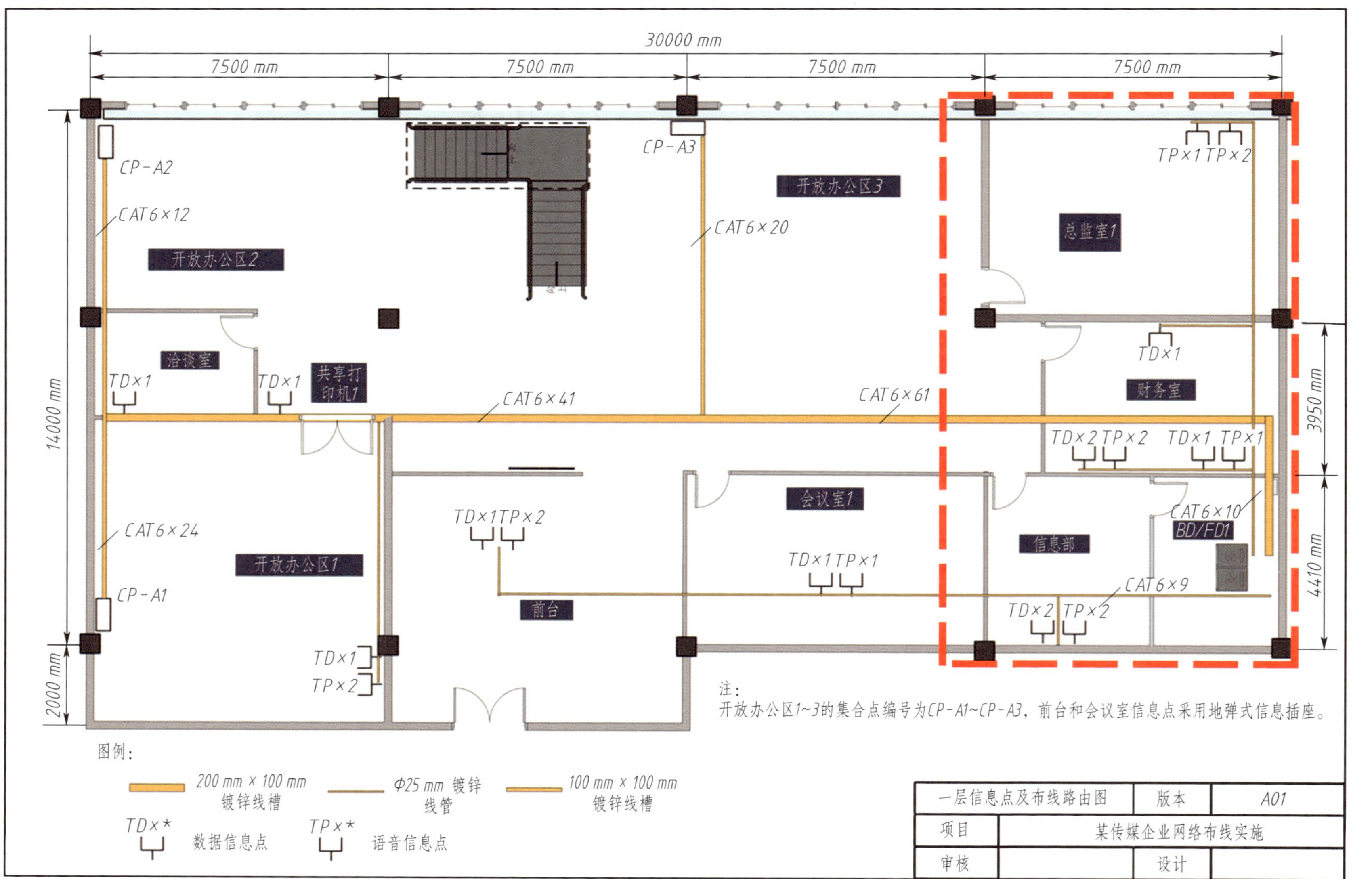

图 2-4-1 一层模拟施工范围示意图

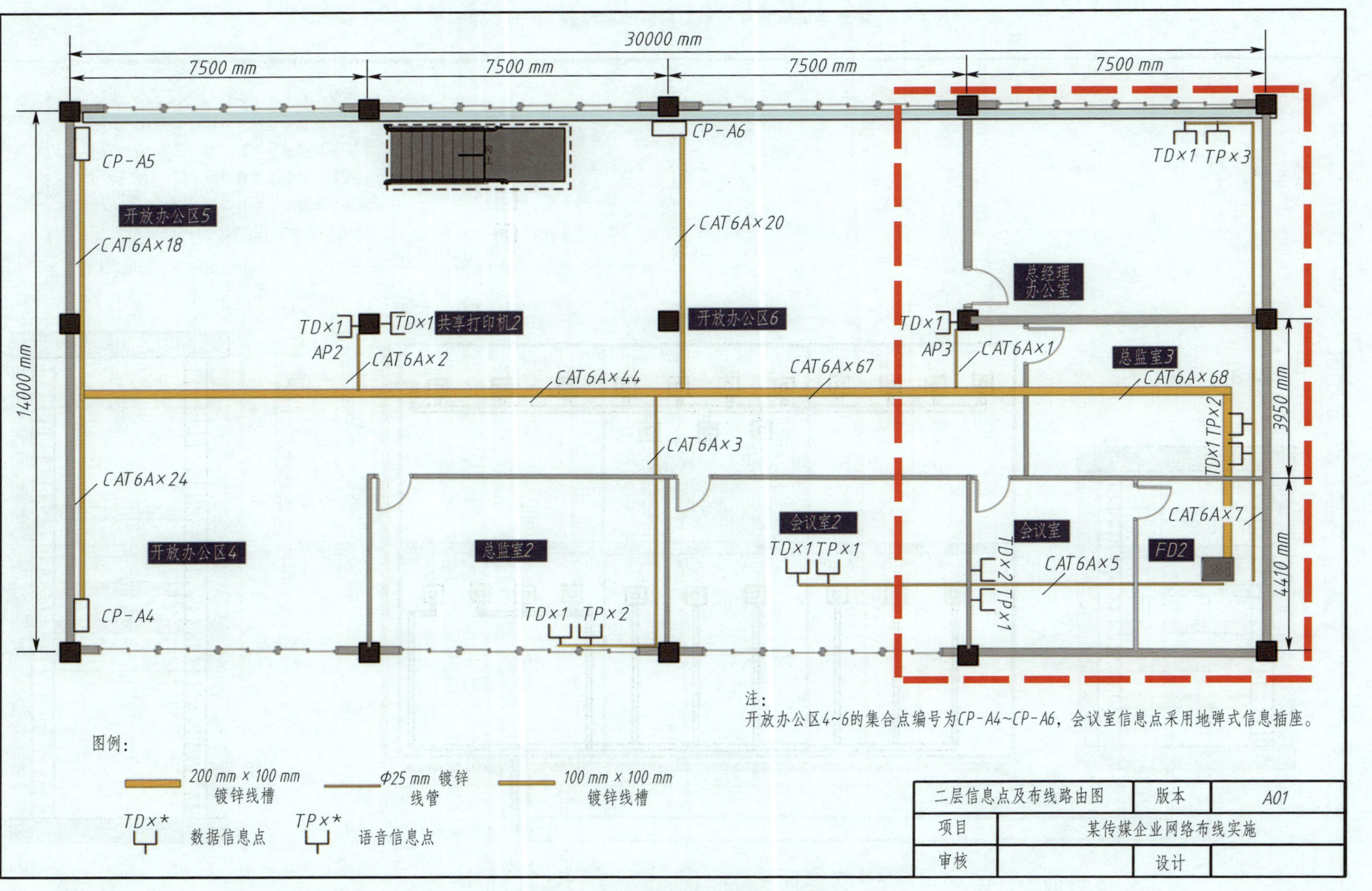

图 2-4-2　二层模拟施工范围示意图

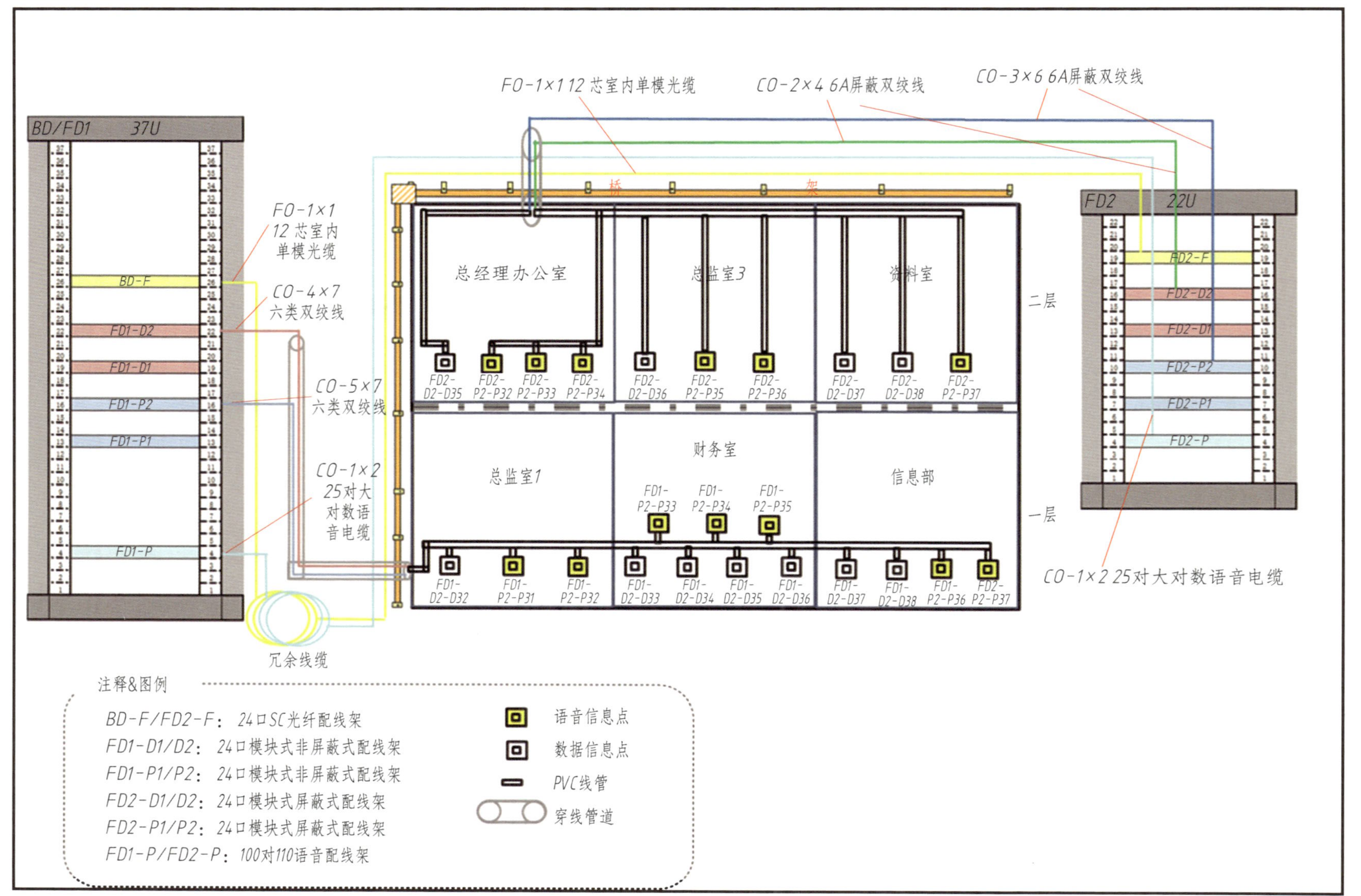

图 2-4-3 模拟施工的网络布线系统结构示意图

一、领取并核对中小型企业网络布线施工材料

在布线施工前，需要提前领取并核对材料，准备好施工工具。本任务将会使用到比学习任务一更多种类的施工材料和工具，需要对这些材料和工具进行检查和确认。

（一）领取并核对布线施工材料

布线施工材料的检查是保证施工质量的基本前提。在跨楼层布线施工中，材料的种类和数量进一步增多，查阅信息页中的"跨楼层布线施工材料检查的方法"，领取并核对施工材料（按施工进度分阶段向教师领取），思考以下问题。

1. 为保证施工质量，在检查施工材料时主要检查哪些方面？在下列选项中勾选需要检查的内容。

规格与型号□ 外观完好度□ 合格证□ 质量与性能□ 标识与包装□ 材料与图纸或材料清单是否吻合□ 数量□ 品牌□

2. 在检查材料外观时，主要查看是否有________、________、________等表面缺陷，特别注意检查线缆的表皮是否完好，有无________的导体部分。从下列选项中选择合适的选项填写在横线上。

A. 裸露　　B. 变形

C. 弯折　　D. 断裂

3. 当材料数量较多时，可针对关键布线施工材料如________、________等做适当抽样检查。从下列选项中选择合适的选项填写在横线上。

A. 螺钉　　B. 线缆

C. 信息模块　　D. 剪刀

（二）检查布线施工工具

提前检查好布线施工工具有利于提升施工效率和质量，结合学习任务一中的经验，你认为施工人员在准备布线施工工具时，主要应该检查哪些方面？在下列选项中勾选需要检查的内容。

工具是否配备齐全□ 工具的性价比□ 工具的完好性□ 工具的松紧度或锋利度□ 工具的尺寸和规格□ 工具的新旧□

注：在真实的工作场景中，施工工具由施工人员自行配备。在本任务中，学生按施工进度分阶段向教师领取施工工具。

（三）检查施工安全防护及环保措施

除了施工材料和施工工具，还需要检查安全防护设备是否齐全。回顾学习任务一中的施工安全要

求，对照以下安全防护及环保措施进行自检。在下列选项中勾选检查合格的内容。

安全帽□ 安全防护鞋□ 护目镜□ 防护手套□ 安全带和安全网□ 工作服□ 垃圾筐□ 清洁工具□

二、安装信息底盒和 PVC 线槽（巩固拓展）

（一）识别信息底盒应用场景并整理地弹式信息插座安装步骤

1. 不同的应用场景需要不同类型的信息底盒。表 2-4-1 中各类型信息底盒更适用于哪些应用场景？勾选相应选项。

表 2-4-1　　信息底盒的类型与应用场景

类型	应用场景
墙面型	普通员工办公室□ 会议室□ 前台□ 休闲区□ 酒店客房办公桌□
桌面型	普通员工办公室□ 会议室□ 前台□ 休闲区□ 酒店客房办公桌□
地弹式	普通员工办公室□ 会议室□ 前台□ 休闲区□ 酒店客房办公桌□

2. 观看教师推荐的地弹式信息插座安装视频，整理地弹式信息插座安装步骤，将以下选项进行排序，将序号填写到括号中。

准备工具和材料（ ） 安装信息底盒（ ） 安装信息模块（ ） 安装信息面板盖板（ ） 测试地弹式信息插座（ ） 清理现场（ ） 选择安装位置（ ）

（二）安装信息底盒和 PVC 线槽并自检

回顾学习任务一中所学的信息底盒和 PVC 线槽安装规范，小组合作规范安装信息底盒和 PVC 线槽，按规范进行自检，在表 2-4-2 中填写操作记录。

表 2-4-2 信息底盒和 PVC 线槽安装操作记录表

操作步骤	安装规范和要求	执行情况	经验收获

三、敷设六类、超六类双绞线

（一）在 PVC 线槽中敷设六类、超六类双绞线

1. 回顾学习任务一的施工过程，结合六类、超六类双绞线的特点，判断敷设时应注意的操作要点。

（1）六类、超六类双绞线比超五类双绞线更（粗□ 细□ 硬□ 软□），因此在敷设时，需要更（大□ 小□）的弯曲半径，同时，要注意让线缆自然舒展。

（2）敷设线缆前，需要先确定____________________________。

（3）在线槽内敷设线缆时，应在每根已敷设线缆______做好对应标记，以便能快速找到对应线缆。

（4）将线缆穿过信息底盒的进线口，并预留约____cm 的长度。

（5）为防止线缆被抽离信息底盒，可在线缆尾部____________________。

2. 以小组为单位，在模拟施工环境下完成六类和超六类双绞线在 PVC 线槽中的敷设，在表 2-4-3 中填写操作记录。

（二）在 PVC 线管中敷设六类、超六类双绞线

与 PVC 线槽盖板可开合、可拆卸，便于线缆敷设不同，线缆在 PVC 线管中的敷设比在 PVC 线槽中的敷设更有难度，小组合作在实训墙上尝试 PVC 线管的弯角制作和安装，并探讨线缆的穿管敷设，完成以下问题。

1. 观看教师播放的 PVC 线管的弯角制作和安装相关视频，选择对应 PVC 线管规格大小的弯管器，制作并安装一个有 2 个大弯角的 PVC 线管，利用穿线器尝试把单根六类线缆穿过 PVC 线管，在表 2-4-4 中填写操作记录并进行组间对比交流。

表 2-4-3　　配线子系统线缆敷设操作记录表（在 PVC 线槽中敷设）

操作步骤	操作规范和要求	执行情况	经验收获

表 2-4-4　　配线子系统线缆敷设操作记录表（在 PVC 线管中敷设）

操作步骤	发现的问题	改进措施

2. 查阅信息页中的"线缆穿管的方法与技巧"，根据实践条件合作完成超六类双绞线的敷设（如果有条件可尝试穿多根线缆），整理线缆穿管敷设的技巧。

（1）在牵引过程中应缓慢用力，避免生拉硬拽，是因为____。

（2）当管道内壁不够光滑时，可减小摩擦力的方法是____。

（3）将线缆使用电工胶布固定在穿线器的导向头（牵引头）端时，电工胶布缠绕结不宜过大，是因为____。

（4）如果要牵引多根线缆，则需要使用穿线器的束线器，目的是________________。

（5）在牵引过程中应（缓慢□　紧促□）用力，避免（用力过小□　生拉硬拽□），如果发现拉线吃力，则应____。

（6）在管道较长的情况下，应________________________________。

（三）在桥架上敷设六类、超六类双绞线并制作线缆标签

线缆在线槽 / 线管中敷设后，一般需要沿着桥架走向配线间并端接到配线架上。当线缆通过桥架时，众多线缆汇聚在一起，需要对其进行分组整理并固定在桥架上。

1. 查阅信息页中的“线缆桥架敷设的规范要求”（验收规范 6.1.3），小组合作将线缆敷设到桥架上并整理固定，记录这个过程中的注意要点。

在水平桥架上敷设线缆时，在每间隔__________m 处应进行一次固定和捆扎；在垂直桥架上敷设线缆时，线缆的上端和每间隔______m 处都应该固定在桥架的支架上，并进行捆扎。

2. 为便于管理，桥架上的线缆需进行分组管理并制作线缆组标签。在图 2-4-4 中，Rack（1）机柜中安装了 3 个网络配线架，自定义其名称为 1A、1B、1C；在 Rack（2）机柜中也安装了 3 个网络配线架，自定义其名称为 2A、2B、2C。为了便于后期维护，对于 1A 和 2A 之间的线缆，除了制作各线缆首尾两端的标签，还需要制作线缆组标签。

查阅信息页中的“线缆标签标识方法”（世界技能大赛信息网络布线项目标签指南中标签的位置和内容），思考如何编制线缆组的标签内容。

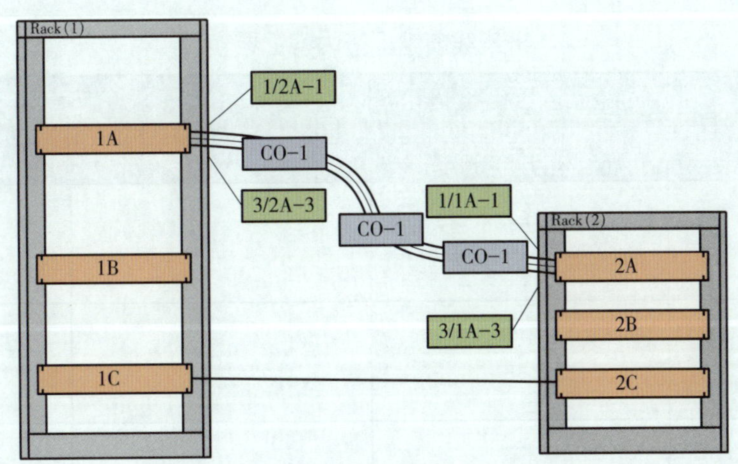

图 2-4-4 世界技能大赛信息网络布线项目线缆及线缆组标签规则示意图

（1）在图 2-4-4 中，CO-1 是（线缆组标签□ 线缆标签□），1/2A-1 是（线缆组标签□ 线缆标签□）。

（2）以 1/2A-1 为例，其含义见表 2-4-5。

表 2-4-5 线缆标签内容拆解表

编号	1（第一位）	2A	1（最后一位）
含义	本端（近端），Rack（1）上 1A 设备的第一个端口	线缆到达的目的端（远端）的设备名称	2A 设备的第一个端口，前面加半字线

由此可见，线缆标签需要同时包含本端（近端）和目的端（远端）的信息，两部分的信息可用“/”隔开。

那么，3/1A–3 表示的是____。

（3）在图 2–4–4 中，CO–1 表示线缆组的名称，其中 CO 是 copper 的简称，表示铜，1 表示线缆组的顺序编号，按照施工规范，在一个线缆组中至少需要标识____次，分别是在线缆组的首端、______和______，如果线缆组经过桥架，则至少需要____处标签，分别是在线缆组的______、______，桥架的______、______和______。

（4）在本任务中，使用了一根 12 芯的室内单模光缆作为传输干线，一根光缆单独成组，光缆的英文为 optical cable，参照铜缆组的命名方式，此光缆组可编号为________________，在企业实际施工中，光缆组还会被编号为 FO。

3. 根据模拟施工范围，对照信息点及布线路由图，在表 2–4–6 中按业务种类（数据和语音）划分线缆组并编制线缆组编号。

表 2–4–6　　桥架线缆组标签内容记录表

一层		二层	
区域 / 房间 / 类型 / 功能	线缆组标签内容	区域 / 房间 / 类型 / 功能	线缆组标签内容
示例：总监室 1	CO–1（CO 表示铜，1 表示线缆组的顺序编号）		

4. 查阅信息页中的“线缆标签标识方法”（世界技能大赛信息网络布线项目标签指南中标签的方式），小组合作完成桥架上的线缆组标签标识，注意标签规格、字体、字号的统一，标签的方向应一致，避免凌乱或被遮挡。组内自查后，按照“桥架线缆组标签标识（技能）”考核项目要求完成组间互评，见表 2–4–7。

表 2-4-7 "桥架线缆组标签标识（技能）"考核项目评分表

组别：

本考核项目总分占学习任务考核总分的 15%，可按 15 分计算

评分项目	得分（互评占比为 30%、师评占比为 70%）						
	小组一	小组二	小组三	小组四	小组五	小组六	师评
线缆分组合理，标签内容正确，标签规格、字体、字号统一，做到认真细致，计 5 分，每缺失或错误一处扣 1 分							
线缆组标签位置至少有 3 处（桥架出入口及中间，若有拐弯处则拐弯处也应标识），体现规范意识，计 5 分，每缺失或错误一处扣 1 分							
标签固定整齐、方向一致、无遮挡，计 5 分，每有误一处扣 1 分							
汇总得分							

四、端接并安装屏蔽式铜缆配线架

（一）按照端口对应表规范端接并安装屏蔽式铜缆配线架

1. 回顾学习任务一中的非屏蔽式模块的端接步骤，观察教师示范操作或参考视频资源，特别注意屏蔽式模块的压制操作过程，在表 2-4-8 中记录经小组讨论之后确定的操作步骤及注意事项，包括端接前整理线缆、端接配线架、端接后整理线缆三个操作步骤。

表 2-4-8 屏蔽式铜缆配线架端接的操作步骤及注意事项

序号	操作步骤	注意事项
1	端接前整理线缆	从机柜________处开始整理线缆，将汇聚的线缆按照__________表分类、整理、捆扎，一般每捆不超过 6 根
2	端接配线架	
3		

2. 小组按配线架模块数量分工完成屏蔽式铜缆配线架的端接，查阅信息页中的"验收规范"，找出配线架安装的规范，对照机柜设备安装图，将配线架安装到机柜上对应的位置，组内自检，组间交流，在表 2-4-9 中记录遇到的问题及处理措施。

表 2-4-9　　屏蔽式铜缆配线架安装情况记录表

组别	遇到的问题	处理措施

3. 屏蔽式铜缆配线架的外壳通常采用金属板材，均配有地线，通过接地将电磁噪声引入大地，从而实现屏蔽功能，因此，以下配件中，需将（　　）共同配合使用才能发挥链路的完整屏蔽功能。**【多选题】**

A. 屏蔽式模块　　B. 屏蔽式线缆　　C. 屏蔽式配线架　　D. 接地机柜

4. 查阅信息页中的屏蔽式配线架地线的接线方式，找出地线并做好装接，注意螺钉应安装牢固。

（二）按照端口对应表制作配线子系统标签

小组分工，按照模拟施工范围规范完成信息点的端接，盖好信息面板盖板，耐心细致地查阅端口对应表，找到模拟施工区域所对应的编号，编写并制作线缆两端标签，盖好信息面板盖板并贴好信息面板标签，把标签内容记录在表 2-4-10 中。

表 2-4-10　　配线子系统标签内容记录表

区域	TO 名称	TO 端标签内容	配线架端标签内容
总经理办公室	P32	示例：P32/FD2-P2-11	示例：11/FD2-P2-P32
总经理办公室	P33		
总经理办公室	P34		
总经理办公室	D35		

五、检查和测试配线子系统铜缆链路

（一）随工自检配线子系统铜缆链路施工规范

1. 小组按照自检内容和规范要求进行随工自检，并在表 2-4-11 中做好记录。

表 2-4-11 配线子系统铜缆链路施工自检记录表

小组名称：

工作原则：安全、规范、优质、环保、一丝不苟

你在小组中承担的工作：

本组自检结果		
步骤	是否符合规范要求	改进意见
压制屏蔽式模块	使用普通扎带把屏蔽式模块的活动部件绑扎牢固，确保线缆屏蔽层和模块金属外壳接触且屏蔽层不外露，剪掉普通扎带尾端和多余屏蔽层 是□ 否□	
卡接模块到配线架	模块卡接到位，不松动 是□ 否□	
将线缆固定在配线架上	每一根线缆都用普通扎带固定在配线架自带的理线架上，松紧适当 是□ 否□	
制作并粘贴标签	线缆标签内容正确，绑扎位置正确（位于配线架自带的理线架保护空间内） 是□ 否□	
安装配线架	安装牢固，不缺少螺钉 是□ 否□	
整理线缆	按组有序整理，线缆不交叉，美观不凌乱，线缆弯曲半径符合标准 是□ 否□	
清洁现场	及时整理和清洁施工现场 是□ 否□	

2. 在实际项目施工中，施工人员需要每天做好施工记录，在表 2-4-12 中填写配线子系统的施工记录。

表 2-4-12　　配线子系统施工记录表

工程名称：	施工日期：
现场施工人员	
项目部人员	略
施工内容	
人员、主要施工机械、材料进场及使用情况	
备注	
制表人：　　填表人：　　填写日期：	

（二）随工测试配线子系统铜缆链路

1. 回顾在学习任务一中所学的铜缆链路常见故障的类型、原因及解决方法，使用测试工具对每个铜缆链路的通断情况进行测试并处理异常情况，在表 2-4-13 中填写测试结果。

表 2-4-13　　配线子系统铜缆链路通断测试结果记录表

小组名称：

测试人：　　记录人：　　测试日期：

链路序号	配线架编号	配线架端口编号	TO 端口编号	通断验证（"√"或"×"）	异常原因及部位	处理措施及结果
1						
2						

续表

链路序号	配线架编号	配线架端口编号	TO 端口编号	通断验证（“√”或“×”）	异常原因及部位	处理措施及结果
3						
4						
5						
6						
7						
8						
9						
10						
11						
12						
13						

续表

链路序号	配线架编号	配线架端口编号	TO 端口编号	通断验证（“√”或“×”）	异常原因及部位	处理措施及结果
14						
15						
16						
17						
18						
19						
20						
21						

2. 由于信息点增多，链路总体结构变得复杂，并且需要搭建屏蔽式布线系统，因此相比学习任务一中的 4 条铜缆链路，对于本任务配线子系统需要更加认真细致和一丝不苟，否则很可能出现施工不规范、链路通断测试无法通过、后续难以维护等问题。

以小组为单位，讨论在配线子系统施工过程中，有哪些地方体现出了认真细致、一丝不苟的工匠精神？有哪些需要改进的地方？将它们记录在表 2-4-14 中并在组间分享交流。

表 2-4-14 配线子系统施工过程中的工匠精神体现情况记录表

施工内容	具体体现
需要改进的地方：	

六、敷设室内光缆和大对数语音电缆

在不同施工场景下，干线子系统线缆的敷设方法和规范要求可能有所不同。根据以下引导问题完成干线子系统的线缆敷设。

1. 查阅信息页中的“干线子系统线缆的垂放敷设方法和规范要求”，判断以下图片中的施工场景适用的敷设方法。

低层建筑内部布线
垂放□ 牵引□

室外长距离敷设
垂放□ 牵引□

高层建筑物内部布线
垂放□ 牵引□

本任务干线子系统线缆应采用的敷设方法是________，理由为______________________________。

2. 垂放敷设干线子系统线缆的技术要点提取如下。

（1）线缆在垂放敷设过程中应保持______，避免扭绞和交叉，以防止线缆受到外力的挤压和损伤。

（2）在垂放敷设线缆时，应注意线缆的______问题，一般每____层要将线缆固定一次；在线缆的首端、尾端、转弯处及每间隔____~____m 处应进行固定。

（3）线缆的两端应有__________标识两端连接的位置。

3. 查阅信息页中的“垂放敷设规范”（设计规范 7.6.4 ~ 7.6.6、验收规范 6.1），观察图 2-4-5 中的施工场景，根据模拟施工环境条件完成干线线缆垂放敷设，总结干线子系统线缆敷设的规范要求。

图 2-4-5　干线子系统施工场景演示图

（1）在敷设干线线缆时，线缆弯曲半径应不小于外径的______倍。

（2）若通过镀锌线槽垂放敷设，则线槽横截面积的利用率不得超过____%。

（3）敷设线缆时应根据不同的场景需求适当预留长度：在配线柜处（引入 BD），预留长度应为______m；在楼层配线箱处（引入 FD），预留长度应为______m；在配线箱终接（端接配线架）时，预留长度应不小于______m。

七、开剥室内光缆

为了延长光纤的传输链路，需要将多根光纤通过熔接技术接续在一起，并通过光纤配线架对接续点进行存储和保护。跟随以下引导问题逐步认识光纤接续方式，识别光纤配线架的结构，开剥并固定室内光缆，为熔接光纤链路做好准备。

（一）认识光纤接续方式

1. 查阅信息页中的“光纤接续方式”，在图 2-4-6 中圈出光纤的熔接点、尾纤及光纤耦合器。

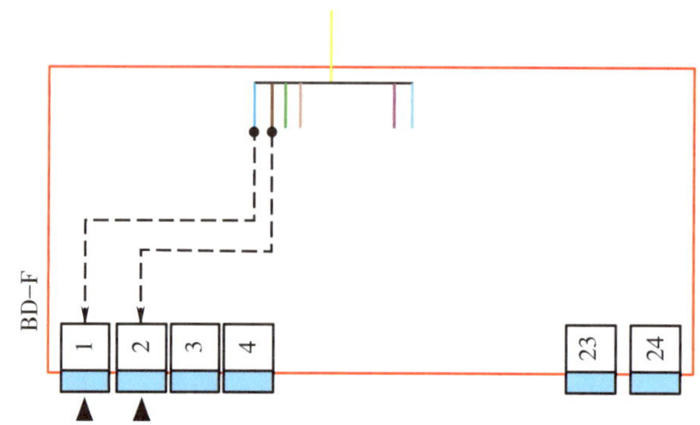

图 2-4-6　光纤配线架中的光纤接续示意图

2. 除了熔接，光纤链路的接续和转移还需要使用光纤耦合器把尾纤和光纤跳线连接起来，常用的光纤耦合器有 SC 光纤耦合器和 LC 光纤耦合器。查阅网络图文资料，辨别以下图片中的光纤耦合器的类型，填写在横线上。

（　　　　　）　　　　（　　　　　）

（二）识别光纤配线架的结构

1. 查阅信息页中的“光纤配线架的结构”，观察实物，在图 2–4–7 中指出光纤配线架的部件名称，填写在方框中。

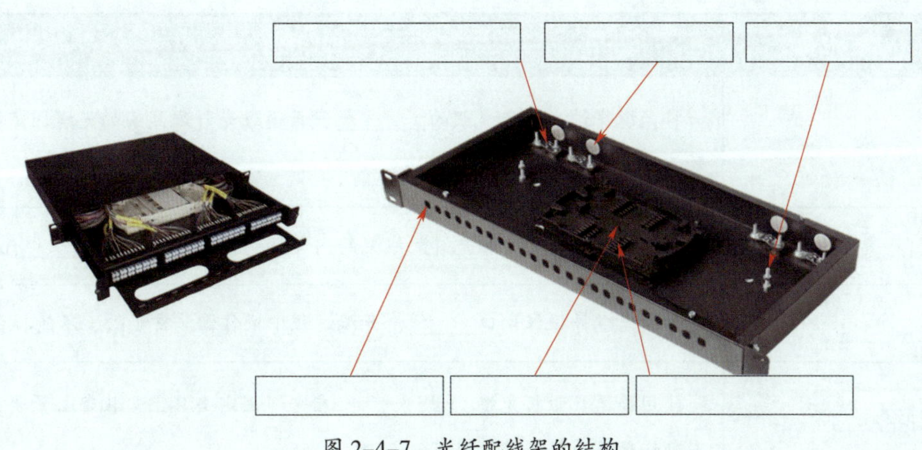

图 2–4–7　光纤配线架的结构

2. 光纤配线架的每一个部件都有自己特定的功能。观看光纤配线架端接的相关视频资料，对照图 2–4–7，将光纤配线架的部件和对应的功能用直线连接起来。

光纤配线架的部件	部件功能
进线口	对光缆进行二次固定
光缆固定夹具	光缆进入配线架的入口
光缆固定柱	对光缆进行首次固定
熔纤盘	尾纤插入的位置
光纤耦合器安装口	光纤热缩套管的存储位置
热缩套管卡槽	对熔接好的光纤进行有序整理、固定和保护

（三）开剥并固定室内光缆

1. 查阅信息页中的“室内光缆开缆与固定的操作步骤及要点”，使用剥线器开剥一段室内光缆，在图 2–4–8 中填写其内部结构名称。

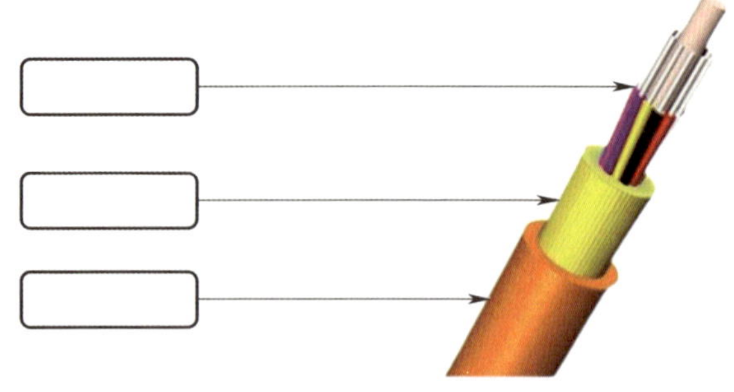

图 2-4-8　室内光缆内部结构示意图

2. 观看光缆开缆与固定的相关操作视频，结合验收规范“6.1. 缆线的敷设”中光缆的验收要点，在表 2-4-15 中记录室内光缆开缆与固定的操作步骤及要点。

表 2-4-15　　室内光缆开缆与固定的操作步骤及要点记录表

序号	操作步骤	操作要点
1		将光缆穿过光纤配线架的________，再通过光纤配线架的光缆固定夹具（此时暂不固定光缆）
2		根据熔纤盘的大小和光纤配线架的内部结构预估开剥长度为______m
3		开剥光缆并保证切口______，开缆过程中操作需非常小心，不能损伤________
4		使用普通扎带将光缆____________在光缆固定夹具上，扎带松紧要适当，保证不勒伤光缆而引起信号损耗 将凯芙拉（Kevlar）线剪去一部分，将剩余的凯芙拉线编成______并固定在光纤配线架的光缆固定柱上

3. 以小组为单位分批操作，尝试将光缆引入光纤配线架，预估开剥长度，开剥并固定光缆，相互观摩检查，在表 2-4-16 中记录存在的问题并提出改进意见。

表 2-4-16　　室内光缆开缆与固定的操作练习记录表

小组名称：

成员姓名	存在的问题	改进意见

续表

成员姓名	存在的问题	改进意见

4. 小组分工合作，共同完成室内光缆开缆及固定，组间安排质量观察员相互了解情况，在表 2–4–17 中记录小组内部检查情况。

表 2-4-17　　室内光缆开缆与固定观察记录表

小组名称：	
工作原则：安全、规范、优质、环保、一丝不苟	
工作内容	负责人
技能操作	
视频拍摄	
技术讲解	
检查记录	
组间质量观察员：	

操作过程观察记录		
操作步骤	是否符合规范要求	改进意见
引入光缆	将光缆穿过光纤配线架的过线孔，再通过光纤配线架的光缆固定夹具（此时暂不固定光缆） 是□　否□	
预估开剥长度	根据熔纤盘的大小和光纤配线架的内部结构预估开剥长度为 0.5 ~ 1 m　是□　否□	
开剥光缆	开剥光缆并保证切口平整，开缆过程中操作需非常小心，不能损伤光纤　是□　否□	
固定光缆	使用普通扎带将光缆交叉固定在光缆固定夹具上，扎带松紧要适当，保证不勒伤光缆而引起信号损耗　是□　否□ 将凯芙拉线剪去一部分，将剩余的凯芙拉线编成辫子并固定在光纤配线架的光缆固定柱上 是□　否□	

八、辨析光纤色谱

（一）按光纤色谱识别光纤链路设计图的接续光纤

在光纤通信系统中，为了方便管理和维护，光纤通常会涂上不同的颜色，共12种，并按照一定的顺序排列，形成用于区分不同光纤色谱。作为一名合格的施工人员，需要在工作中熟练应用光纤色谱。

1. 查阅信息页中的“光纤色谱”，假设光缆的光纤数量不超过12芯，不同芯数的室内光缆的光纤颜色应分别如下。

4芯光缆的光纤颜色分别为＿＿＿＿＿＿＿＿＿＿＿＿＿＿＿＿；6芯光缆的光纤颜色分别为＿＿＿＿＿＿＿＿＿＿＿＿＿＿＿＿；8芯光缆的光纤颜色分别为＿＿＿＿＿＿＿＿＿＿＿＿＿＿＿＿＿＿＿＿。

将12芯光缆的光纤颜色按序号填写在表2-4-18中。

表2-4-18　12芯光缆的光纤颜色

12芯光缆的光纤序号	1	2	3	4	5	6	7	8	9	10	11	12
对应序号的光纤颜色												

2. 当光缆的光纤数量超过12芯时，需要通过光纤束套管进行分组识别，将24芯光缆的光纤颜色按序号填写在表2-4-19中。

表2-4-19　24芯光缆的光纤颜色

蓝色光纤束套管	24芯光缆的光纤序号	1	2	3	4	5	6	7	8	9	10	11	12
	光纤束套管内的光纤颜色												
橙色光纤束套管	24芯光缆的光纤序号	13	14	15	16	17	18	19	20	21	22	23	24
	光纤束套管内的光纤颜色												

3. 查阅信息页中的光纤链路案例分析，按光纤色谱的颜色顺序，在图2-4-9所示的光纤链路中找出B链路，根据光纤序号识别并标注各段光纤的颜色。

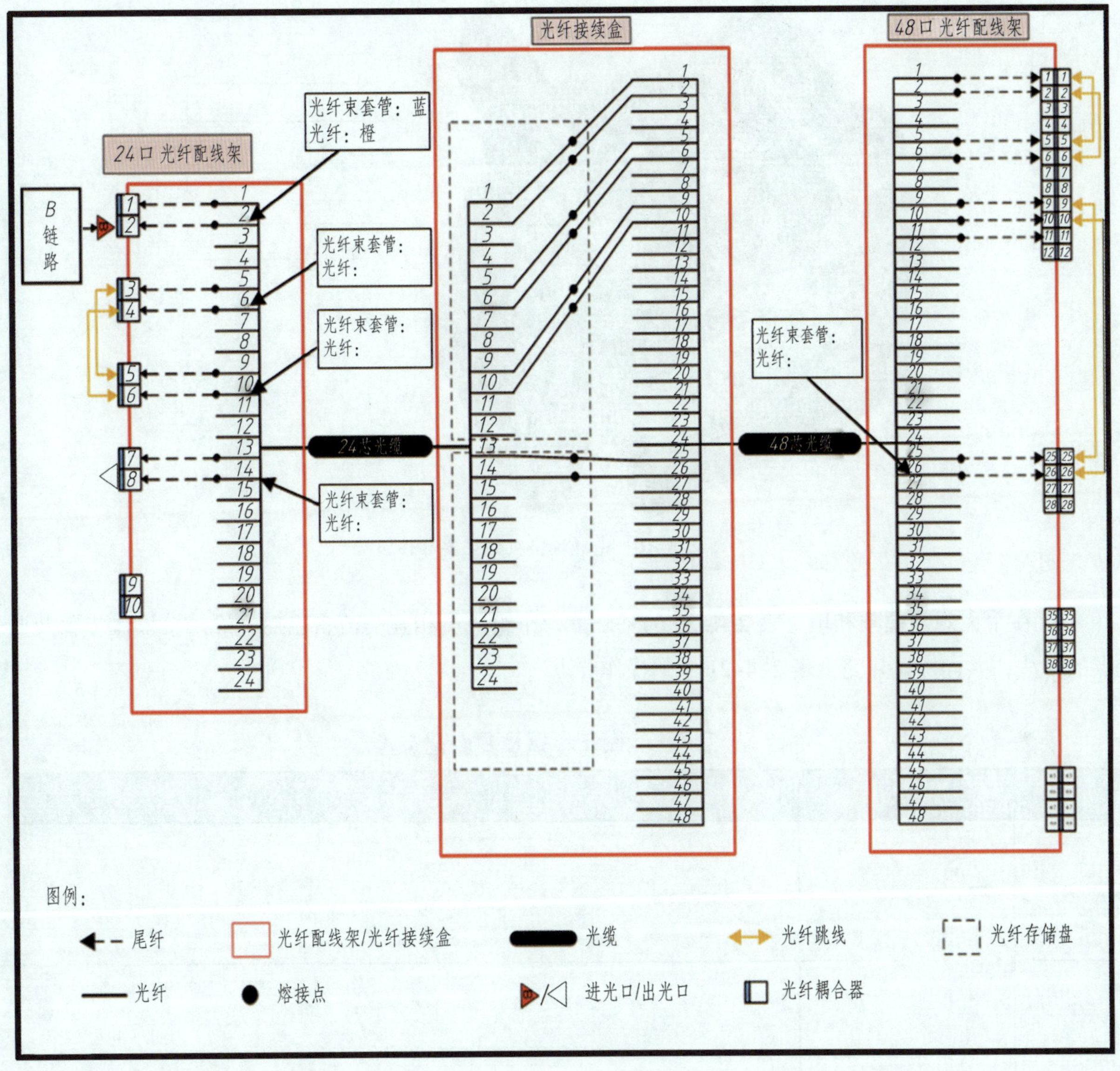

图 2-4-9 光纤链路设计图

（二）按光纤色谱尝试熔接室内光纤链路

在了解了光纤色谱之后，就可以按光纤色谱熔接室内光纤链路了。

1. 查阅信息页中的“光纤熔接机的主要部件及功能”，观察光纤熔接机实体，识别光纤熔接机的结构，在图 2-4-10 中填写光纤熔接机的主要部件名称。

2. 独立观看光纤熔接过程的相关操作视频，在表 2-4-20 中记录光纤熔接的操作步骤及要点。

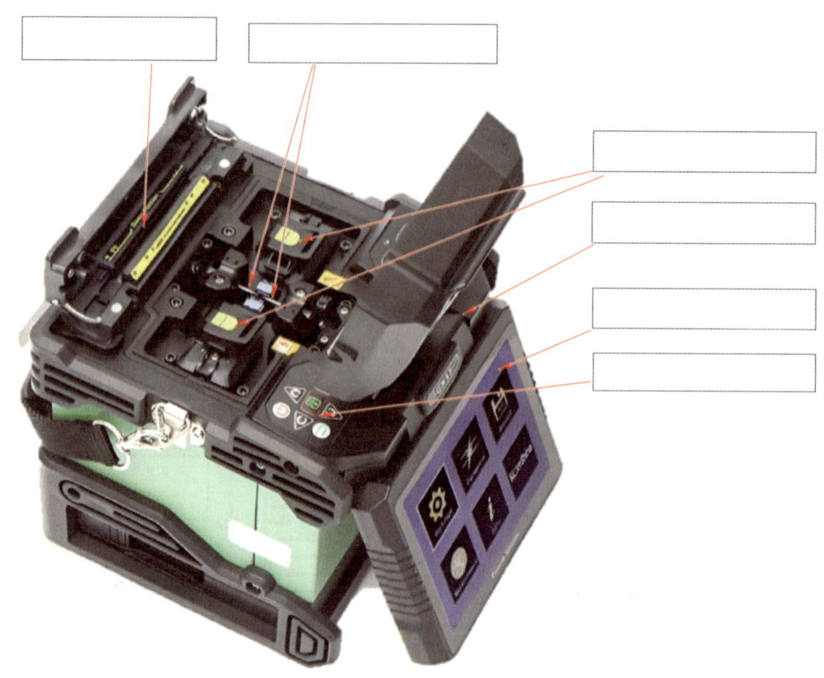

图 2-4-10　光纤熔接机的主要部件

3. 在个人观看视频和填写表 2-4-20 的基础上，小组成员相互交流自己对光纤熔接操作步骤及要点的看法，共同探讨并完善表 2-4-21 中的操作要点。

表 2-4-20　　光纤熔接的操作步骤及要点记录表

序号	操作步骤	操作要点
1		
2		
3		
4		
5		

续表

序号	操作步骤	操作要点
6		
7		
8		

表 2-4-21　　光纤熔接的操作步骤及要点辨析表

序号	操作步骤	操作要点
1	准备	光纤熔接前需要准备好_________、_________、剥线器、红光笔、废纤盒、光纤米勒钳等工具；检查尾纤、热缩套管的数量是否足够；配备酒精、清洁纸巾
2	开缆	光缆的开剥长度为_____cm，操作时需非常小心，不能损伤内部光纤
3	分纤	分纤时需要按照______________________________的线序，将光纤整理好，不要缠绕，并在需要熔接的光纤上装上热缩套管
4	剥纤	剥纤时用__________剥去光纤外护套，长度为_____cm，再剥去树脂涂覆层，熔接前需要用_______把光纤表面擦拭干净
5	清洁	使用无尘纸或无尘布蘸取适量_____对裸纤进行清洁，至少要清洁三次，在清洁时可通过转动光纤对光纤的不同端面进行清洁
6	切割	将擦拭干净的光纤放入__________________，切割长度约为____mm
7	熔接	以同样的方式将裸纤或尾纤处理好，将切割好的光纤分别放入光纤熔接机的V形槽中，并盖上压板，将两根光纤尽量靠近光纤熔接机的电极棒，放置完成后，盖上光纤熔接机的防风盖进行熔接
8	加热保护	将熔接完成的光纤小心取出，将________平移至熔接点中间位置，并放入光纤熔接机的加热槽中进行加热，待加热完成后取出，再放入冷却槽对热缩套管进行冷却，待冷却完成后取出即熔接完成
9	安全防护	应穿戴的安全防护用品有____ 由于光纤的材质为玻璃，所以熔接时必须穿戴______和_______，以防碎片扎入手指或眼睛。光纤废料要及时按（普通垃圾□　有害垃圾□）处理 使用红光笔测试光纤链路的通断情况时应避免______眼睛

4. 小组成员轮流使用光纤熔接机对一根室内光缆的光纤按光纤色谱顺序进行熔接，形成环路，如图 2–4–11 所示。针对表 2–4–21 中整理的操作要点，特别要做好安全防护，注意一丝不苟地操作，及时按有害垃圾处理光纤废料。

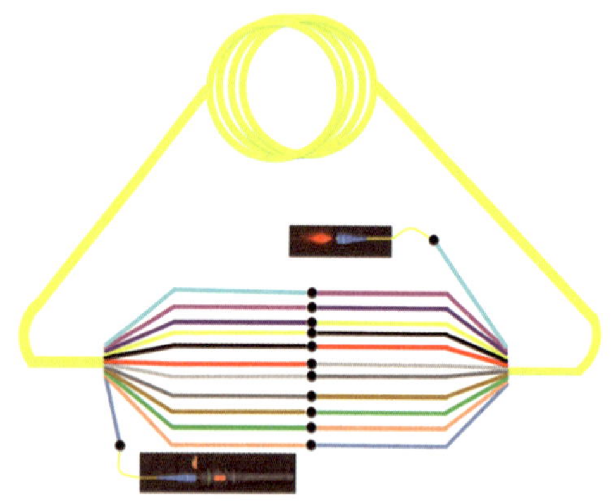

图 2–4–11　室内光缆环路熔接示意图

熔接完毕，按教师示范使用红光笔测试光纤链路的通断情况，组内相互观摩学习，在表 2–4–22 中记录自身存在的问题及改进措施。

表 2–4–22　室内光缆环路熔接情况记录表

操作步骤	存在的问题	改进措施

九、端接并安装光纤配线架

（一）按端口对应表设计光纤链路

由信息传输路径分析已知，本任务的光纤链路主要是把一层和二层各一台网络交换机的数据信息连接起来，即只需使用一根 12 芯光缆的两根光纤（一进一出）把一层和二层的光纤配线架连接起来。

回顾光纤的接续方式，按照光纤配线设备端口对应表，根据图 2–4–12 中的材料（“图例”），完成本任务 A、B 两条光纤链路的连接设计。

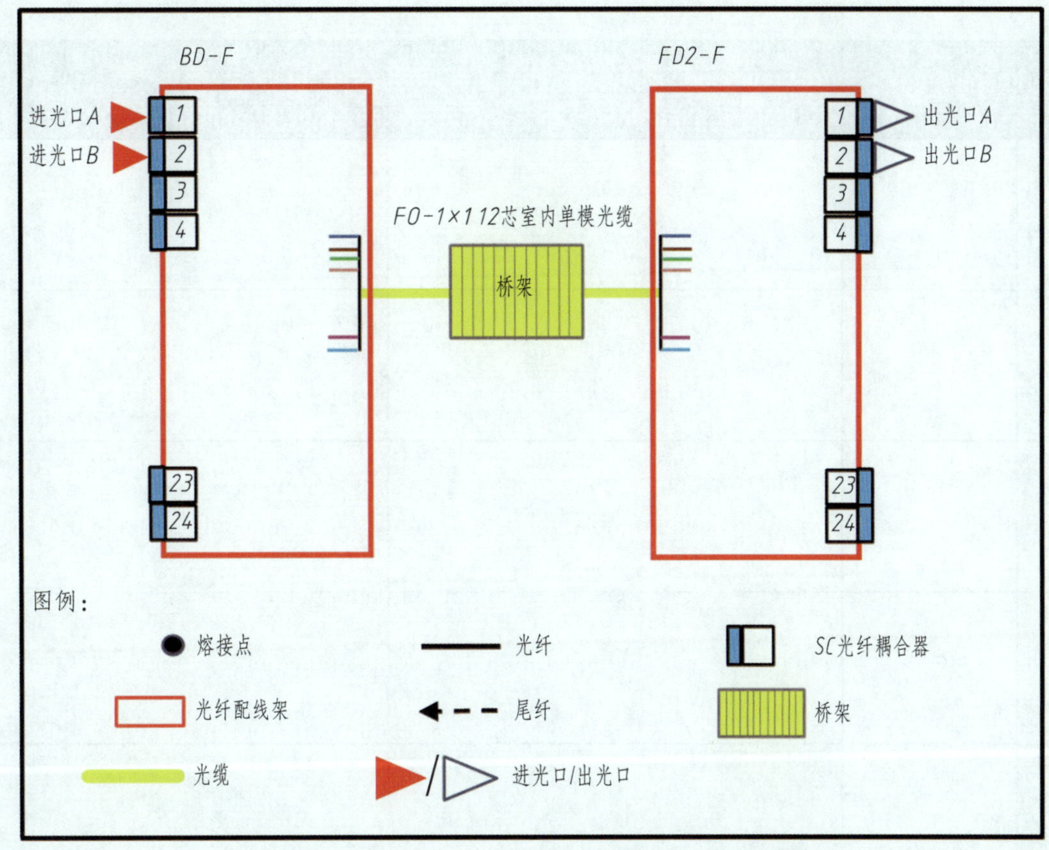

图 2-4-12 中小型企业网络布线实施任务光纤链路设计图

（二）熔接光纤并盘纤

1. 观看盘纤方法的相关视频，结合教师的补充讲解，在表 2-4-23 中记录盘纤的操作步骤及要点，组间交流并补充。

表 2-4-23 盘纤的操作步骤及要点记录表

序号	操作步骤	操作要点（独立记录）	操作要点（交流后补充）
1			
2			
3			

续表

序号	操作步骤	操作要点（独立记录）	操作要点（交流后补充）
4			
5			
6			
7			
8			

2. 盘纤是一项操作非常细腻的动作技能，有很多细节需要注意，在盘纤过程中要做到一丝不苟，这样才能确保熔接的光纤链路稳定可靠。阅读表 2-4-24 中的盘纤操作要点，用下画线画出关键词或短语。

表 2-4-24　　盘纤的操作要点辨析表

序号	操作步骤	操作要点
1	穿普通扎带	因为裸纤和尾纤需要在熔纤盘入口处固定，所以可以提前将普通扎带穿过熔纤盘的固定孔位，再紧缩扎带固定裸纤和尾纤
2	固定热缩套管	将热缩套管按光纤的颜色顺序从熔纤盘一侧开始放置在卡槽中，若卡槽内径过大，则可以使用其他材料扩大热缩套管的直径，保证热缩套管在卡槽中牢固不松动，在存放热缩套管时注意按提前设计好的方向存放
3	盘裸纤	将裸纤按预先设计的顺序盘绕在熔纤盘的最外圈，一般要求裸纤在熔纤盘中盘绕两圈
4	盘尾纤	将尾纤按预先设计的顺序沿熔纤盘的最外圈进行盘绕，一般要求尾纤在熔纤盘中盘绕一圈

续表

序号	操作步骤	操作要点
5	固定裸纤和尾纤	在熔纤盘上完成盘纤后，使用普通扎带对裸纤和尾纤进行固定，不能用普通扎带直接勒裸纤，可以用光缆外护套作为缓冲材料
6	整理冗余	在光纤配线架内对冗余的光纤进行整理。为保持美观，可以使用魔术扎带分别对裸纤和尾纤进行整理，若冗余较多，则可以采用打圈方式处理，建议尽量绕成大圈以满足光纤的最小弯曲半径
7	整体自检	遵循“绕大圈，不压线，不交叉”原则，确保光纤的弯曲半径满足最小要求，避免过多的曲折和交叉，以保证光纤的传输质量
8	安全防护	在施工现场应穿戴的安全防护用品有工作服、安全帽、安全防护鞋、防护手套、护目镜，做好自我保护

3. 对照表 2–4–23 中的盘纤操作要点，观察图 2–4–13 中的盘纤错误操作示例，用序号圈出不规范之处（至少 3 处），并写出不规范的表现。

图 2–4–13 盘纤错误操作示例图

____

____

____

____

4. 在网络布线施工或维护中，盘纤的形状包括圆形、椭圆形、C 形或 S 形，试判断：

（1）当光纤冗余长度充足时，一般采用的盘纤形状是______形或______形。

（2）当因链路维护造成光纤冗余长度相对不足时，可采用的盘纤形状是______形或______形。

（3）无论采用哪一种盘纤形状，都必须符合____________规范要求。

5. 以小组为单位，轮流尝试完成光纤熔接与盘纤，相互提醒操作要点，把控长度计算、熔接质量、热缩套管存放顺序、盘纤形状、固定位置等细节，在表 2–4–25 中记录自身存在或观察发现的问题，并提出改进措施。

表 2–4–25　光纤熔接与盘纤操作练习情况记录表

操作步骤	存在或观察发现的问题	改进措施

6. 光纤链路的质量在跨楼层网络布线系统中起着决定性作用，因此要提升质量意识，严格落实好各项质量控制措施，注重细节，施工过程中做到认真细致、一丝不苟。

现在，以小组为单位整体呈现本组最优的光纤配线架端接施工质量和学习效果，即按“光纤配线架的端接（技能）”考核项目要求，小组分工合作，共同录制光纤熔接与盘纤的解说视频，组间安排质量观察员相互了解情况，在表 2–4–26 中记录小组内部检查情况。

表 2–4–26　光纤熔接与盘纤观察记录表

小组名称：		
工作原则：安全、规范、优质、环保、耐心细致、一丝不苟		
工作内容	**负责人**	
技能操作		
视频拍摄		
技术讲解		
检查记录		
组间质量观察员：		
操作过程观察记录		
操作步骤	**是否符合规范要求**	**改进意见**
开剥光缆	将光缆先穿过光纤配线架的过线孔后再开缆，对开缆长度有规划，长度合适，光缆开剥端面平整 是□　否□	

续表

操作过程观察记录		
操作步骤	是否符合规范要求	改进意见
固定光缆	将光缆在光缆固定夹具上使用普通扎带交叉固定，松紧适当 是□ 否□	
固定凯芙拉线	凯芙拉线的预留长度合适，将剩余的凯芙拉线编成辫子，并在光缆固定柱上正确固定，耐心细致 是□ 否□	
熔接光纤	熔接光纤操作流程正确，能有效保护熔接点，没有喇叭口、扭曲变形、严重偏芯现象，体现质量意识 是□ 否□	
固定热缩套管	将热缩套管按熔接的颜色在熔纤盘中存储固定 是□ 否□	
盘纤	盘纤美观，弯曲半径符合标准，操作过程耐心细致、一丝不苟 是□ 否□	
固定裸纤和尾纤	将裸纤和尾纤在熔纤盘入口处进行固定，并且采用缓冲材料 是□ 否□	
处理冗余	对冗余的光纤采用合适的方法进行处理，没有剪掉冗余的光纤 是□ 否□	
安全防护	佩戴护目镜和防护手套，无人员受伤 是□ 否□	
处理垃圾	光纤配线架内没有光纤废料或其他垃圾 是□ 否□	
分工合作	全员参与，分工合作，每名组员均能履行自身职责 是□ 否□	

7. 光纤链路质量体现在通断测试结果上，小组合作使用红光笔认真细致地测试光纤链路的通断情况，并在表 2-4-27 中做好随工测试记录。

表 2-4-27　　　　光纤链路通断测试记录表

<table>
<tr><td colspan="9">小组名称：</td></tr>
<tr><td colspan="9">测试人：　　　　记录人：　　　　测试日期：</td></tr>
<tr><th rowspan="2">链路序号</th><th colspan="3">一层 BD/FD1</th><th colspan="3">二层 FD2</th><th rowspan="2">通断验证（“√”或“×”）</th><th rowspan="2">异常情况及处理结果</th></tr>
<tr><th>配线架编号</th><th>配线架端口序号</th><th>配线架端口编号</th><th>配线架编号</th><th>配线架端口序号</th><th>配线架端口编号</th></tr>
<tr><td>1</td><td rowspan="2">BD-F</td><td>01</td><td>BD-F-01</td><td rowspan="2">FD2-F</td><td>01</td><td>FD2-F-01</td><td></td><td></td></tr>
<tr><td>2</td><td>02</td><td>BD-F-02</td><td>02</td><td>FD2-F-02</td><td></td><td></td></tr>
</table>

8. 按照“光纤配线架的端接（技能）”考核项目要求，小组分享解说视频，并在教师的引导下完成组间互评，见表 2-4-28。

表 2-4-28　　　　“光纤配线架的端接（技能）”考核项目评分表

<table>
<tr><td colspan="8">组别：</td></tr>
<tr><td colspan="8">本考核项目总分占学习任务考核总分的 20%，可按 20 分计算</td></tr>
<tr><th rowspan="2">评分项目</th><th colspan="7">得分（互评占比为 20%、师评占比为 80%）</th></tr>
<tr><th>小组一</th><th>小组二</th><th>小组三</th><th>小组四</th><th>小组五</th><th>小组六</th><th>师评</th></tr>
<tr><td>光缆的开剥长度合适、切口平整，没有伤及光纤，在光纤配线架的光缆固定夹具上交叉固定、松紧适当，工作认真细致，计 2 分，有所欠缺扣 1 分</td><td></td><td></td><td></td><td></td><td></td><td></td><td></td></tr>
<tr><td>将凯芙拉线剪短后编成辫子，在光纤配线架的光缆固定柱上绑扎牢固，工作耐心细致、一丝不苟，计 2 分，有所欠缺扣 1 分</td><td></td><td></td><td></td><td></td><td></td><td></td><td></td></tr>
<tr><td>光纤熔接质量合格，没有偏芯、喇叭口、热缩套管加热不均等现象，体现质量意识和一丝不苟的工匠精神，计 2 分，有所欠缺扣 1 分</td><td></td><td></td><td></td><td></td><td></td><td></td><td></td></tr>
<tr><td>将热缩套管全部存储在熔纤盘的卡槽中，并且从卡槽一侧开始按颜色存储，体现规范意识，计 2 分，有所欠缺扣 1 分</td><td></td><td></td><td></td><td></td><td></td><td></td><td></td></tr>
</table>

续表

评分项目	得分（互评占比为 20%、师评占比为 80%）						
	小组一	小组二	小组三	小组四	小组五	小组六	师评
将裸纤和尾纤在熔纤盘入口处使用普通扎带固定，松紧适当（可采用软性塑料材料充当保护介质，防止光纤勒得过紧），体现一丝不苟的精神，计 2 分，有所欠缺扣 1 分							
在熔纤盘中采用圆形、椭圆形、C 形或 S 形盘纤，裸纤须在熔纤盘中至少盘两圈，体现规范意识、执着专注的工匠精神，计 2 分，有所欠缺扣 1 分							
将尾纤按端口对应表在光纤配线架指定端口插到底，将光纤配线架上未使用的光纤耦合器全部盖上防尘盖，体现责任意识，计 2 分，有所欠缺扣 1 分							
做好收尾整理工作，在光纤配线架内部没有垃圾产生，剪掉所有扎带的尾巴，体现一丝不苟的精神，计 2 分，有所欠缺扣 1 分							
所有光纤链路通过通断测试，体现质量意识，计 2 分，否则不得分							
全程正确使用工具，穿戴好安全防护用品，分类整理垃圾，将废料及时收入垃圾筐，地面始终保持干净整洁，体现安全、环保意识，计 2 分，每违反一项扣 1 分							
汇总得分							

（三）按机柜设备安装图安装光纤配线架

1. 查阅信息页中的“光纤配线架安装要求”，以小组为单位，按照机柜设备安装图完成光纤配线架的安装，组内自检、组间互查，把检查情况记录在表 2-4-29 中。

表 2-4-29　　光纤配线架的安装情况检查记录表

小组名称：

安装要求	符合情况	异常情况及处理结果
安装位置与机柜设备安装图相符	符合□　不符合□	
安装牢固，不缺少螺钉	符合□　不符合□	
使用光纤清洁笔清洁光纤耦合器和尾纤	符合□　不符合□	
未使用的光纤耦合器要盖上防尘盖	符合□　不符合□	
将地线接入机柜的接地设备上	符合□　不符合□	

2. 为便于管理，还需要做好线缆的标签标识工作。按照光纤配线设备端口对应表编制并规范粘贴标签，将标签内容记录在表 2-4-30 中。

表 2-4-30　　光纤链路标签内容记录表

一层 BD/FD1			二层 FD2		
配线架编号	配线架端口序号	配线架端口编号	配线架编号	配线架端口序号	配线架端口编号

3. 在表 2-4-31 中填写干线子系统的光纤链路部分施工情况。

表 2-4-31　　干线子系统施工记录表（光纤链路部分）

工程名称：	施工日期：
现场施工人员	
项目部人员	略
施工内容	
人员、主要施工机械、材料进场及使用情况	
备注	
制表人：　　填表人：　　填写日期：	

十、端接并安装 110 语音配线架

110 语音配线架是用于端接和管理语音电缆的中间设备。根据机柜设备安装图，在语音链路中，从二层到一层的大对数语音电缆需要使用 110 语音配线架进行端接和管理。要端接大对数语音电缆，就要先认识大对数语音电缆色谱。

（一）辨析大对数语音电缆色谱

大对数语音电缆色谱用于标记语音线路，可帮助人们在复杂的线缆中迅速定位到需要辨认的线对。施工人员需按照色谱进行布线和标识，保持线缆的整洁和有序，便于管理和维护。

查阅信息页中的“大对数语音电缆色谱”，以 25 对大对数语音电缆为例区分主色和副色，在表 2-4-32 中罗列 25 对线对的颜色组合。

表 2-4-32　25 对线对的主副色对应表

主色	副色				
白	蓝				灰
		橙		棕	
黑			绿		
		橙		棕	
紫	蓝				

（二）端接 110 语音配线架

1. 观看 110 语音配线架端接的相关视频或观察教师端接 110 语音配线架的示范操作，在表 2-4-33 中补充整理相关操作要点。

表 2-4-33　110 语音配线架端接操作要点辨析表

序号	操作步骤	操作要点	注意事项
1	准备工具	110 语音配线架端接前需要准备的工具和材料有________________________________	—
2	预估大对数语音电缆的进线及开剥长度	将大对数语音电缆穿过 110 语音配线架的过线孔，估算开剥长度，保留____cm 的开剥冗余，将冗余在 110 语音配线架入口处盘圈并整理	—

续表

序号	操作步骤	操作要点	注意事项
3	开缆	使用________剥除大对数语音电缆的外护套，保证切面平整，并剪掉抗拉线（增大抗拉强度的加强件）及 PE 膜（绝缘层）	检查剥线器的刀片进深高度，避免剥除线缆外护套时划伤内部结构
4	固定大对数语音电缆	使用普通扎带将大对数语音电缆固定在 110 语音配线架的理线架上	大对数语音电缆在理线架最近的入口进入，并使用普通扎带进行固定，普通扎带没有勒到________
5	处理冗余	把冗余的线芯盘成圆圈，并保证剩余线芯长度足够压入 110 语音配线架最远的______	—
6	压接线芯	按照主色谱为________________、副色谱为________________的顺序将大对数语音电缆的线芯依次压入 110 语音配线架的卡槽中	先按照主色谱对线芯进行分组，再依次按照副色谱顺序将每对线对卡入对应的卡槽中
7	打线	使用__________或__________把卡在光纤配线架卡槽中的线芯的线头打断，余长不超过 2 mm	在打线的同时要将线芯牢固地固定在卡槽中，如果线头打不断，则可以使用其他工具剪掉线头
8	安装语音端子	使用____________把 110 语音连接块压入配线架对应卡位中	确保线芯压到位，如果使用的语音端子是 4 对、5 对的组合，则先压入 4 对连接块，再压入 5 对连接块

2. 观看五对打线刀使用注意事项和技巧的相关视频，体验使用五对打线刀，使用五对打线刀时应注意的事项包括（　　）。**【多选题】**

A. 垂直用力　　　　B. 刀口方向　　　　C. 顺应回弹力　　　　D. 轻轻用力

3. 以小组为单位，每人完整体验一次 25 对大对数语音电缆在 110 语音配线架处的端接，对照注意事项相互监督检查，在表 2-4-34 中记录练习情况。

表 2-4-34　　　　110 语音配线架端接练习情况记录表

序号	操作步骤	存在的问题	改进意见
1	预估大对数语音电缆的进线及开剥长度		

续表

序号	操作步骤	存在的问题	改进意见
2	开缆		
3	固定大对数语音电缆		
4	处理冗余		
5	压接线芯		
6	打线		
7	安装语音端子		

4. 随着工程规模的增大，需要不断重复压接大对数语音电缆的线芯、安装语音端子的步骤，这种重复性的劳动为他人的工作、企业的发展提供了重要条件，因此需要耐心细致地完成。对于重复而平凡的劳动，以下观点中正确的是（　　）。【多选题】

A. 同样的技术工作重复次数多说明工程规模大，所创造的社会经济价值也大，劳动虽平凡却能创造伟大的事业

B. 重复性的劳动不能体现创造性，因此不值得重复做

C. 端接的每一对语音端子都有它独特的意义，能为需要语音业务的岗位人员提供必要的工作手段，因此都需要认真完成

D. 反复劳动和磨炼能真正提升一个人的精神境界

5. 小组合作，按照“110 语音配线架的端接（技能）”考核项目要求，规范、有条理地完成 25 对大对数语音电缆的进线及开剥长度预估、开缆、固定、线芯压接、语音端子安装等 110 语音配线架端接工作并录制视频，组间安排质量观察员相互了解情况，在表 2-4-35 中记录检查情况。

表 2-4-35　　110 语音配线架的端接检查情况记录表

小组名称：	
工作原则：安全、规范、优质、环保、耐心细致、一丝不苟	
工作内容	**负责人**
技能操作	
视频拍摄	
技术讲解	
检查记录	
组间质量观察员：	

操作过程观察记录		
操作步骤	**是否符合规范要求**	**改进意见**
预估大对数语音电缆的进线及开剥长度	合理预估大对数语音电缆长度，将冗余在 110 语音配线架入口处盘圈并整理 是□　否□	
开缆	剥线长度合适，开剥切面平整，剪掉抗拉线和 PE 膜 是□　否□	
固定大对数语音电缆	大对数语音电缆在理线架最近的入口进入，并使用普通扎带进行固定，普通扎带没有勒到线芯 是□　否□	
处理冗余	正确处理冗余线缆，整体美观合理 是□　否□	
压接线芯	每根线芯都按照大对数语音电缆色谱压入对应卡槽，顺序正确 是□　否□	
打线	将多余线头全部打掉，余长不超过 2 mm 是□　否□	
安装语音端子	110 语音连接块安装正确，先压入 4 对的，后压入 5 对的，压入牢固 是□　否□	
通断测试	全部链路通过测试 是□　否□	

6. 按照“110 语音配线架的端接（技能）”考核项目要求，分享操作讲解视频，并在教师的引导下开展互评，见表 2-4-36。

表 2-4-36 “110 语音配线架的端接（技能）”考核项目评分表

组别：

本考核项目总分占学习任务考核总分的 15%，可按 15 分计算

评分项目	得分（互评占比为 20%、师评占比为 80%）						
	小组一	小组二	小组三	小组四	小组五	小组六	师评
大对数语音电缆进入 110 语音配线架入口预留长度，开剥长度合理，切面平整，计 1 分，有所欠缺扣 0.5 分							
大对数语音电缆在 110 语音配线架入口处固定牢固，计 2 分，否则不得分							
能规范整理开剥后的冗余线缆，计 2 分，否则不得分							
线序正确、打掉多余线头、语音连接块压入牢固，工作耐心细致，计 2 分，每出现一项不符合扣 1 分							
链路测试通过，计 4 分，一条链路不通扣 2 分，两条链路不通为 0 分							
全程正确使用工具，穿戴好安全防护用品，分类整理垃圾，将废料及时收入垃圾筐，地面始终保持干净整洁，计 2 分，每出现一项不合格扣 1 分							
全程保持积极乐观的工作精神，主动完成自身职责工作，体现良好的合作精神，计 2 分，存在不足扣 1 分							
汇总得分							

（三）安装并标识 110 语音配线架

1. 参考光纤配线架的安装要求，以小组为单位完成 110 语音配线架的安装，查阅信息页中的“110 语音配线架标识方法”，以下关于 110 语音配线架标识的说法中，正确的是（　　）。【单选题】

A. 大对数语音电缆不需要对线芯进行标识

B. 大对数语音配线架的线对标识可以用序号的方式，也可以用色谱的方式

C. 大对数语音配线架的标签需要使用标签扎带进行标识

D. 大对数语音配线架标识的编号内容与铜缆配线架的完全一样

2. 参考信息页中的样例，对 110 语音配线架进行标识，在表 2-4-37 中记录标识的内容。

表 2-4-37　　110 语音配线架线对标识记录表

标识对象	标识内容（按线对序号）	标识内容（按色谱顺序）
示例：语音电缆线对（1～5）	1、2、3、4、5	白
语音电缆线对（6～10）		
语音电缆线对（11～15）		
语音电缆线对（16～20）		
语音电缆线对（21～25）		

3. 在表 2-4-38 中填写干线子系统的语音链路部分的施工情况。

表 2-4-38　　干线子系统施工记录表（语音链路部分）

工程名称：	施工日期：
现场施工人员	
项目部人员	略

续表

施工内容	
人员、主要施工机械、材料进场及使用情况	
备注	
制表人：	填表人： 填写日期：

十一、探讨综合布线工程变更流程及注意事项（拓展）

在信息网络布线施工过程中，项目的复杂性、现场环境的不可预见性及客户需求的变化等多种因素都可能导致工程变更。工程是否可以随意变更？是否可以由线务员自行处理变更事项？当线务员遇到这些情况和问题时，需要做出合理的判断和处理。

1. 工程变更对需求方、建设方、监理方等各利益相关方均可能造成不同程度的影响，需要慎重对待。以下影响中，由工程变更造成的是（ ）。【多选题】

A. 工程变更可能临时需要增加更多的设备和材料，增加了项目成本

B. 工程变更可能临时取消部分建设内容，造成设备和材料的浪费

C. 工程变更可能需要投入更多人力和时间才能确保按期完工，增加了项目成本

D. 工程变更可能导致施工人员降低施工质量，导致工程无法验收

2. 查阅信息页中的“工程变更处理流程”及案例，提取案例中的变更需求、变更原因、变更流程等关键信息。

变更需求：____

____。

变更原因：____

____。

变更流程：____

____。

3. 当遇到工程变更需求时，需要特别注意哪些问题？下列选项中正确的是（　　）。**【多选题】**

A. 在施工现场发现重要异常问题时应迅速暂停施工，避免不必要的损失和进一步的错误，及时向项目经理报告

B. 思考并判断问题的严重或复杂程度，以及自己是否能够进行现场处理

C. 主动向项目经理汇报和沟通，待变更方案确定后再恢复施工

D. 独立自主调整施工措施，提高施工效率，完工后再向项目经理汇报

学习环节五 过程控制

学习目标

1. 能正确判断光纤链路常见故障的表象与状态，分析故障原因并选择对应方法解决光纤链路常见故障。

2. 能使用线缆认证测试仪器进行简单的铜缆链路性能测试，根据三方验收的职责和内容配合验收，并填写小微项目的验收报告。

建议学时

4 学时

学习要求

序号	学习步骤	学习内容	学时	备注
1	分析光纤链路故障及解决方法	1. 光纤链路常见故障的表象与状态、原因及解决方法 2. 解决问题的能力	2	
2	协助中小型企业网络布线实施项目三方验收	1. 项目施工人员参与三方验收的职责和内容 2. 线缆认证测试仪器的使用方法（拓展：侧重于铜缆）	2	

一、分析光纤链路故障及解决方法

系统分析光纤链路故障及解决方法能让施工人员在随工自检自测时高效解决发现的链路故障，或者有效处理三方验收时验收人员发现的链路质量问题。根据以下引导问题逐步探讨并梳理光纤链路常见故障的表象与状态、原因及解决方法。

1. 以小组为单位，简单制作一条光纤链路并进行通光实验，使用红光笔测试光纤链路，观察光纤在不同弯折程度下（包括光缆弯曲半径过小、严重挤压、折断等）的通光情况。可见，光纤链路的异常情况有__________、__________两种，设计规范和验收规范中限定光纤的弯曲半径是为了____________________。

2. 各小组基于施工实践和实验结果讨论、辨别光纤链路常见故障的表象与状态、各类故障原因之间的对应关系，并针对故障原因提出解决方法，独立填写表 2–5–1，组间交流和完善。

表 2–5–1　　光纤链路常见故障的表象与状态、原因及解决方法关系表

可参考的故障原因：①光纤耦合器断开　②光缆受到严重挤压　③光纤的尾纤错误连接　④光纤耦合器接触不良　⑤光纤断裂　⑥光纤熔接不良　⑦光缆弯曲半径过小

表象	通断状态	可能存在的故障原因	解决方法
弱光（比正常链路的光亮度明显偏低）	有折损		
不通光	有断点		

3. 针对表 2–5–1，按照“光纤链路常见故障的表象与状态、原因及解决方法关系表的编制（学习成果）”考核项目要求，完成个人自评和组间配对互评（即一个小组共同对配对组的每个组员的成果分别进行评价），见表 2–5–2。

表 2–5–2　　“光纤链路常见故障的表象与状态、原因及解决方法关系表的编制（学习成果）”考核项目评分表

组别：

本考核项目总分占学习任务考核总分的 10%，可按 10 分计算

评分项目	得分（自评占比为 20%、互评占比为 20%、师评占比为 60%）								
	自评	组间配对互评（学生姓名）							师评
表象和通断状态罗列完整，对应关系正确，计 1 分，有所欠缺扣 0.5 分									
可能存在的故障原因整理齐全，关系正确，计 6 分，每错误一处扣 1 分									

续表

评分项目	得分（自评占比为 20%、互评占比为 20%、师评占比为 60%）								
	自评	组间配对互评（学生姓名）							师评
故障的原因和解决方法对应关系正确，体现解决问题的分析逻辑，计 3 分，每错误一处扣 1 分									
汇总得分									

二、协助中小型企业网络布线实施项目三方验收

每一名信息通信网络线务员都要对自身的施工质量负责，因此，完成施工内容及自检自测后，信息通信网络线务员还需要陪同项目经理进行项目验收。按照以下引导问题学习如何配合完成三方验收。

（一）认识布线工程项目三方验收职责

查阅技术交底书中关于工程验收和性能测试的要求，思考以下问题。

1. 项目三方验收是指______方、______方及______方在项目完成或达到关键阶段时共同参与项目检验，对项目质量进行确认和交付的过程。

2. 作为项目施工人员，在项目三方验收时要重点对自身施工质量负责，因此需重点配合的工作是（　　）。【单选题】

A. 明确验收方式，提出验收方案

B. 选用共同认可的测试仪器

C. 配合现场测试并解决验收中发现的问题

D. 签字确认验收结果

（二）测试铜缆链路性能

线缆认证测试仪器由近端和远端组成。在参与三方验收时，施工人员往往需要配合验收测试人员把线缆认证测试仪器的远端插入被测链路的端口，协助测试。

查阅信息页中的“线缆认证测试仪器的使用方法”，小组合作测试配线子系统的铜缆链路性能，根据仪器显示界面判断是否通过测试，在表 2-5-3 中填写测试过程与结果。

表 2-5-3　　铜缆链路性能测试过程与结果记录表

测试步骤	操作要点

测试结果：

（三）整理布线实施记录并填写验收报告

1. 完成工程施工和安装测试后，施工人员需要向项目经理提交施工记录、测试记录等资料，你认为整理资料时应注意的问题有（　　）。【多选题】

A. 文档需按不同类型进行分类

B. 每个文档都应被分配唯一的编号

C. 同一类文档需按顺序或重要性进行排序

D. 要确保文档内容的完整性和准确性

2. 参考信息页中的验收报告案例，在表 2-5-4 中填写本任务的项目验收报告。

表 2-5-4 中小型企业网络布线实施项目验收报告

<table>
<tr><td>项目名称</td><td></td><td>施工地点</td><td></td></tr>
<tr><td>建设单位</td><td></td><td>施工单位</td><td></td></tr>
<tr><td colspan="4">项目完成情况</td></tr>
<tr><td colspan="4">已按合同约定提供信息网络布线技术服务，经双方确认已达到合同约定的验收规范和标准，同意通过项目验收</td></tr>
<tr><td colspan="4">验收鉴定和结论</td></tr>
<tr><td>验收结果</td><td colspan="3">施工内容：

结论：
系统功能符合设计要求□
技术服务内容达到合同约定的规范和标准□
布线规范，施工工艺符合规定□
系统运行稳定、无异常□</td></tr>
<tr><td colspan="4">同意________________服务项目通过验收</td></tr>
<tr><td colspan="2">建设单位（甲方）

*********** 公司（签章）

建设单位代表：

日期：</td><td colspan="2">施工单位（乙方）

************* 公司（签章）

施工单位代表：

日期：</td></tr>
</table>

学习环节六 评价反馈

学习目标

1. 能以小组形式整理中小型企业网络布线实施流程，以思维导图的方式总结跨楼层网络布线项目整体实施思路。

2. 能以小组形式按布线子系统分类整理标签标识位置、标签内容构成及样例，建立系统性思维。

3. 能以小组形式整理干线子系统的关键步骤、关键技能及素养要求，识别并以图示化形式梳理光纤熔接与盘纤的技术要点、常见问题、注意事项、素养要求。

4. 能根据特殊布线施工条件，在施工方式、施工规范、光纤色谱应用等方面做出合适的判断和选择，建立灵活应变的意识。

建议学时

4 学时

学习要求

序号	学习步骤	学习内容	学时	备注
1	总结跨楼层网络布线项目实施思路	跨楼层网络布线项目整体实施思路	0.5	
2	梳理跨楼层网络布线系统的标签标识系统	信息网络布线系统性思维	1	

续表

序号	学习步骤	学习内容	学时	备注
3	整理光纤熔接与盘纤的技术要点及素养要求	光纤熔接与盘纤技术要点的识别	2	
4	合理应对布线施工特殊情况	灵活应变意识	0.5	

一、总结跨楼层网络布线项目实施思路

1. 独立回顾本任务实施流程，将下列关键步骤按顺序填入图 2–6–1 中的方框中。

识读项目图表、梳理信息路由及链路结构、选择布线施工工具、梳理施工质量控制措施、安装信息底盒和 PVC 线槽、敷设六类和超六类双绞线、检查和测试铜缆链路、敷设干线线缆、端接与安装语音配线架、检查光纤链路通断情况、协助项目三方验收

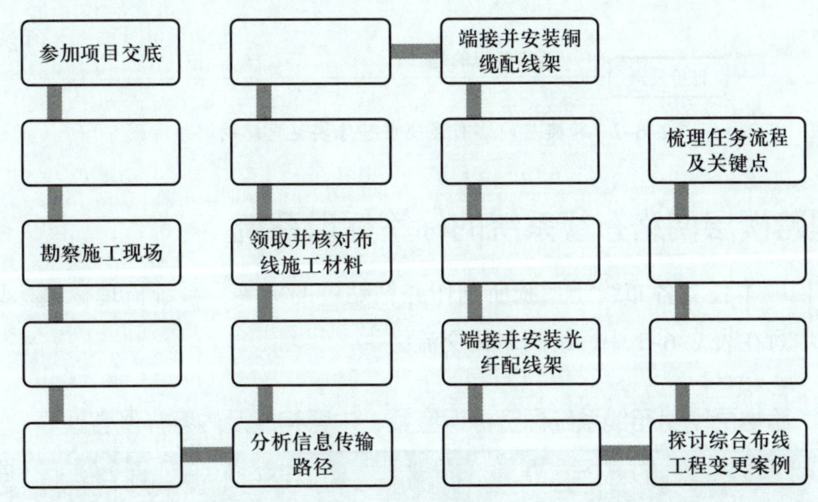

图 2–6–1　中小型企业网络布线实施任务工作流程图

2. 根据工作流程，思考在跨楼层网络布线实施中每个环节要解决的关键问题，补充在图 2–6–2 中的横线上或括号内，形成跨楼层网络布线项目整体实施思路。

图 2-6-2　跨楼层网络布线项目整体实施思路的思维导图

二、梳理跨楼层网络布线系统的标签标识系统

小组合作，回顾本任务各布线子系统所制作并粘贴过的标签，系统梳理标签标识位置、内容构成、内容样例，填写在表 2-6-1 中，组间对比交流。

表 2-6-1　跨楼层网络布线系统标签标识位置、内容构成及内容样例整理表

布线子系统	标签标识位置	标签内容构成	标签内容样例

续表

布线子系统	标签标识位置	标签内容构成	标签内容样例

三、整理光纤熔接与盘纤的技术要点及素养要求

1. 小组合作，回顾干线子系统的施工过程及记录，按照表 2–6–2 中的提示，共同梳理在本任务干线子系统的布线实施中的关键步骤、关键技能及素养要求。

表 2-6-2 干线子系统的关键步骤、关键技能及素养要求整理表

项目	内容
关键步骤	对施工质量有重要影响的具体施工步骤名称：
关键技能	对施工质量有重要影响或具有一定难度的技能点及操作细节（如光纤熔接包括开缆、分纤、剥纤、清洁、切割、熔接等操作要点）
素养要求	（如安全意识、环保意识、规范意识、责任意识、质量意识、认真细致、耐心细致、一丝不苟等，据实填写）

2. 在干线子系统的布线实施中，光纤配线架的端接是最难也是最关键的。独立回顾工作页记录，结合自身实际，梳理光纤熔接与盘纤过程中的技术要点、常见问题、注意事项、素养要求，小组汇总意见，合作绘制海报，按照“光纤熔接与盘纤的技术要点及素养要求海报的绘制（学习成果）”考核项目要求完成组间互评，见表 2–6–3。

表 2-6-3 "光纤熔接与盘纤的技术要点及素养要求海报的绘制（学习成果）"考核项目评分表

组别：

本考核项目总分占学习任务考核总分的 10%，可按 10 分计算

评分项目	得分（互评占比为 30%、师评占比为 70%）						
	小组一	小组二	小组三	小组四	小组五	小组六	师评
海报主题明确、积极向上，表现形式富有创意，计 3 分，有所欠缺扣 1 分							
光纤熔接与盘纤技术要点的识别准确，计 4 分，有所欠缺扣 1～2 分							
技术要点、常见问题、注意事项、素养要求之间的关系对应性强，计 3 分，有所欠缺扣 1～2 分							
汇总得分							

四、合理应对布线施工特殊情况

在实际施工中往往需要根据具体情况灵活变通，自主选择途径查阅资料或咨询他人，小组讨论，根据以下特殊情况做出适当的判断和选择。

1. 在光纤的盘纤过程中，当遇到多根光纤长短不一的情况时，以下做法中最合适的是（　　）。【单选题】

A. 直接剪短过长的光纤并重新熔接，确保所有光纤的末端对齐

B. 更换新的熔纤盘，保证能按原来设计的盘纤方案盘纤

C. 根据实际长度灵活设计新的盘纤方案，例如，对于过短的光纤，可在保证弯曲半径符合规范的前提下，将原来设计的 O 字形修改为 C 字形

D. 将所有光纤盘绕成大小统一的圆圈，不需要考虑长度差异可能带来的问题

2. 根据设计规范，干线线缆垂放敷设时，在线缆的首端、尾端、转弯处及每间隔 3～5 m 处应进行固定，在实际施工过程中固定点的间隔距离能否小于 3 m？试说明理由。

______

______

3. 在光纤链路设计时，一般情况下，不同光缆同色序的光纤接续会更加便于维护，但在后续维护时，不同色序的光纤能否对接熔接？试说明理由。

---

4. 至此，你已经完成了中小型企业网络布线实施任务的学习，结合本任务的完成情况，以下选项中你感受较深的有（   ）。【多选题】

A. 只有行动才有收获，每完成一个布线实施步骤都是自我挑战和磨炼

B. 中小型企业网络布线实施服务的不仅仅是企业的发展，还有企业员工的就业和发展，网络布线工作体现了劳动的美德

C. 中小型企业网络布线系统比较复杂，有助于提升我们的系统思维和分析能力，让我们在劳动中增长智力

D. 中小型企业网络布线实施任务施工内容比较多，既有脑力劳动也有体力劳动，有助于提升我们的身体和心理素质

E. 遵循布线施工规范让我们的劳动成果更加整齐美观，劳动中也蕴含了对美的追求

技工院校工学一体化课程教学资源
技工院校多媒体制作专业工学一体化教材

视频作品的录制 工作页

主编 韩 琨

学习任务二 双机位人物访谈视频的录制

中国劳动社会保障出版社

简介

本书为技工院校多媒体制作专业“视频作品的录制”工学一体化课程的工作页，依据《多媒体制作专业国家技能人才培养工学一体化课程标准》编写，供各地技工院校开展工学一体化教学使用。

本书主要包括单机位口播视频的录制、双机位人物访谈视频的录制、多机位活动视频的录制三个学习任务，每个学习任务包含获取信息、制订计划、做出决策、实施计划、过程控制、评价反馈六个学习环节。

完成本书中学习任务所需的相关素材可通过技工教育网（https://jg.class.com.cn）下载并使用。

图书在版编目（CIP）数据

视频作品的录制工作页 / 韩琨主编. -- 北京：中国劳动社会保障出版社，2025. --（技工院校工学一体化课程教学资源）（技工院校多媒体制作专业工学一体化教材）. -- ISBN 978-7-5167-7093-1

Ⅰ. TP37

中国国家版本馆 CIP 数据核字第 2025EZ5562 号

视频作品的录制工作页

SHIPIN ZUOPIN DE LUZHI GONGZUOYE

中国劳动社会保障出版社出版发行

（北京市惠新东街 1 号　邮政编码：100029）

*

北京市艺辉印刷有限公司印刷装订　　新华书店经销

880 毫米 ×1230 毫米　16 开本　18.75 印张　409 千字

2025 年 7 月第 1 版　　2025 年 7 月第 1 次印刷

定价：49.00 元

营销中心电话：400-606-6496

出版社网址：https://www.class.com.cn

https://jg.class.com.cn

技工院校工学一体化课程教学资源
技工院校多媒体制作专业工学一体化教材

开发院校

牵头院校：北京市工艺美术技师学院

参与院校：山东水利技师学院　安徽阜阳技师学院

指导专家

张利芳　陈海娜　马　琳

本书编审人员

主　　编：韩　琨

参　　编：刘　意　刘　朝　杨　敏　于　鑫　岳珊珊　陈一民　唐　盼

审　　稿：李　飞　郝金亭

指　　导：马　琳　陈海娜

序

技工教育的本质是就业教育，其最显著的特征是职业性，其最好的培养模式就是“在工作中学习、在学习中工作”。培育大批高技能人才，既要适应新一轮科技革命和产业变革的需要，也要遵循技能人才成长发展规律，创新技能人才培养方式。推进工学一体化技能人才培养模式改革是推进校企融合、提质培优的重要途径，是技工院校服务制造业和实体经济发展的务实举措。

2009 年，人力资源社会保障部办公厅印发了《技工院校一体化课程教学改革试点工作方案》，分三批在部分技工院校试点开展工学一体化课程教学改革工作，到 2021 年已经覆盖 31 个专业 191 所部级试点院校。经过十多年的发展，理念得到认同、试点不断扩大、学生学习兴趣明显提高，取得了显著成效。2022 年 3 月，人力资源社会保障部印发了《推进技工院校工学一体化技能人才培养模式实施方案》，提出在全国技工院校大力推进工学一体化技能人才培养模式，实现百个专业、千所院校、万名教师的“百千万”工作目标，以促进技工院校人才培养模式变革、提升技能人才培养质量、带动形成技工院校改革创新新局面。

新一轮工学一体化课程教学改革开展聚焦“课程标准”“课程资源”“教师培养”三项重点工作，为持续推进技工院校工学一体化技能人才培养模式实施奠定了坚实基础。印发《〈国家技能人才培养工学一体化课程标准〉开发技术规程》，出版《工学一体化课程开发指导手册》，分三阶段指引完成 103 个专业国家技能人才培养工学一体化课程标准与课程设置方案开发；编制《工学一体化课程教学资源开发指

南》，开发第一批 14 个专业 37 门课程工学一体化课程教学资源；印发《技工院校工学一体化教师培训标准》，出版《工学一体化教师培训指导手册》，依托工学一体化教师培训基地培育师资队伍；印发《技工院校工学一体化课堂、课程、专业、院校建设标准》，出版《工学一体化课程教学实施指导手册》，指引 1 000 所技工院校对标开展工学一体化优质课堂、精品课程、示范专业、骨干院校的建设工作，实现以评促建的目标。

教材建设是教学改革成果固化的重要载体。本次工学一体化课程教学资源按照工作逻辑呈现实践、理论知识和素养，遵循工作过程六步法，从工作向“工作 + 学习”融合，通过引导问题层层递进，实现“输入—内化—输出—考核”的学习闭环，突出学生心智技能和思维的培养，强调学生个人成长的积累。近年来，通过指导专家、几百位试点院校的骨干教师以及编辑团队共同努力，产出了教学指导用书、工作页及答案、信息页及数字资源等形式的系列教材学材，以满足技工院校的教学使用需求。

本系列教材及配套资源的出版，不仅是对本轮技工院校工学一体化技能人才培养模式改革工作的阶段性总结，也是打通从课程标准到课堂实施最后一公里的全新尝试，意义深远。希望全国技工院校将推行工学一体化技能人才培养模式作为创新人才培养模式、提高人才培养质量的重要抓手，为加快培养具有良好工作思维与习惯、自主学习意识与能力、精湛专业技艺与技能的复合型技能人才作出新的更大贡献！

技工教育和职业培训教学指导委员会
2025 年 4 月

目录

学习任务二
双机位人物访谈视频的录制

任务描述

任务情境

某技工院校陶瓷工艺美术大师聂 × 民，二十年矢志不移，一颗匠心，一世为瓷。该技工院校委托某电视台对工匠之星聂 × 民进行采访宣传，以便使更多的年轻人热爱传统工艺，感受北方陶瓷重城的千年匠心文脉。本次访谈要求采用手机固定机位与单反相机运动机位组合的方式完成双机位人物访谈视频的录制。

摄像师从项目经理处接到上述任务后，解读采访稿、人物介绍等资料，获取双机位人物访谈视频录制的相关信息，明确工作时间和交付要求，并与受访者进行电话沟通确认。在正式采访之前，摄像师需前往采访场地实地考察、选景，初步确定主持人与受访者的位置，绘制机位图，并与受访者再次核对，绘制运动镜头脚本，确定录制方案。录制当天，摄像师需提前抵达现场，再次确定主持人与受访者的具体位置，根据机位图布置灯光和机位，调试录制设备，统一各项参数，实施现场同步录制，并根据同步录制情况及反馈意见进行个别补录。录制通过后，将 MP4 格式文件、验收单等材料交付项目经理，最后参照企业标准规范完成视频文件的命名、存储和归档工作。

在工作过程中，应遵守企业质量体系管理制度、6S 管理制度等企业管理规定及《中华人民共和国著作权法》等法律法规，杜绝违法、违规、侵权等行为。

任务要求

1. 录制的视频为竖画幅，宽高比为 9∶16，分辨率为 1 080 像素 ×1 920 像素，帧率为 25 帧 / 秒，编码格式为 H.264，文件格式为 MP4，时长控制在 10 min 左右，文件大小不超过 800 MB。

2. 录制的视频补光设置合理，画面呈现柔和均匀，确保人物面部细节清晰可辨，避免画面出现局部过亮或过暗的情况。补光效果稳定自然，无反光点，整体画面质量高，能突出人物特点，与主题氛围完美契合。

3. 录制过程中收音清晰纯净，无杂音、回音，无信号干扰和断频问题，确保观众能清晰地听到对话内容，有效提升视频的质量和观看体验。

4. 录制的视频清晰稳定，主题鲜明突出。画面切换时机精准，能极大增强视频的节奏感和连贯性，画面过渡自然流畅。构图合理，人物位于画面中心或稍微偏离中心位置，突出人物主体地位。录制背景简洁干净，景别运用准确，视频画面色彩平衡准确，无偏色现象，曝光恰到好处，符合合同约定。

任务资料

1. 受访者个人简介

双机位人物访谈视频录制受访者个人简介

聂 × 民，作为 ××× 学院的教师，从事陶瓷造型设计工作近 20 年，在陶瓷领域有着卓越的成就和深厚的造诣。他的作品风格独特，简洁明快之中，线条生动且稳重，精练而富有力度，巧妙地将传统题材与现代陶瓷艺术表现手法相融合。其作品多次获得国家外观设计专利，还曾多次参与国瓷的设计与制作。在职业生涯中，他始终执着追求陶瓷艺术，也因此被授予全国技术能手、山东省陶瓷艺术大师、山东省轻工行业首席技师等荣誉称号。

他的职业经历丰富而精彩，曾就职于某国瓷有限公司，在此期间，他不断打磨自身技艺，对陶瓷制作的各个环节，从设计、模具制作到成型、烧制，都烂熟于心，每一步都力求精益求精。工作期间，他参与了多件国瓷的设计和研发，这些作品凭借卓越的品质和创新的技术备受赞誉。除了对陶瓷艺术的热爱，他还有着广泛的兴趣爱好，如国画和书法。他常常沉浸其中，一创作就是一整天，态度一丝不苟。这些爱好也为他的陶瓷创作带来了更多的灵感和创意。

2. 双机位人物访谈视频录制采访稿

双机位人物访谈视频录制采访稿

主持人：“齐国故地历史文化源远流长，是北方重要的陶瓷生产基地。历史上兴盛的制陶业帮助齐国渔盐冶铁，成就诸侯霸业。淄博作为全国重点陶瓷产区，凭借深厚的陶瓷文化底蕴蜚声中外，孕育并诞生了一大批陶瓷大师、金牌工匠，比如陶瓷艺术大师聂 × 民，他以精益求精的匠心和精湛的技艺，让陶瓷艺术在校园绽放独特魅力。今天，我们一同走近这位陶艺大师，触摸历史长河中关于陶瓷的珍贵记忆，探寻北方陶瓷文化明珠的古风遗韵，感受文化传承和科技创新带来的巨大力量。下面，有请聂×民老师！”

主持人：“聂老师，您好！”

受访者：“主持人好，大家好！”

主持人：“从教多年，您的教学经验十分丰富。就教师这份职业而言，您有哪些幸福时刻呢？”

受访者：“作为一名人民教师，我深感荣幸和幸福。每当看到学生们完成自己的作品，脸上洋溢着兴奋和喜悦之情时，我都无比欣慰。对于教师这份工作，我总觉得收获多于付出。看到我所热爱的陶瓷事业后继有人，看到学生们满是成就感与自豪感的脸庞，看到他们的作品被人喜爱，这些都是我在工作中收获的幸福时刻。”

主持人：“教师兴则学校兴，教师强则学校强。作为资深陶瓷美术大师，请问您为什么愿意离开企业，投入教育事业呢？”

受访者：“说起来也是机缘巧合，当时咱们学院有陶瓷工匠进校园的计划，我就积极参与了。我从小就对陶瓷工艺十分感兴趣，在淄博，像我这样的青年有很多。出于对传承的情怀以及对陶瓷和教育事业的热爱，我希望淄博陶瓷能代代相传，也想发挥自己的专长，让陶瓷设计这一技能传承下去，所以就投身到了教育事业。”

主持人：“赓续千年的北方瓷都淄博，因一场烟火美食的热潮再次受到瞩目。与淄博美食文化一脉相承的淄博陶瓷，以烟火延续的方式再度焕然一新，它与琉璃、蚕丝织锦并称为淄博‘文化三件套’。聂老师，您能否从自身经历谈谈您的陶瓷工艺之路呢？”

受访者：“我投身陶瓷行业源于家乡情怀，我从小就喜欢玩泥巴，对它有着浓厚的兴趣，小时候玩泥巴的经历至今仍记忆犹新。陶瓷对我而言，是深入骨子里的热爱，是一种享受。后来从事这一行业，随着对工艺的不断钻研和深入了解，我就想把老祖宗的传统陶艺与刻绘等综合装饰手法融合起来。在创作中，我运用了浮雕、刻瓷、颜色釉等技艺，设计出兼具工笔与写意形式的陶瓷作品，通过线条的组织，既体现创意，又展现技艺。陶瓷是最接近自然的慢手艺，急不得！手工这两个字，实则是一辈子的沉淀与坚持。就像如今爆火的淄博烟火美食文化，根源在于淄博本身深厚的文化底蕴，历经千年沉淀，奠定了当代国窑的文化地位。从未熄灭的千年窑火，也让淄博的美食受到大众关注，本质上都是烟与火的碰撞。

当然，淄博美食也让淄博陶瓷以烟火延续的方式再度焕然一新，能让更多年轻人看到齐文化、看到淄博陶瓷、看到千年文化的传承，我真的很激动。我想说，淄博不仅有烟火美食，更有千年文化的传承，淄博的历史文化既是承载淄博美食的底气，更是承载淄博陶瓷的底气！”

主持人：“说到这，我们能感受到聂老师非常激动，也体会到了您对陶文化、齐文化的热爱和自豪。窑火千年，成就一座烟火之城。其中，离不开城市对人文沃土的精心培育，同样也离不开陶瓷手造者们的守正创新。齐地创物，陶瓷何以美千年？聂老师，您能否从自身角度谈谈淄博为何能成为延续千年的瓷都？”

受访者：“干一行爱一行，这是我踏上陶瓷艺术之路的动力源泉。原来我在山东 × 陶瓷厂，这是以生产民用大缸为主要产品的陶器生产厂家，后来，我在 ×× 陶瓷厂从事美术设计工作。华青瓷是华光国瓷的发明专利，是近年来中国陶瓷新材质的杰出代表，它既保留了几千年来人们对传统青瓷‘尚青’的审美格调，又融入了现代人对当代青瓷的崭新追求。

随着淄博陶瓷艺术家们的不断研究，开启了陶瓷文化创新的新征程，这是对文化‘创造性转化、创新性发展’的深刻践行。品牌的背后是产品与文化，而产品与文化的背后是一群人，这是所有普通人共同的贡献，并非我一人之功，我很感激在这个过程中，我的一些作品能得到大家的认可。”

主持人：“用陶瓷的语言，对齐文化、齐鲁文化乃至整个中国文明进行艺术表达，淄博已经付诸实际行动。聂老师也是在不断探索与坚持中成就非凡的。听说您在技工院校成立了‘手造大师工作室’，教学工作对您在陶艺方面的发展有哪些帮助呢？”

受访者：“为服务区域经济发展，学院邀请我进校园成立工作室。在校期间，我带领更多青年爱好者和学生传承陶艺，把陶瓷工艺带进学院、带进课堂，让工匠精神融入学生的学习、生活和职业生涯。我的陶瓷作品《齐风》就是在学校看到朝气蓬勃的学生们后有感而设计的。我希望以自己的微薄之力，为淄博陶艺注入更多新鲜血液和活力，也希望同学们珍惜宝贵的学习时光，踏实勤奋学习，提升技能，更好地肩负起陶瓷艺术发展和传承的责任及使命，继承和发扬中华优秀传统文化。”

主持人：“十分感谢聂老师的分享，聂老师是一位奋斗者，陶瓷熠熠生辉，窑火愈发炽热，他几乎将所有时间都投入陶瓷艺术设计中，正是这样的磨砺，才让他的陶瓷艺术之树根深叶茂。雨过天青云破处，淄博陶瓷数千年，凭借‘千乘之国’的水土与造物，凭借对美和‘创物’的坚守，才能孕育出绚烂多姿的瓷器，中式美学之魄历经千百年而不朽。再次感谢聂 × 民老师，感谢千千万万个陶艺大师，让中华优秀传统文化薪火相传！”

学习目标

1. 能阅读任务书、访谈稿、人物介绍等材料，提取视频录制的要求、录制形式及受访者的人物画像特征，明确单反相机摄像的特点及人物访谈视频的类型。

2. 能根据任务要求，梳理工作流程，检索并筛选优秀案例视频，提炼范例视频的录制思路。

3. 能勘察录制现场情况，与场地管理人员（教师）沟通，明确录制场地的使用时间和场地使用注意事项，制定录制方案，明确录制思路、录制设备和项目预算，确保录制方式与主题匹配合理，录制方案切实可行。

4. 能结合录制方案和录制机位策略，确保两个机位的位置、景别等设置科学合理。

5. 能根据录制要求，结合机位策略图以及现场勘景情况，绘制并展示本次任务的分镜头脚本，确保双机位人物采访视频的录制画面平稳、构图合理、角度科学。

6. 能结合录制主题和要求，合理布置场地，确定主持人与受访者的相对位置，选择并检查录制设备，架设并调试录制设备，确保所有设备电量充足、存储空间足够、参数准确。

7. 能根据录制策略和分镜头脚本等方案，协作完成双机位同步录制，实时调整景别、角度和录制参数，指导主持人与受访者的位置、仪态以及语调，确保录制素材景别合理、构图美观、曝光正常、画面清晰。

8. 能在现场录制时及时检查素材，适时进行补录，确保素材品质优良、完整度达标，无违规和侵权情况，达到标准要求；录制结束后，能整顿复原录制现场，对单反相机等设备进行保养。

9. 能根据任务交付要求，独立检查与备份视频样片，确保交付内容完整、格式正确。

10. 完成双机位人物访谈视频的录制任务后，能开展复盘工作，反思学习过程，对任务中的技术要点进行复盘与分析，具备与人合作能力。

建议学时

60 学时

学习路径

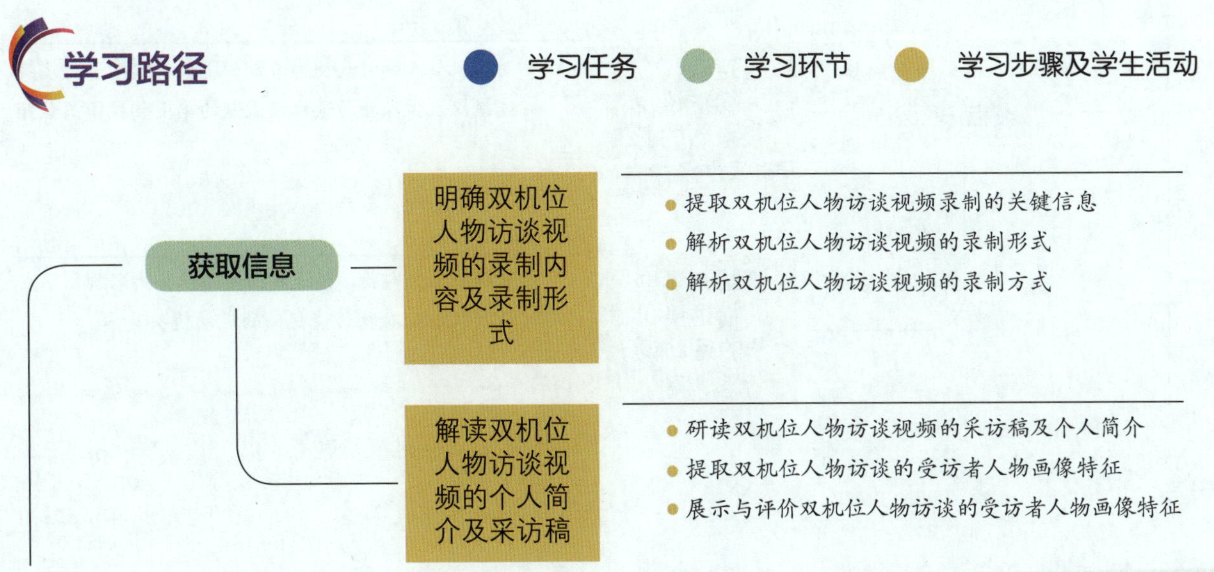

双机位人物访谈视频的录制

- 制订计划
  - 梳理双机位人物访谈视频的录制工作过程
  - 提取优秀双机位人物访谈视频案例的录制思路
    - 筛选优秀双机位人物访谈视频的案例
    - 分析优秀案例录制对象的特征
    - 分析优秀案例视频机位架设的选择依据
    - 分析优秀案例视频运镜的选择依据
    - 分析优秀案例视频布光的选择依据
    - 总结双机位人物访谈视频的录制思路和要点
  - 勘察双机位人物访谈视频的录制现场情况
    - 明确双机位人物访谈视频勘景时的安全操作要求
    - 设计双机位人物访谈视频录制勘景沟通提纲
    - 记录双机位人物访谈视频录制场地情况
  - 梳理双机位人物访谈视频的录制思路
    - 设计双机位人物访谈视频录制机位及运镜
    - 设计双机位人物访谈视频录制的布光
    - 绘制双机位人物访谈视频录制的机位策略图
    - 评价双机位人物访谈视频录制机位策略图
  - 制定双机位人物访谈视频的录制流程
  - 列示双机位人物访谈视频的项目预算
    - 明确双机位人物访谈视频录制的项目预算细则
    - 列示双机位人物访谈视频录制的项目预算清单
- 做出决策
  - 选定双机位人物访谈视频录制的机位策略图
    - 对双机位人物访谈视频录制的机位策略图进行决策
    - 选择双机位人物访谈视频录制的单反相机镜头焦距
  - 绘制双机位人物访谈视频的运动镜头脚本
    - 明确双机位人物访谈视频的运动镜头脚本绘制要点
    - 绘制双机位人物访谈视频的运动镜头脚本

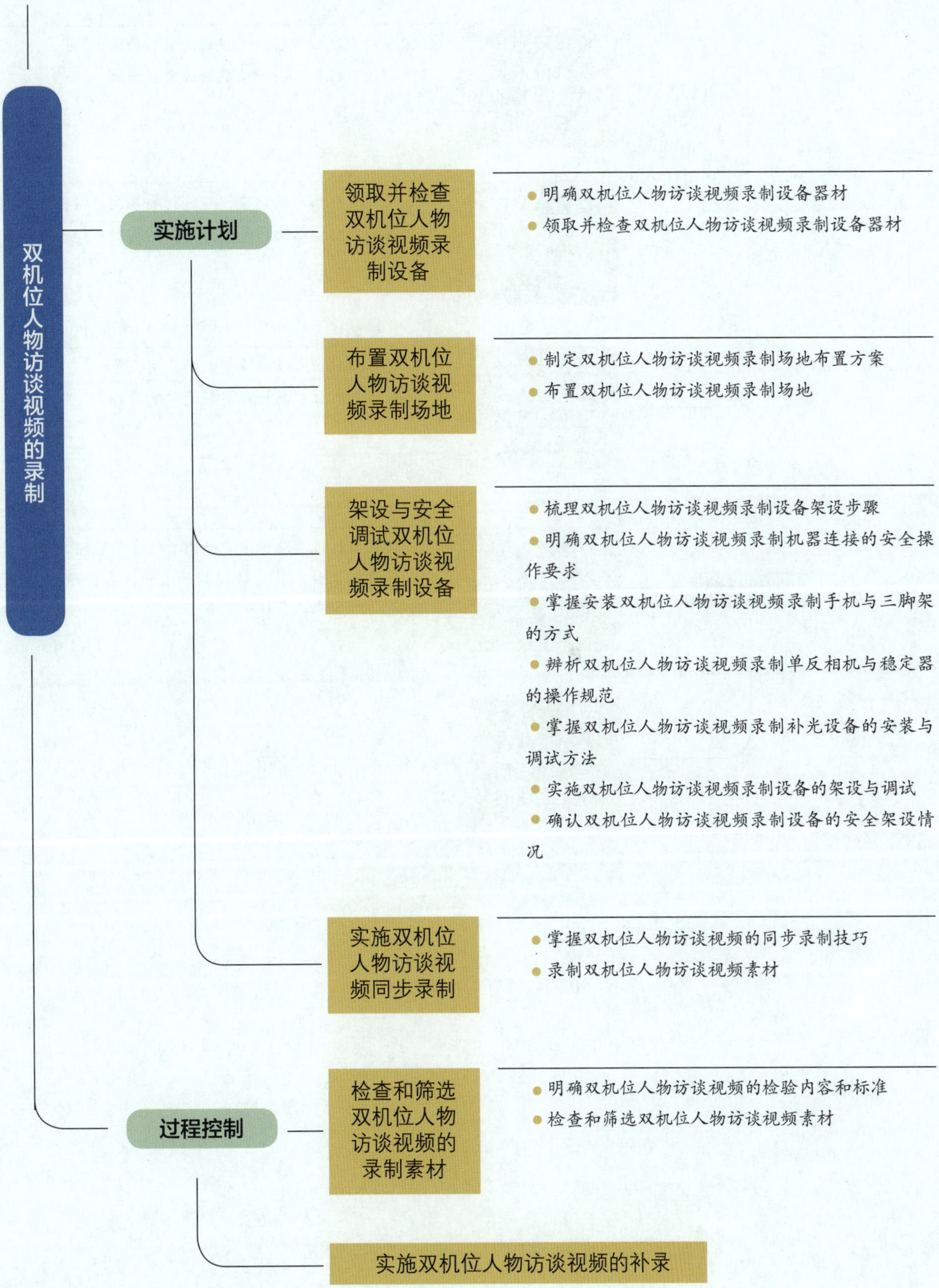

双机位人物访谈视频的录制

实施计划

领取并检查双机位人物访谈视频录制设备

- 明确双机位人物访谈视频录制设备器材
- 领取并检查双机位人物访谈视频录制设备器材

布置双机位人物访谈视频录制场地

- 制定双机位人物访谈视频录制场地布置方案
- 布置双机位人物访谈视频录制场地

架设与安全调试双机位人物访谈视频录制设备

- 梳理双机位人物访谈视频录制设备架设步骤
- 明确双机位人物访谈视频录制机器连接的安全操作要求
- 掌握安装双机位人物访谈视频录制手机与三脚架的方式
- 辨析双机位人物访谈视频录制单反相机与稳定器的操作规范
- 掌握双机位人物访谈视频录制补光设备的安装与调试方法
- 实施双机位人物访谈视频录制设备的架设与调试
- 确认双机位人物访谈视频录制设备的安全架设情况

实施双机位人物访谈视频同步录制

- 掌握双机位人物访谈视频的同步录制技巧
- 录制双机位人物访谈视频素材

过程控制

检查和筛选双机位人物访谈视频的录制素材

- 明确双机位人物访谈视频的检验内容和标准
- 检查和筛选双机位人物访谈视频素材

实施双机位人物访谈视频的补录

整理及归还双机位人物访谈视频的录制场地

- 整理双机位人物访谈视频的录制场地
- 归还双机位人物访谈视频的录制场地

归档及交付双机位人物访谈视频素材

- 明确双机位人物访谈视频素材的复制与归档要求
- 实施双机位人物访谈视频素材的复制与归档

保养及归还双机位人物访谈视频的录制设备

- 保养双机位人物访谈视频的录制设备
- 归还双机位人物访谈视频的录制设备

评价反馈

回顾双机位人物访谈视频的录制工作过程

- 梳理双机位人物访谈视频的录制任务流程
- 反思双机位人物访谈视频的录制任务的核心技能要点

评价双机位人物访谈视频的录制任务复盘活动

学习环节一　获取信息

学习目标

1. 能阅读任务书，提取视频录制的要求和录制形式，明确单反相机摄像的特点及人物访谈视频的类型。

2. 能解读访谈稿、人物介绍等材料，提取双机位人物访谈中受访者的人物画像特征。

建议学时

6 学时

学习要求

序号	学习步骤	学习内容	学时	备注
1	明确双机位人物访谈视频的录制内容及录制形式	1. 双机位人物访谈视频的风格类型（理论） 2. 单反相机摄像的特点（理论） 3. 理解与表达能力（素养）	2	
2	解读双机位人物访谈视频的个人简介及采访稿	1. 解说词、访谈稿的研读（实践） 2. 双机位人物访谈视频的采访对象画像特征的提取（实践）	4	

一、明确双机位人物访谈视频的录制内容及录制形式

（一）提取双机位人物访谈视频录制的关键信息

在工作中，需对任务展开深入细致的分析，明确任务的核心要点。查阅工作页任务资料中的“双机位人物访谈视频的录制受访者个人简介”及“双机位人物访谈视频录制采访稿”，结合学习任务一中所学的任务五要素沟通法，分析双机位人物访谈视频的录制任务资料里的信息，与教师进行沟通，获取任务的关键信息，填写表 2–1–1。

表 2-1-1　　任务关键信息提取

序号	任务要素	关键信息	关键信息内容
1	谁	受访者	
		责任人 / 参与者	
2	做什么	录制主题	
		录制内容	
		录制形式	
		技术要求	画面清晰稳定、构图合理、曝光恰到好处、景别运用准确、声音清楚、内容完整，符合合同约定 竖画幅，时长控制在 10 min 左右，文件大小不超过 800 MB
		画质要求	
3	在哪里	录制设备存放位置	手机、单反相机、镜头、灯光设备等
		录制场地	
4	何时	拍摄开始时间	
		拍摄截止时间	
		录制场地使用时间	
		素材提交时间	
5	为什么	任务的拍摄目的	

（二）解析双机位人物访谈视频的录制形式

1. 本次的学习任务是制作双机位人物访谈视频。观看“双机位人物访谈视频（横版）案例”相关素材，查阅信息页中的“双机位人物访谈视频的定义与特征”相关资料，完成以下问题。

（1）双机位人物访谈视频是指在人物访谈的拍摄过程中，使用____个机位，对受访者和访谈现场同时进行多角度、全方位的拍摄。双机位人物访谈视频拍摄是非常常见的一种拍摄形式，优点是比单机位______很多，在人物访谈______和______的时候灵活性更大，避免了因单机位单角度而出现的视觉疲劳。

（2）根据信息页中的相关资料及观看的视频案例，从画面呈现、细节展示、访谈交互等方面独立思考，梳理双机位人物访谈视频的特征，填写图 2-1-1。

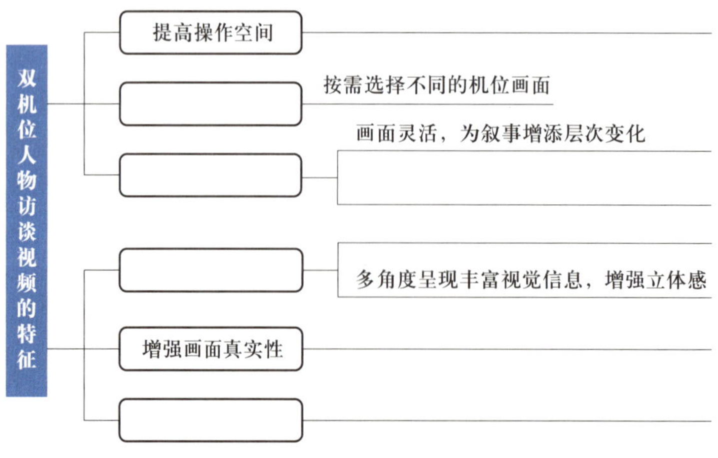

图 2-1-1　双机位人物访谈视频特征思维导图

2. 人物访谈视频的风格类型丰富多样，不同的风格类型会给观众带来不同的感受与体验。独立查阅信息页中的“双机位人物访谈视频的风格与影响因素”相关资料，完成以下问题。

（1）常见的人物访谈视频风格类型有________________、________________、________________、______________、主题访谈、深度访谈、真人秀式访谈等。

（2）人物访谈视频的风格类型取决于主持人、受访者、主题和制作团队的风格。请对以下人物访谈视频的风格类型特点进行选择。

1）【单选】（　　）访谈通常以自由流畅的形式、轻松自然的方式展开，主持人和嘉宾之间有较强的互动性。

A. 纪录片式　　B. 传记式

C. 谈话式　　D. 独白式

2）【单选】（　　）访谈融合真人秀元素，展现出受访者在日常生活中的真实状态和情感。

A. 纪录片式　　B. 传记式

C. 独白式　　D. 真人秀式

3）【单选】（　　）访谈对特定话题或事件进行更为深入的探讨，通常涉及个人观点、背景故事等，具有思想性和情感性。

A. 深度　　B. 传记式　　C. 谈话式　　D. 主题

3. 根据人物访谈视频的风格类型，结合任务要求以及表 2–1–1 所示任务关键信息提取，确定本次人物访谈视频的风格类型为____________。

（三）解析双机位人物访谈视频的录制方式

1. 根据表 2–1–1 所示任务关键信息提取，本次任务采用手机固定机位搭配单反相机运动机位的双机位方式进行录制。为全面理解和掌握这种录制形式，通过查阅信息页中的“单反相机摄像特点”相关资料，可知单反相机是________________的简称。其利用单一镜头作为______、______的光源通道，光线经过此镜头照射到反光镜上，进而实现反光取景。在该系统中，________和________的独到设计，让摄影者能从取景器中直接观察到经由镜头的影像。由此可见，单反相机的优点是所见即所得，取景器中的成像角度与最终出片的角度完全一致。

2.【多选】单反相机摄像具备的特点有（　　）。

A. 画质高　　B. 具有大尺寸传感器

C. 可更换不同镜头　　D. 能快速对焦

E. 能进行良好的控制　　F. 能进行景深调节

G. 具有高动态范围　　H. 色彩还原度高

3. 根据单反相机摄像录制形式的特征，查看信息页中的“单反相机摄像的应用场景”，结合单反相机的摄像优势，指出图 2–1–2 中适合使用单反相机进行拍摄的场景。

a）□ b）□ c）□

d）□ e）□ f）□

图 2–1–2 单反相机摄像的应用场景

a）体育赛事场景抓拍 b）人物访谈视频录制 c）平台直播

d）音乐视频 MV 拍摄 e）视频宣传片拍摄 f）大型文艺活动录制

二、解读双机位人物访谈视频的个人简介及采访稿

（一）研读双机位人物访谈视频的采访稿及个人简介

1. 人物采访稿是采访者对受访人物进行专门采访形成的文字基础材料。借助人物采访稿，观众能深入了解受访者的故事和思想，获得宝贵的信息和启示。而人物访谈个人简介则是对采访者的简要介绍。查阅信息页中的“双机位人物访谈稿和个人简介的内涵与联系”相关资料，完成以下问题。

（1）访谈类人物采访是一种较为深入的采访形式，人物采访稿是采访者带着明确目的对__________进行专门采访的成果，是人物访谈视频的__________，它通常包括采访的具体问题和被采访者的详细回答，其主要目的是通过与受访者的对话，了解其思想、观点、经历等内容。

（2）个人简介通常包含受访者的______、________________、相关领域的成就或经历、一些突出的特点或亮点等。通过个人简介，能使读者或观众对受访者形成初步的了解和认识。

2.【单选】以下不属于人物访谈个人简介和采访稿之间的联系与特点的是（ ）。

A. 基础与延伸，个人简介是受访者的简要概括，采访稿则是在个人简介的基础上，通过进一步的提问和交流，深入挖掘受访者的故事和观点

B. 相互呼应，采访稿中的内容通常会与个人简介中的信息相呼应，进一步丰富和完善对受访者的了解

C. 整体与部分，个人简介是整体的概括，采访稿则是具体的细节展现，两者共同构成了对受访者的全面呈现

D. 相互独立，个人简介的亮点和特点与采访稿中的重点关注和提问不一致

（二）提取双机位人物访谈的受访者人物画像特征

1. 双机位人物访谈视频的录制要全面了解受访者的人物特征，这样才能使受访者的画像更加丰富、真实、具象。查阅信息页中的“双机位人物访谈视频的人物画像特征”相关资料，学习提取受访者人物画像特征的方法，完成以下问题。

（1）人物画像是指对一个特定人物的多方面特征进行综合描述和______。它不仅涉及对人物外在形象的描绘，还包括内在的性格特点、个人的价值观和信念、经历、兴趣爱好等诸多方面。人物画像的目的是通过全面而细致地刻画，使人们能在脑海中清晰地构建出该人物的形象和特点，仿佛对该人物有了深入的了解和认识。

（2）【多选】在进行访谈视频录制时，把握双机位人物访谈视频录制的对象特征的目的是（　　）。

A. 提升访谈质量　　B. 增强吸引力

C. 引发共鸣　　D. 提高可信度

E. 呈现精准　　F. 优化拍摄

（3）【单选】在进行双机位人物访谈视频的录制时，需要充分解读个人简介和采访稿，分析出受访者人物画像特征，以下不属于解读个人简介和采访稿提取人物画像特征的方法的是（　　）。

A. 研读个人简介，提取关键信息，如职业、经历、兴趣等

B. 分析语言风格，从采访稿的文字表述中感受人物的性格特点和思维方式

C. 观察肢体语言，通过受访者的动作、表情等非语言行为推断其性格特征

D. 关联背景经历，将个人简介与相关的背景经历相结合，进一步理解人物

2. 通过对受访者基本特征信息的准确把握，可以挖掘出更有价值的内容，让访谈更加深入和有意义，认真研读“双机位人物访谈视频受访者个人简介”和“双机位人物访谈视频采访稿”，小组合作分析受访者的人物画像特征，完成以下问题。

（1）使用签字笔划出受访者的重要信息，如职业、经历、兴趣爱好等。

（2）研读工作页任务资料中的“双机位人物访谈视频的录制受访者采访稿”以及“人物简介”（相关资料），从采访稿的文字表述中感受人物的性格特点、体貌特征，分析采访稿中受访者的语言风格。通过个人简介中的兴趣爱好等信息，综合分析并寻找受访者的兴趣倾向，推测其性格特点和行为模式，并与教师沟通了解受访者外貌特征，完成表 2-1-2。

表 2–1–2　　双机位人物访谈视频的受访者人物画像特征

<table>
<tr><td>访谈类型</td><td colspan="4">□深度访谈　□传记式访谈　□谈话式访谈　□主题访谈
□真人秀式访谈　□纪录片式访谈　□独白式访谈</td></tr>
<tr><td>访谈主题</td><td colspan="2"></td><td>受访者姓名</td><td></td></tr>
<tr><td>受访者性别</td><td colspan="2"></td><td>受访者身高</td><td></td></tr>
<tr><td>受访者年龄</td><td colspan="2"></td><td>受访者着装</td><td>□深色　□浅色　□灰色　□彩色</td></tr>
<tr><td rowspan="2">受访者的外貌特征</td><td>肤色</td><td colspan="3">□偏深，偏____色；□偏浅，偏____色</td></tr>
<tr><td>面部轮廓</td><td colspan="3">□硬朗　□圆润　□长脸　□短脸　□宽脸　□窄脸</td></tr>
</table>

（三）展示与评价双机位人物访谈的受访者人物画像特征

本学习活动结束后，各小组以组为单位展示表 2–1–2 所示双机位人物访谈视频的受访者人物画像特征，描述受访者的画像特征，并阐述提取这些特征的依据。按照“双机位人物访谈的受访者人物画像特征”考核项目要求，采用小组互评与师评相结合的多元评价方式完成评价，见表 2–1–3。

表 2–1–3　　“双机位人物访谈的受访者人物画像特征”考核项目评价表

<table>
<tr><td colspan="8">组别：</td></tr>
<tr><td colspan="8">本考核项目占学习任务考核总分的 10%，可按 10 分计算</td></tr>
<tr><td rowspan="3">评分项目</td><td colspan="7">得分（小组互评占比 70%、师评占比 30%）</td></tr>
<tr><td colspan="6">小组互评</td><td rowspan="2">师评</td></tr>
<tr><td>小组 1</td><td>小组 2</td><td>小组 3</td><td>小组 4</td><td>小组 5</td><td>小组 6</td></tr>
<tr><td>1. 准确理解介绍信息，确定访谈类型，围绕访谈的核心内容，准确提取访谈主题，计 2 分；错误一处扣 1 分</td><td></td><td></td><td></td><td></td><td></td><td></td><td></td></tr>
<tr><td>2. 深入挖掘受访者的基本特征，正确填写受访者基本信息，计 7 分；每错一处扣 1 分</td><td></td><td></td><td></td><td></td><td></td><td></td><td></td></tr>
<tr><td>3. 字迹笔画清晰、排列整齐，计 1 分；字迹不清、态度不端扣 1 分</td><td></td><td></td><td></td><td></td><td></td><td></td><td></td></tr>
<tr><td>汇总得分</td><td colspan="7"></td></tr>
</table>

学习环节二 制订计划

学习目标

1. 能根据任务要求，梳理双机位人物访谈视频的工作流程，检索并筛选优秀案例视频，提炼双机位人物访谈范例视频的录制思路，分析人物访谈录制对象的特点、机位设置、运镜方式、布光等拍摄要素，撰写双机位人物访谈范例视频的录制思路。

2. 能勘察双机位人物访谈视频的录制现场情况，与场地管理人员（教师）沟通，明确录制场地的使用时间和场地使用注意事项，以及主持人与受访者的位置，了解场地空间、现场采光、灯光设施、电源位置及数量、现场基建设施等场地信息。

3. 能根据任务要求，制定双机位人物访谈视频的录制方案，明确录制流程、录制思路、录制设备和项目预算，确保方案客观真实地反映录制对象的特点，使录制方式与主题匹配合理，录制方案切实可行。

建议学时

16 学时

学习要求

序号	学习步骤	学习内容	学时	备注
1	梳理双机位人物访谈视频的录制工作过程	双机位人物访谈视频的录制工作过程（理论）	0.5	
2	提取优秀双机位人物访谈视频案例的录制思路	1. 同类双机位人物访谈视频的推介（理论） 2. 人物访谈录制对象特征分析（实践） 3. 双机位人物访谈视频录制机位架设类型（理论） 4. 双机位人物访谈视频录制的运镜类型（理论） 5. 双机位人物访谈视频录制摄像的布光类型（理论） 6. 分析与解决问题的能力（素养）	4	

续表

序号	学习步骤	学习内容	学时	备注
3	勘察双机位人物访谈视频的录制现场情况	1. 录制场地安全操作注意事项（理论） 2. 用于场地情况的绘图记录的观察记录法（理论） 3. 双机位人物访谈视频录制现场勘景（实践） 4. 理解与表达能力（素养）	2	
4	梳理双机位人物访谈视频的录制思路	1. 双机位人物访谈视频录制对象特征的把握（理论） 2. 双机位人物访谈视频录制机位的选择（实践） 3. 双机位人物访谈视频录制摄像的布光（实践） 4. 双机位人物访谈视频录制机位图的绘制（实践） 5. 用于对构图、景别、灯光等方案确认的案例沟通法（理论）	8	
5	制定双机位人物访谈视频的录制流程	1. 双机位人物访谈视频录制方案的要素（理论） 2. 双机位人物访谈视频录制流程（理论）	0.5	
6	列示双机位人物访谈视频的项目预算	1. 双机位人物访谈项目预算要素（理论） 2. 成本意识（素养）	1	

一、梳理双机位人物访谈视频的录制工作过程

双机位人物访谈视频的录制工作过程包括前期准备、现场录制、后期素材交付等，每个环节都至关重要。只有熟悉整个视频录制的工作过程，才能最终呈现出高质量的人物访谈视频。查阅信息页中的“双机位人物访谈视频的录制工作过程”相关资料，整理双机位人物访谈视频的录制工作过程，按照顺序填写到图 2-2-1 中。

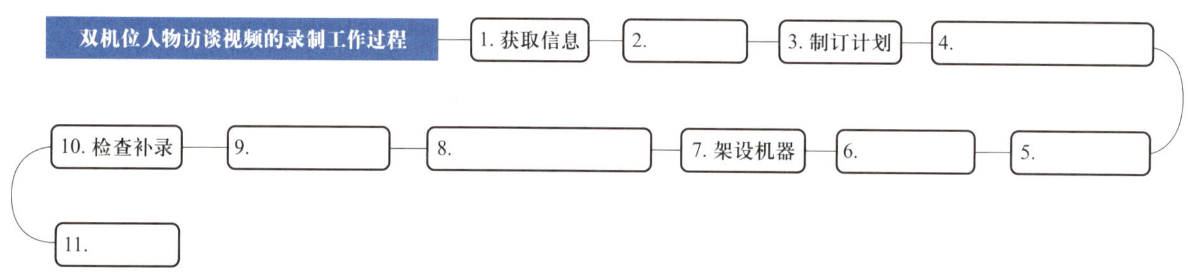

图 2-2-1　双机位人物访谈视频的录制工作过程

二、提取优秀双机位人物访谈视频案例的录制思路

（一）筛选优秀双机位人物访谈视频的案例

1. 通过前面学习任务一“单机位口播视频的录制”的学习可知，进行策划筹备时，可以利用互联网搜集优秀案例，通过观看更多优秀案例，能学习到更多双机位拍摄技巧。根据信息页中的“优秀双机位人物访谈视频案例的筛选条件”相关资料，绘制图 2-2-2。

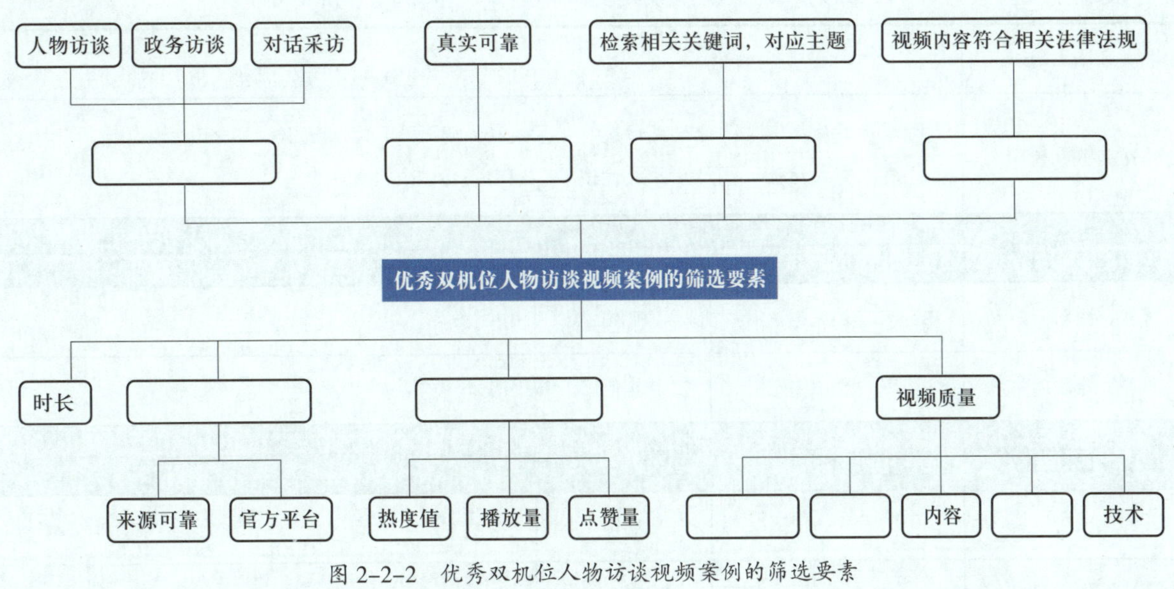

图 2-2-2　优秀双机位人物访谈视频案例的筛选要素

2. 根据图 2-2-2 所示优秀双机位人物访谈视频案例的筛选要素，利用互联网相关网站搜索并筛选双机位人物访谈视频的优秀案例，描述筛选依据，并记录在下方横线上。

______

______

______

3. 根据筛选出的优秀双机位人物访谈视频案例，结合对双机位人物访谈视频录制的认识，尝试从以下要素中提取优秀双机位人物访谈视频的录制思路，填写表 2-2-1。

表 2-2-1　优秀双机位人物访谈视频录制思路分析

拍摄要素	录制思路（视频优秀的原因）
拍摄对象	
画面效果	
灯光效果	
其他	

（二）分析优秀案例录制对象的特征

研究优秀案例的录制思路，仔细观摩其中的细节。通过“获取信息”环节中对“人物访谈画像特征”的学习可知，在录制视频时准确把握受访者的特征，可以提供更准确、更有针对性的录制思路。观看“优秀人物访谈视频案例”相关素材，分析案例中人物访谈视频录制对象的特征，完成表 2-2-2。

表 2-2-2 优秀人物访谈视频案例录制对象特征要素分析

访谈主题			
访谈风格类型	□深度访谈 □传记式访谈 □谈话式访谈 □主题访谈 □真人秀式访谈 □纪录片式访谈 □独白式访谈		
采访人			
性别		服饰	
年龄区间		其他	
受访者			
性别		服饰	
年龄区间		职业	
场景	背景道具	□奖牌 □标识 □广告牌 □产品周边	
	背景色调	□白色 □黑色 □彩色 （ ）色	

（三）分析优秀案例视频机位架设的选择依据

1. 在进行人物访谈视频的录制时，录制机位的架设将直接影响视频呈现的画面效果。机位的架设需依据受访者（录制对象）的特征进行，以便更好地捕捉受访者的细节和特点，让观众直观感受受访者的独特魅力。查阅信息页中的"双机位人物访谈视频录制机位架设的目的与影响因素"相关资料，学习机位架设的相关内容，完成以下问题。

（1）机位架设是指在拍摄过程中，确定和安排各台摄像机的______和______，以便____________、__________________、捕捉多样的细节，同时为后期剪辑提供充足的素材和更大的灵活性。

（2）【单选】在实际操作中，机位架设不需要考虑的因素是（　　）。

A. 拍摄场景的大小和布局

B. 被拍摄主体的动作和移动范围

C. 拍摄设备的性能和特点

D. 拍摄场地的历史背景和文化意义

（3）查阅信息页中的"双机位人物访谈视频录制中典型的九大机位"相关资料，明确双机位人物访谈视频的机位架设类型及基本特征，对表 2-2-3 所示录制机位架设类型及基本特征进行合理连线。

表 2-2-3　　录制机位架设类型及其基本特征

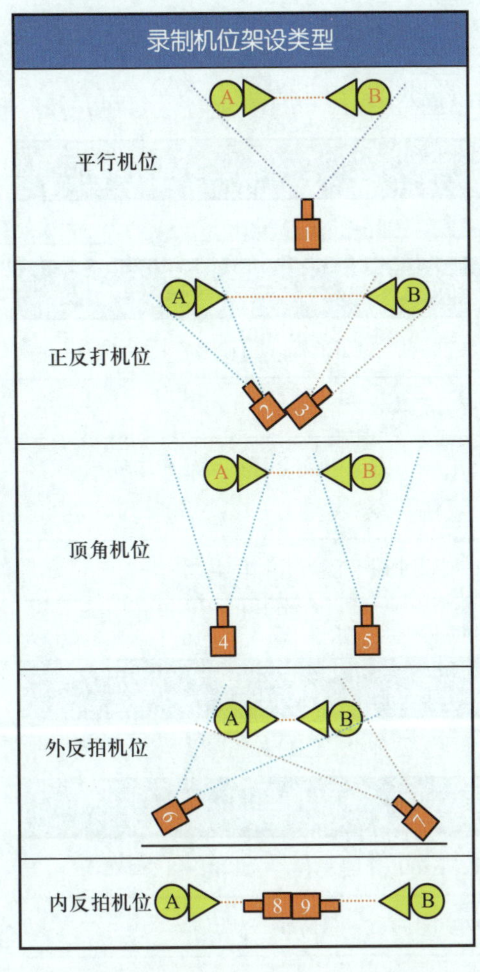

录制机位架设类型	基本特征
平行机位	常用于并列呈现不同人物，将摄像机置于人物侧面位置拍摄，此时所拍画面为人物侧面，可对人物内心进行特殊刻画
正反打机位	此拍摄方法的镜头仅表现一位人物，将摄像机放在两个人物之间，分别对人物进行拍摄，使镜头向外对准人物。此拍摄方法更有利于展现人物的面部表情，同时呈现镜头外人物的视角
顶角机位	用于交代环境与人物的关系，通常在拍摄开始或结束时使用，适用于完整记录人物从头至尾的对话
外反拍机位	过肩镜头为客观视角，代表创作者和观众的视角。该拍摄方式同时展现两人对视场景，呈现两人对话时的面部表情变化
内反拍机位	属于骑轴机位，将摄像机置于轴线上，在两个人物之间背对背拍摄。此时拍摄的画面是人物的正面镜头

（4）根据双机位人物访谈视频机位架设的类型及基本特征，对下列机位架设类型及呈现的画面效果进行合理连线。

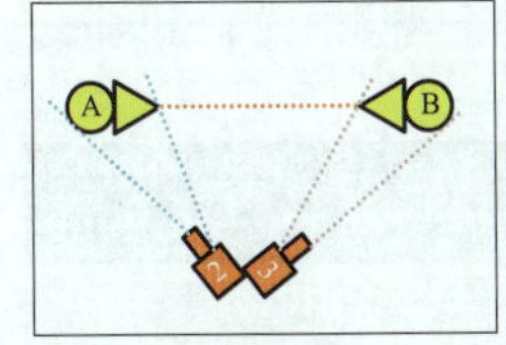

正反打机位

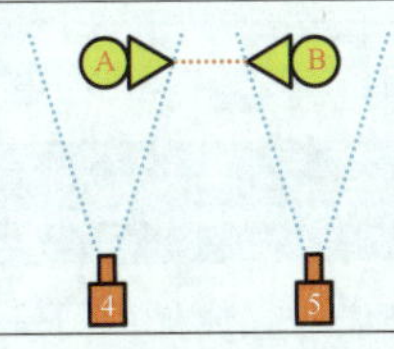

顶角机位

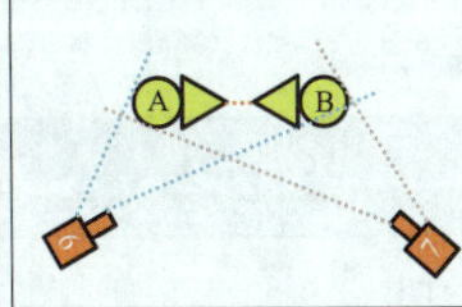

外反拍机位

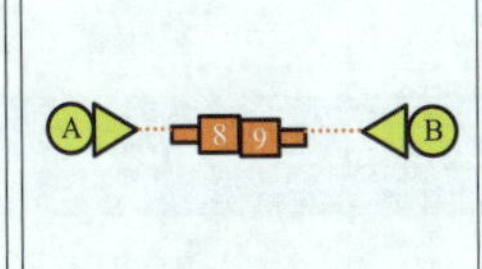

内反拍机位

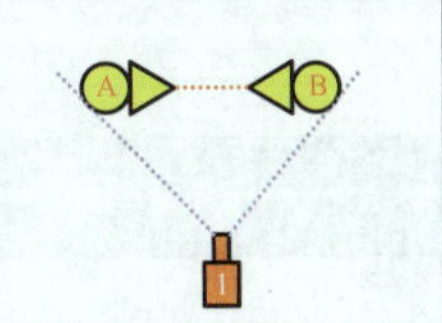

平行机位

2. 观看“人物访谈视频录制案例片段”相关素材，分析各视频片段中不同机位的架设类型及呈现效果，完成表 2-2-4。

表 2-2-4　　优秀人物访谈案例视频机位架设类型分析

架设类型	架设方式	
A B 1	相机高度	□视平线　□仰视　□俯视
	呈现画面效果	
	访问者与受访者座位的角度	□45°　□60°　□平行　□120°　□面对面
	受访者画幅位置	□居中　□偏左　□偏右
	背景是否符合受访者身份	□是　□否　能让观众分辨出所处的环境 □是　□否　分散注意力
	人物景别	□全景　□中景　□近景　□特写
	突出某种画面情绪	关键词：
架设类型	**架设方式**	
A B 2 3	相机高度	□视平线　□仰视　□俯视
	呈现画面效果	
	访问者与受访者座位的角度	□45°　□60°　□平行　□120°　□面对面
	受访者画幅位置	□居中　□偏左　□偏右
	背景是否符合受访者身份	□是　□否　能让观众分辨出所处的环境 □是　□否　分散注意力
	人物景别	□全景　□中景　□近景　□特写
	突出某种画面情绪	关键词：
架设类型	**架设方式**	
A B 4 5	相机高度	□视平线　□仰视　□俯视
	呈现画面效果	
	访问者与受访者座位的角度	□45°　□60°　□平行　□120°　□面对面
	受访者画幅位置	□居中　□偏左　□偏右
	背景是否符合受访者身份	□是　□否　能让观众分辨出所处的环境 □是　□否　分散注意力
	人物景别	□全景　□中景　□近景　□特写
	突出某种画面情绪	关键词：

续表

架设类型	架设方式	
	相机高度	□视平线　□仰视　□俯视
	呈现画面效果	
	访问者与受访者座位的角度	□45°　□60°　□平行　□120°　□面对面
	受访者画幅位置	□居中　□偏左　□偏右
	背景是否符合受访者身份	□是　□否　能让观众分辨出所处的环境 □是　□否　分散注意力
	人物景别	□全景　□中景　□近景　□特写
	突出某种画面情绪	关键词：

架设类型	架设方式	
	相机高度	□视平线　□仰视　□俯视
	呈现画面效果	
	访问者与受访者座位的角度	□45°　□60°　□平行　□120°　□面对面
	受访者画幅位置	□居中　□偏左　□偏右
	背景是否符合受访者身份	□是　□否　能让观众分辨出所处的环境 □是　□否　分散注意力
	人物景别	□全景　□中景　□近景　□特写
	突出某种画面情绪	关键词：

3. 观看“双机位人物访谈视频（竖版）案例”相关素材，在观看的过程中深入思考并分析该案例中机位的架设方式，特别是如何根据表 2–2–2 所示优秀人物访谈视频案例录制对象特征要素分析中受访者的特征来布置。探究选择这种架设方式的依据，明确机位设置是如何服务于突出受访者的个性和访谈主题的，将观察和分析记录在下方。

【机位架设类型】____。

【选择依据】____。

（四）分析优秀案例视频运镜的选择依据

1. 在进行人物访谈视频的录制时，根据受访者的特征进行运镜，能更好地展现受访者的魅力和个性，使整个访谈变得更为精彩。查阅信息页中的“双机位人物访谈视频的运镜作用、特点及类型”相关资料，了解视频运动镜头，完成以下问题。

（1）运动镜头是电影、电视等影视作品中常用的一种拍摄手法。运动镜头通过摄影机的____、____、____、____、跟、升、降等运动方式，改变镜头的视角和画面内容，进而产生不同的视觉效果和情感表达，主要具有拓展画面空间、____________、____________、建立画面节奏、丰富叙事手段等作用。

（2）【单选】在人物访谈视频中，运动镜头不具备的特点是（　　）。

A. 动态性，通过流畅的运镜，使画面充满活力，生动地呈现访谈氛围

B. 引导性，自然地引导观众的视线，聚焦访谈者，增强观众关注度和参与感

C. 富有表现力，以不同的运动方式传达出丰富的情感，使观众更深入地理解访谈内容的内涵和意义

D. 忽略关键，镜头的运动无法关注访谈中的重要元素，如受访者的表情、动作或关键的道具

（3）不同的运镜方式可以产生不同的效果。例如，________可以使被拍摄对象逐渐放大，突出细节；________则相反，可以逐渐展示更广阔的场景；________可以扫视周围环境；移镜头可以沿着一定的路径移动并拍摄；跟镜头则跟随被拍摄对象运动。

（4）结合对不同运镜方式的理解，将表 2-2-5 所示运镜画面与运镜方式进行连线。

表 2-2-5　　运镜画面的运镜方式

	运镜画面
A.	镜头向前推
B.	镜头向后拉
C.	镜头和主体同速同向移动
D.	机位不变，左右摇动镜头

运镜方式
转
推
拉
跟

（5）观看“双机位人物访谈视频录制不同运镜的呈现效果”相关素材，将 4 个视频片段中对应的不同运镜方式及作用填写在下方横线上。

【视频片段 1】运镜方式为________，作用为____。

【视频片段 2】运镜方式为________，作用为____。

【视频片段 3】运镜方式为________，作用为____。

【视频片段 4】运镜方式为________，作用为____。

2. 查阅信息页中的“视频运镜方式的类型”相关资料，了解人物访谈视频常用的运镜类型，完成以下问题。

（1）在人物访谈视频录制的实际拍摄中，常常会根据访谈内容和氛围的不同，灵活选择适合人物访谈视频录制的运镜方式，如________、________、________等，以增强视频的表现力和吸引力。

（2）结合信息页中的“视频运镜方式的类型”以及“双机位人物访谈视频录制不同运镜的呈现效果”相关资料，进行小组合作，尝试用手机演示推镜头、摇镜头、拉镜头、移镜头、跟镜头的运动方式，并完成视频片段的录制。

3. 观看“双机位人物访谈视频（竖版）案例”相关素材，思考并分析优秀案例视频中运动机位镜头的类型，结合本案例表 2–2–2 所示优秀人物访谈视频案例录制对象特征要素分析中受访者的特征和机位的架设选择合适的运动机位镜头的类型。

【运镜类型】____；

【选择依据】____。

（五）分析优秀案例视频布光的选择依据

1. 拍摄优秀的视频不仅需要机位和运镜的配合，还需要一个好的布光方案来提升视频的画质和品质，打造出更加立体、生动的画面效果，突出受访者的形象和情感，让观众更好地沉浸在访谈中。查阅信息页中的“双机位人物访谈视频录制的布光要素”与“双机位人物访谈视频录制的布光类型”相关资料，学习光位基础知识，完成以下问题。

（1）在进行双机位人物访谈视频录制的布光时，需要考虑多个因素，包括__________、__________、__________等。

（2）通过学习任务一学习的 7 种光位类型，可以了解光位要以光轴作为判断标准，______指光源相对于被拍摄物体的位置。______是指在拍摄的时候，镜头和被拍摄物体之间连接的一条无形的线。在图 2–2–3 中，相机在六点钟位置，被拍摄主体在钟表中心位置，光源在三点钟的位置，那么光源和光轴的夹角就是____，则此光位即________。请用红色的画笔在图 2–2–3 中画出光轴的位置。

图 2-2-3　光位类型

2. 结合光位图，进行小组合作，尝试演示顺光、前侧光、侧光、侧逆光、逆光、顶光、地光（底光）的布光效果，并完成以下问题。

（1）查阅信息页中的“双机位人物访谈视频录制的布光类型”相关资料，了解双机位人物访谈视频录制的布光类型，将下列各布光类型进行合理连线。

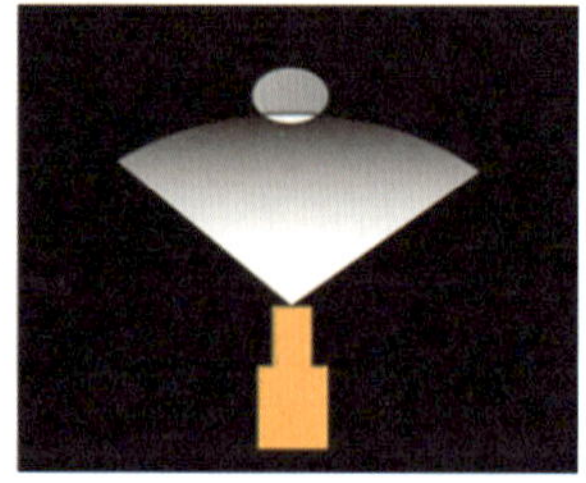
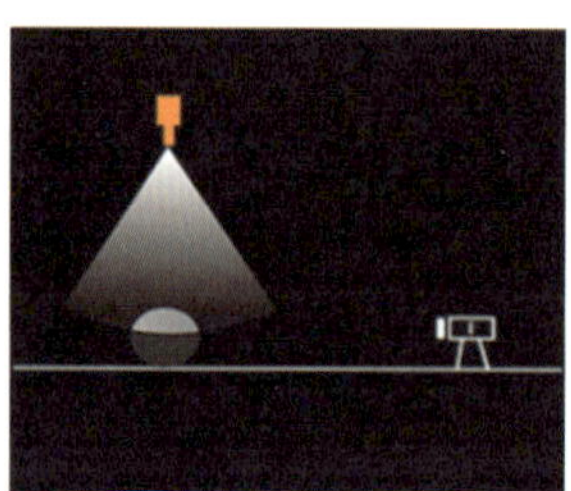
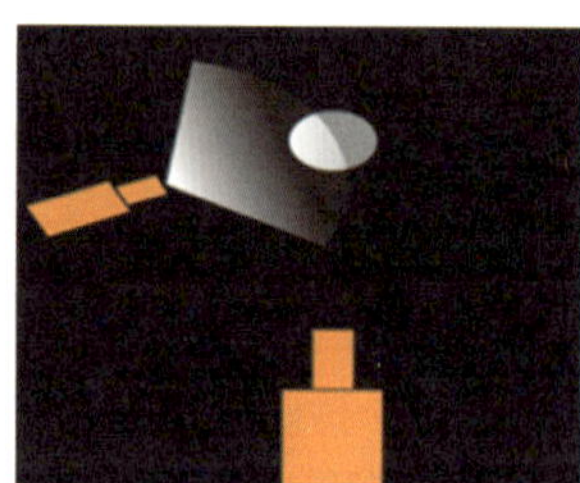
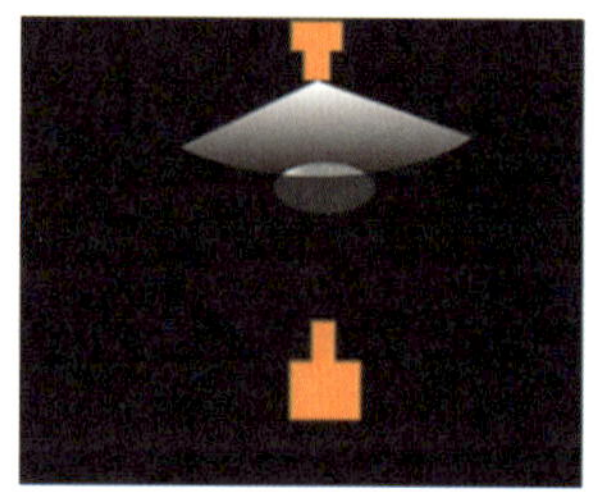

顺光　　　　顶光　　　　逆光　　　　侧光

（2）练习顺光、前侧光、侧光、侧逆光、逆光、顶光、地光等的布光效果，完成以下光位与画面效果的连线。

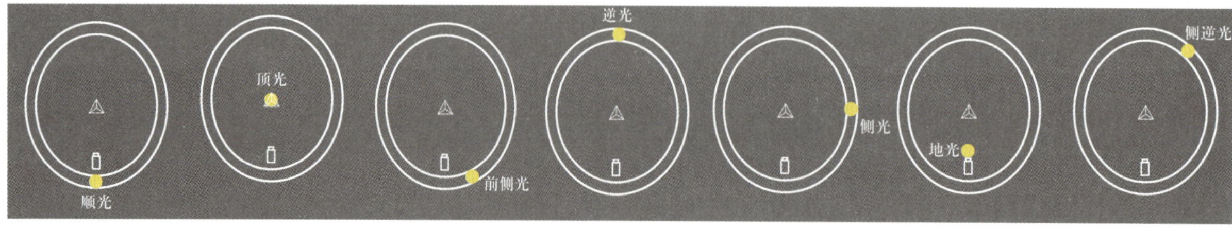

（3）根据布光类型以及呈现的画面，完成以下不同光位的布光特点的选择。

A. 逆光　　B. 顺光　　C. 逆侧光　　D. 侧光

E. 前侧光　　F. 顶光　　G. 地光

1)(　　)位于照相机方向投向被拍摄者，与光轴形成 0° ~ 10° 夹角的照明光线，可以使被拍摄物体大部分受光，阴影面积较小。

2)(　　)从前方一侧（左侧或右侧）大约与光轴形成 45° 夹角投向被拍摄者的光线，影调较明亮，表现出被拍摄者的明暗分布和立体形态。

3)(　　)又称阴阳光，来自照相机一侧（左侧或右侧），与光轴构成大约 90° 夹角的照明光线。该光线的立体感很强，较易表现出人物的个性。

4)(　　)与光轴成 120° ~ 150° 夹角的光线。被拍摄者的身体小部分受光，绝大部分处在阴影中，又称轮廓光。

5)(　　)与光轴成 170° ~ 180° 夹角的光线，被拍摄者的身体绝大部分处在阴影中，影调沉重，增强了画面的艺术感染力，比如常见的剪影效果。

6)(　　)模拟中午 12 点太阳的高度，被拍摄者的身体向上的面受光，向下的面则处于阴影中。

7)(　　)是从低于被拍摄者 30° ~ 60° 角投向被拍摄者的光线，主要作用是打亮眼袋、笑沟、鼻影、嘴影、服装及下颚阴影。单独使用的时候，会显得比较恐怖阴森。

3. 查阅信息页中的“人像拍摄基本的布光方法”相关资料，了解人物访谈布光的方法，完成以下问题。

（1）在进行摄影摄像时，常见的布光方法有很多种，例如,________、__________、环形布光、分割布光、长侧布光以及短侧布光等。

（2）**【单选】**(　　)的布光方法会使人物眼睛下面处于阴影区域，会呈现出倒三角形状的高光，主要用来修饰比较圆润的脸形，可以使被拍摄者的脸形看起来更立体、更瘦。(　　)的布光方法的主光源位于人物与机位轴线的上方，也就是被拍摄者脸部的斜上方，比较适合拍摄脸形瘦长的人。

A. 环形布光　　B. 伦勃朗光　　C. 短侧布光　　D. 蝴蝶布光

（3）在人物访谈视频录制中，常见的布光方法有____________、交叉式布光法、分别布光法、平光组合布光法、侧面布光法。

（4）____________是一种经典且最基本的布光方法，运用____个______、____个______对被拍摄者进行布光，在实际布光中，三种布光________在某个位置，三点式布光法适合________、____________的人物布光，布光要求__________、__________、画面立体、灯光精简。

（5）**【排序】**三点式布光法是一种基本的照明方法，通常用于较小范围的场景照明，通过三盏不同位置和强度的灯光来营造出主体的立体感和层次感。请对下列三点式布光法的操作步骤进行排序，顺序为（　　）。

A. 添加辅助光，填充主光造成的阴影，使画面更为均匀。辅助光通常放在与主光相对应的位置，强度为主光的 50% ~ 80%。可使用柔光箱或反光板来实现柔和的辅助光

B. 放置主光，主光通常放在人物的 45° 角左右的位置（相对于一人），用于照亮主体并营造出主要的明暗关系，可以使用聚光灯或其他强光灯具来完成

C. 设置轮廓光，用于勾勒主体的轮廓，使其与背景分离。轮廓光通常是硬光，可以使用聚光灯或其他强光灯具来实现。将轮廓光放置在主体的背后，角度和强度可以根据需要调整

4. 查看信息页中的“人物访谈视频的三点式布光法”相关资料，练习使用三点式布光法，完成以下问题。

（1）**【多选】**属于三点式布光法布光效果的图片是（　　）。

A.

B.

C.

（2）结合上面的三点式布光法相关资料，写出人物访谈三点式布光法的光位及作用，填写表 2-2-6。

表 2-2-6　　人物访谈三点式布光法的相关案例解析

光源	灯型	光位	效果图	作用
主光源	灯笼柔光箱	____光位，位于主机位方向的高位		光线均匀照射到两个人物的正面，使人物的皮肤状态________，明暗__________，画面干净
辅光一	长方形柔光箱	______光位，位于主持人正后方，与辅光二形成交叉打光		勾勒人物_____的效果，使画面更______，同时也能对人物面部进行补光

续表

光源	灯型	光位	效果图	作用
辅光二	长方形柔光箱	______光位，位于受访者正后方		人物面部较为______，通过布光勾勒出主体的轮廓，以增强______和______

5. 观看“双机位人物访谈视频（竖版）案例”相关视频素材，根据表2-2-2所示优秀人物访谈视频案例录制对象特征要素分析中的受访者的特征，思考并分析案例视频是如何结合机位的架设和运镜布光的，填写表2-2-7。

表2-2-7　优秀双机位人物访谈视频案例布光解析

光源	灯型	光位	作用

（六）总结双机位人物访谈视频的录制思路和要点

回顾前面的学习，思考并总结录制双机位人物访谈视频时，录制思路需包含的要素，以及如何完成一个符合主题要求的优秀人物访谈视频思路设计，填写表2-2-8。

表2-2-8　双机位人物访谈视频的录制思路要素和思路要点

录制思路要素	思路要点
例如，录制对象特征	例如，性别、专业领域、服装、背景等

三、勘察双机位人物访谈视频的录制现场情况

（一）明确双机位人物访谈视频勘景时的安全操作要求

1. 勘察录制现场是录制前极为重要的环节，它能为顺利完成录制工作奠定坚实基础。只有结合

勘景的具体条件设计录制思路，才能保证机位的选择、运镜和布光得以有效实施，从而保证最佳拍摄效果。查看信息页中的“人物访谈勘景全流程指南”相关资料，观看双机位人物访谈视频录制勘景实况记录，梳理勘景事宜，完成以下问题。

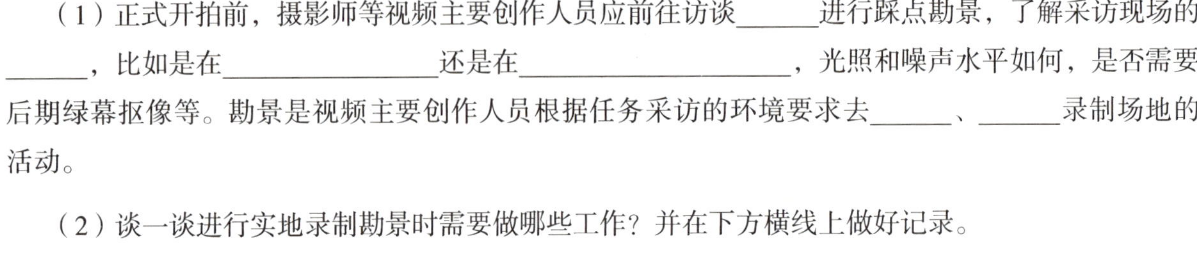

（1）正式开拍前，摄影师等视频主要创作人员应前往访谈______进行踩点勘景，了解采访现场的______，比如是在________________还是在____________________，光照和噪声水平如何，是否需要后期绿幕抠像等。勘景是视频主要创作人员根据任务采访的环境要求去______、______录制场地的活动。

（2）谈一谈进行实地录制勘景时需要做哪些工作？并在下方横线上做好记录。

____

____

____

2. 查阅信息页中的“录制勘景要素”相关资料，填写图 2-2-4，标明勘景事宜。

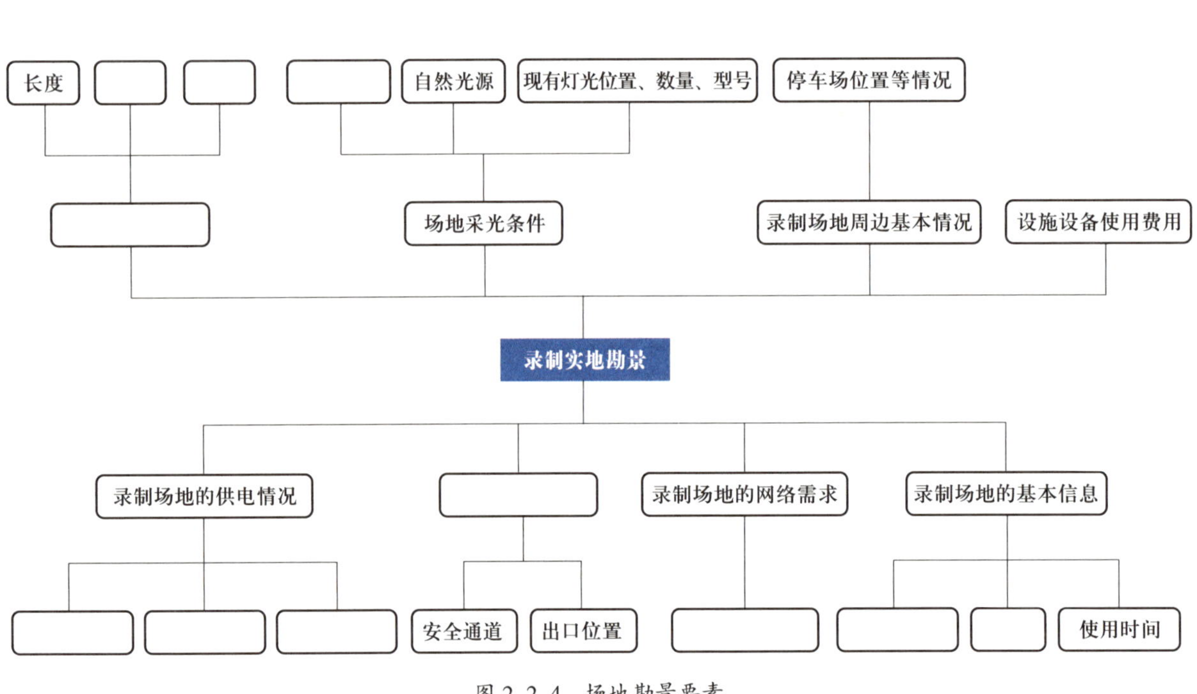

图 2-2-4　场地勘景要素

3. 在录制场地进行视频录制时，确保在场地能进行安全操作是至关重要的。查阅信息页中的“双机位人物访谈视频录制场地操作安全”相关资料，掌握录制场地操作安全注意事项，完成以下问题。

（1）人物访谈视频的录制场地通常在专门用于拍摄访谈节目或进行采访的摄影棚，在这样的影棚里，摄影师可以利用专业设备拍摄高清视频，也可根据需求选择其他场地进行实地录制。不论选择何种录制场地，在进行实地录制时，都需从__________、__________、__________、烟雾安全、排水和消防安全、拍摄场地安全等方面注意录制场地的安全操作。

（2）将表 2-2-9 中所示录制场地安全操作注意事项与安全事项操作描述进行连线。

表 2-2-9 双机位人物访谈视频录制场地安全注意事项

录制场地操作安全注意事项
设备安全
排水和消防安全
拍摄场地安全
照明安全
电气安全
化妆品及烟雾安全

安全操作描述
使用合格的插座和电源线，确保电路负载合理 严禁使用破损的电源线或插头，避免在潮湿环境下使用电器 遵守用电规范，避免过度使用延长线或多插头
灯具安装稳固，避免照明设备晃动或倾倒 长时间使用强光源时，注意保护眼睛，避免直视灯光
正确使用和存放设备，确保设备稳定地设置在合适位置 用专业支架或三脚架来固定相机或照明设备，防止设备掉落
使用无毒的化妆品，并妥善存放 在通风良好的环境下使用烟雾效果，远离易燃物品
保持场地整洁，及时清理积水和杂物，避免人员滑倒或绊倒 了解录制场地内消防器材的位置和使用方法
确保拍摄场地通道畅通，不得摆放障碍物 在拍摄现场设置明显的警示标志，以提醒所有人员注意安全

（3）根据以下描述，判断有关行为是否符合录制场地操作安全要求。

1）在架设设备时，为高效完成拍摄任务，张同学移动灯光设备时未关闭电源开关，打算在完成拍摄任务后再切断电源。（ ）

2）在操作过程中，摄影师有义务提醒无关人员不得随意走动，以防碰到设备造成损坏。（ ）

3）在实施拍摄的过程中，如果室内光线太暗，可以将造型灯作为照明灯使用。（ ）

4）最后离开录制场地的工作人员要确认所有墙壁上的插座电源断开、洗手间水龙头关闭和门窗关好，确认之后再锁门离开。（ ）

5）在录制任务结束后，王同学将使用后的器材彻底清洁，并清点数目，以上行为属于设备的保养与维护操作，与操作安全注意事项无关。（ ）

6）任何设备的使用都必须遵守操作规范，轻拿轻放。摄影器材属于精密仪器，未经许可任何人不得轻易拆卸，禁止野蛮操作。（ ）

7）在摆放被拍摄物品和道具时，由于随时要关注采光问题，王同学暂时未关闭造型灯的电源开关。（ ）

（二）设计双机位人物访谈视频录制勘景沟通提纲

在进行双机位人物访谈视频录制勘景时，需要与管理人员（教师）进行现场沟通，记录重要沟通信息，确定录制场地的使用时间以及场地的基本信息。查阅信息页中的“双机位人物访谈视频勘景沟通要点”相关资料，完成以下问题。

1. 在进行勘景时，为了与管理人员（教师）进行高效沟通，全面了解录制场地信息，勘景沟通的要点必须包括________________、__________、__________、________________、电源插座的分布情况和数量、网络信号的覆盖情况和稳定性等。

2. 结合以上沟通要素以及信息页中的“双机位人物访谈视频录制沟通提纲案例”相关资料，设计本次任务的勘景沟通提纲，填写表 2–2–10。

表 2–2–10　　录制场地勘景沟通提纲

序号	勘景沟通提纲

（三）记录双机位人物访谈视频录制场地情况

依据“获取信息”环节的表 2–1–1 所示任务关键信息提取确定的录制场地，前往现场，观察场地情况，以拍照的形式记录场地基本情况，确认场地空间大小、现场采光、灯光设施、电源位置及数量、现场基建设施等信息。同时，结合沟通提纲与管理人员（教师）沟通，确定录制场地的使用时间与基本信息，填写表 2–2–11。

表 2–2–11　　双机位人物访谈视频录制场地基本情况记录单

双机位人物访谈视频录制场地基本情况记录单
1. 录制场地基本信息 录制场地名称：________________ 录制场地地点：________________ 录制日程使用时间：________________ 2. 录制场地尺寸 录制场地的长度、宽度和高度：________________ 3. 录制场地的采光和照明情况 录制场地现有灯光设备型号、光源类型：________________ 灯光设备的安装位置和角度：________________ 4. 录制场地的供电情况 录制设备和灯光设备的电源供应情况：________________ 插排、电源口位置：________________ 供电功率限制：________________ 5. 安全考虑（安全通道标记、出口位置标记） ________________

续表

6. 网络需求（网络连接情况）
7. 录制场地周围的基本情况（停车场位置等）
8. 录制场地设施设备使用费用

四、梳理双机位人物访谈视频的录制思路

（一）设计双机位人物访谈视频录制机位及运镜

1. 优秀的案例视频是宝贵的资源，通过分析优秀的案例视频，能找到提取录制思路的突破口。同时，通过对录制现场的勘察，也能了解到录制现场的实际情况。接下来，需要根据表 2-2-11 所示双机位人物访谈视频录制场地基本情况记录单及“获取信息”环节的表 2-1-2 所示双机位人物访谈视频的受访者人物画像特征中的本次录制对象的基本特征，设计本次双机位人物访谈视频录制思路中的机位以及运镜方式，完成以下问题。

（1）【多选】根据本任务的录制要求及实际操作中机位架设的影响因素可知，影响本次双机位人物访谈视频录制机位架设和运镜场地要求的是（　　）。

A. 场地要有足够的空间安排两个机位的设置，避免相互干扰

B. 光线要充足且均匀，避免出现明显的阴影或强光区域

C. 背景要简洁干净，避免过于杂乱，影响画面效果

D. 具有稳定性，场地要平稳，确保机位架设后稳定且安全

E. 具有可调整性，能根据实际情况，适当调整机位的位置和角度

（2）结合表 2-2-4 所示优秀人物访谈案例视频机位架设类型分析和表 2-2-11 所示双机位人物访谈视频录制场地基本情况记录单，依据“获取信息”环节中表 2-1-2 所示双机位人物访谈视频的受访者人物画像特征和表 2-1-1 所示任务关键信息提取，综合考虑受访者特征和录制场地特点，判断本次视频录制任务的机位架设位置，设计两套机位架设思路，完成表 2-2-12。

表 2-2-12　　双机位人物访谈视频录制机位架设

机位架设类型（绘制）	主机位（填写）	运动机位（填写）
机位架设示意图方案一	架设位置： 架设角度： 架设高度：	架设位置： 架设角度： 架设高度：

续表

机位架设类型（绘制）	主机位（填写）	运动机位（填写）
机位架设示意图方案二	架设位置： 架设角度： 架设高度：	架设位置： 架设角度： 架设高度：

2. 依据本任务的录制要求以及“获取信息”环节中表 2–1–2 所示双机位人物访谈视频的受访者人物画像特征，结合表 2–2–12 所示双机位人物访谈视频录制机位架设，明确双机位人物访谈视频录制的运镜类型，讨论并梳理本次录制任务的运镜方式以及景别，设计两套运镜类型，填写表 2–2–13。

表 2–2–13　　双机位人物访谈视频录制的运镜类型

名称	机位架设示意图方案一的运镜方式	景别
勾选	□推　□拉　□转　□移　□穿　□跟　□摇	□全景　□中景　□近景　□特写
选定依据		
名称	机位架设示意图方案二的运镜方式	景别
勾选	□推　□拉　□转　□移　□穿　□跟　□摇	□全景　□中景　□近景　□特写
选定依据		

（二）设计双机位人物访谈视频录制的布光

依据本任务的录制要求，结合“获取信息”环节中表 2–1–2 所示双机位人物访谈视频的受访者人物画像特征的人物面部特征，以及表 2–2–12 所示双机位人物访谈视频录制机位架设和表 2–2–13 所示双机位人物访谈视频录制的运镜类型，设计本次录制任务的布光策略，完成表 2–2–14。

表 2–2–14　　双机位人物访谈视频录制布光策略

布光方式	光源（填写）	布光设备（勾选或补充填写）	光位（勾选或补充填写）
机位架设示意图方案一的布光方式		□柔光灯　□硬光灯　□环形灯 □平板灯　其他____	□顺光　□侧光　□逆光 □顶光　其他____
		□柔光灯　□硬光灯　□环形灯 □平板灯　其他____	□顺光　□侧光　□逆光 □顶光　其他____
		□柔光灯　□硬光灯　□环形灯 □平板灯　其他____	□顺光　□侧光　□逆光 □顶光　其他____
	补充		

续表

布光方式	光源（填写）	布光设备（勾选或补充填写）	光位（勾选或补充填写）
机位架设示意图方案二的布光方式		□柔光灯　□硬光灯　□环形灯 □平板灯　其他____	□顺光　□侧光　□逆光 □顶光　其他____
		□柔光灯　□硬光灯　□环形灯 □平板灯　其他____	□顺光　□侧光　□逆光 □顶光　其他____
		□柔光灯　□硬光灯　□环形灯 □平板灯　其他____	□顺光　□侧光　□逆光 □顶光　其他____
	补充		

（三）绘制双机位人物访谈视频录制的机位策略图

1. 机位策略图是整个访谈的蓝图，其规划了镜头的位置和角度，是对录制对象特征、机位架设、运镜方式、布光策略的综合考虑。而机位图是机位策略图中最重要的组成部分，是访谈视频录制中至关重要的一环，能更好地控制画面的构图和视觉效果，让整个录制过程更加有序和高效。查阅信息页中的“机位图的含义与作用”相关资料，了解机位图基础知识，完成以下问题。

（1）机位图是指标明有__________等场景的______图，是摄影设计或摄影台本表达方式之一。从机位图上可以看出_________的变化和每个镜头的________。

（2）**【多选】**机位图的作用是（　　）。

A. 判断摄像机架设的位置　　B. 确定录制范围

C. 确定录制角度　　D. 做好录制前设备的架设规划布局

2. 在绘制机位图时，需特别注意轴线关系问题，符合轴线关系的拍摄能让访谈看起来更自然、真实。查阅信息页中的“机位与180°轴线关系”相关资料，学习机位与轴线的关系，完成以下问题。

（1）在进行双机位人物访谈视频的录制过程中，往往存在着一条假想的轴线，摄像机要在假想轴线的一侧，即______以内设置机位，并且要始终保持在轴线的____________，那么无论拍摄多少不同角度的镜头，在观感上，被拍摄人物的____________________。

（2）**【多选】**在进行视频的录制时，要正确处理人或物体的轴线规则的目的是（　　）。

A. 保持视觉连续性，提高视觉舒适度

B. 维持空间感，以便于观众理解相对位置

C. 增强叙事的清晰度，营造真实感

D. 保证剪辑的顺畅性，符合观众视觉习惯

3. 通过机位图，可以直观清晰地展示各个机位的位置和角度，使整个拍摄布局一目了然。查阅信息页中的“机位图绘制”相关资料，完成以下问题。

（1）认识绘制机位图的元素符号，写出下列元素符号在机位图中所表示的含义。

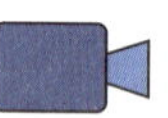

（2）图 2-2-5 所示双机位人物访谈视频对应的机位图是（　　）。

图 2-2-5　双机位人物访谈视频

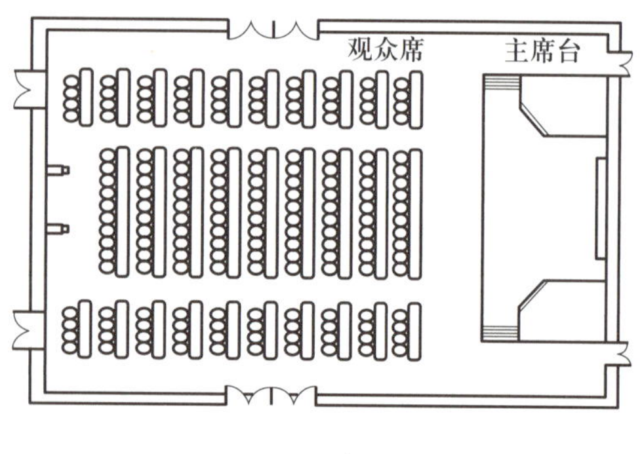

A.

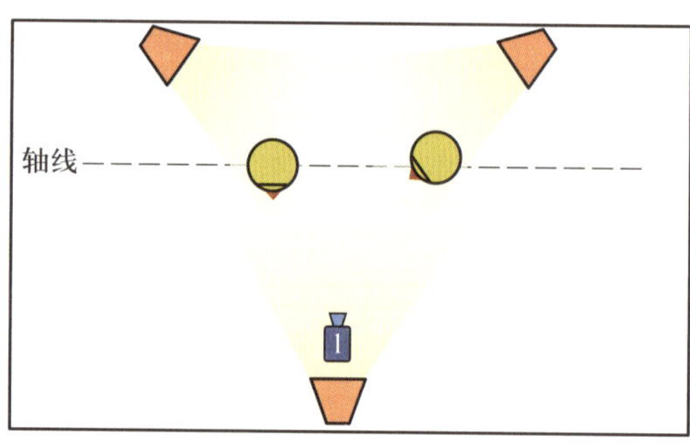

B.

（3）绘制图 2-2-6 所示双机位人物访谈视频的录制机位图。

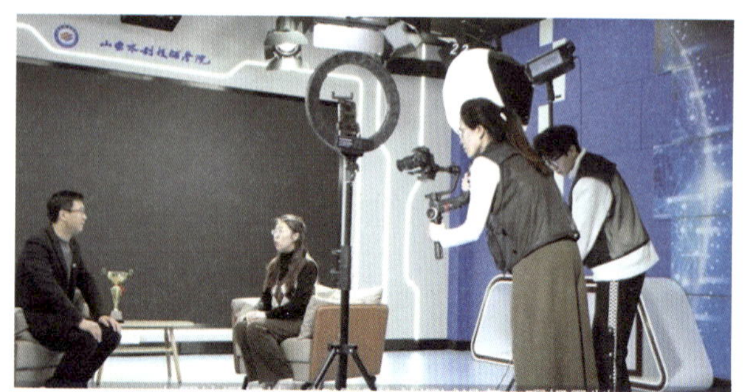

图 2-2-6　双机位人物访谈视频的录制现场画面

绘制双机位人物访谈视频的录制机位图

4. 通过“获取信息”环节的表 2-1-1 所示任务关键信息提取，可以明确本次双机位人物访谈视频录制任务需进行______构图设计。查阅信息页中的“人物访谈竖版单双人构图要求”相关资料，在对人物进行访谈时，应重视图像的情况，只有确保镜头内访谈人物位于相对水平方位时，才能确保图像的稳定性。另外，在人物访谈图像构造中，应在人物一侧进行______，方便后期剪辑时在留白处给出人物介绍的标志和简介等。

5. 根据任务要求和勘景结果，结合本次双机位单双人竖版构图的要求，根据以上机位图绘制要求，结合表 2-1-2 所示双机位人物访谈视频的受访者人物画像特征、表 2-2-12 所示双机位人物访谈视频录制机位架设、表 2-2-13 所示双机位人物访谈视频录制的运镜类型和表 2-2-14 所示双机位人物访谈视频录制布光策略，在下方整合两套双机位人物访谈视频录制机位策略图（见图 2-2-7 和图 2-2-8）。

双机位人物访谈视频录制机位策略图一　绘制处	A 机位	【画面效果】
		【景别】
		【运镜】
	B 机位	【画面效果】
		【景别】
		【运镜】
画面描述 （与采访稿对应）		

图 2-2-7　双机位人物访谈视频录制机位策略图一

双机位人物访谈视频录制机位策略图二　绘制处	A 机位	【画面效果】
		【景别】
		【运镜】
	B 机位	【画面效果】
		【景别】
		【运镜】
画面描述 （与采访稿对应）		

图 2-2-8　双机位人物访谈视频录制机位策略图二

（四）评价双机位人物访谈视频录制机位策略图

以组为单位，推选代表展示双机位人物访谈视频的录制机位策略图，解说本任务录制思路。按照“双机位人物访谈视频的录制机位策略图”考核项目要求，采用组间配对互评与师评相结合的多元评价方式完成评价，见表 2-2-15。

表 2-2-15　“双机位人物访谈视频的录制机位策略图”考核项目评价表

组别：

本考核项目占学习任务考核总分的 20%，可按 20 分计算

评分项目	得分（组间配对互评占比 40%、师评占比 60%）						
	组间配对互评（组间学生姓名）						师评
1. 绘制画面清晰，标识明确，能清晰标注机位、光位、人物的位置和角度，轴线划分清晰，两组机位策略图共计 10 分，每图计 5 分；有所欠缺、标识不明或关系错误，每错一处扣 1 分							
2. 画面效果能匹配机位策略图，两组机位策略图共计 4 分，单组 A、B 两机位绘制清楚，符合逻辑计 2 分；缺少或错误一项扣 1 分							
3. 依据录制对象特点，针对任务要求，两组机位策略图的机位、运镜填写正确，关系对应清楚，计 4 分；每错一处扣 0.5 分							
4. 画面描述与访谈稿对应，录制思路策略讲解清晰、不拖沓冗余，能高效传达信息，计 2 分；有所欠缺扣 0.5~1 分							
汇总得分							

五、制定双机位人物访谈视频的录制流程

绘制双机位人物访谈视频的录制机位策略图，使本次录制任务的思路变得更加清晰而具体。为确保录制任务有条不紊地推进，还需要明确录制的流程，对录制工作有清晰的认识和规划，从而提高工作效率。查阅信息页中的“双机位人物访谈视频的录制流程”相关资料，填写图 2-2-9。

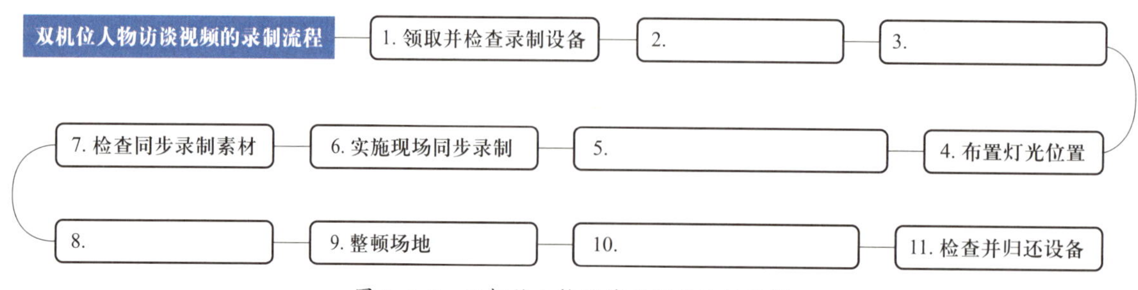

图 2-2-9　双机位人物访谈视频的录制流程

六、列示双机位人物访谈视频的项目预算

（一）明确双机位人物访谈视频录制的项目预算细则

1.【多选】明确了本任务的录制思路和录制流程后，需要结合任务录制要求和勘景条件，列明本次任务实施需用到的设备材料，并进行项目预算。这一举措旨在确保项目顺利进行，提高效率和质量，实现预期目标。查阅信息页中的“双机位人物访谈视频录制的项目预算的意义”相关资料，学习项目预算的方法。以下属于双机位人物访谈视频录制项目预算要考虑的因素是（　　）。

A. 成本控制　　B. 资源规划　　C. 设备采购　　D. 场地租赁

E. 人员费用　　F. 质量保证　　G. 风险管理　　H. 后期制作成本

2. 查阅信息页中的“双机位人物访谈视频的录制项目预算的要素”相关资料，勾选在实际工作中要完成双机位人物访谈视频影棚录制项目预算的基本要素。

□影棚租赁费用　　□设备租赁或购买费用　　□人员费用

□道具和布景费用　　□服装和化妆费用　　□后期制作费用

□餐饮和交通费用　　□宣传和推广费用　　□备用资金

□保险费用

3. 结合双机位人物访谈视频影棚录制项目预算的基本要素，将表 2–2–16 所示基本要素及其细则进行连线对应。

表 2–2–16　项目预算基本要素的细则

项目预算的基本要素
影棚租赁费用
人员费用
设备租赁或购买费用
服装和化妆费用
保险费用
餐饮和交通费用
后期制作费用
道具和布景费用
宣传和推广费用
备用资金

项目预算的基本要素细则
摄影师、剪辑师、灯光师等工作人员的报酬
如果有特定要求，需考虑受访者和主持人的造型费用
租用专业影棚的成本
如果录制时间较长，可能需要为团队提供餐饮和交通支持
如摄像机、灯光设备、麦克风等
将视频推广到目标受众的成本
预留一定的资金，以应对突发情况
以应对可能的设备损坏或其他意外情况
根据访谈主题需要的道具和布景支出
包括剪辑、调色、特效等

（二）列示双机位人物访谈视频录制的项目预算清单

1. 根据双机位人物访谈视频影棚录制项目预算的各个要素，结合双机位人物访谈视频录制机位

策略图和双机位人物访谈视频的录制流程，查阅信息页中的“项目预算价格明细”相关资料（模拟收费），根据本次任务的要求，在下方横线上列出本次双机位人物访谈视频录制的项目预算要素。

____

____

2. 查阅信息页中的“某文化传媒公司项目报检单”相关资料（模拟收费），根据本次双机位人物访谈视频录制的项目预算要素，任选一个双机位人物访谈视频录制机位策略图的拍摄策略，从确定影棚租赁费用、设备租赁或购买费用等方面进行项目预算，填写表 2–2–17。

表 2–2–17　双机位人物访谈视频的录制项目预算

项目预算要素	预算要素细则	项目价格 / 元
影棚租赁费用		
设备租赁或购买费用		
后期制作费用		
保险费用		
备用资金		
项目价格合计		

3. 在制定双机位人物访谈视频的录制项目预算的过程中，可以了解项目的各项成本构成。请结合本次项目预算的过程，谈一谈是如何在各个环节中注重成本控制，寻找节约成本的方法，培养成本意识的。

____

____

____

学习环节三 做出决策

学习目标

1. 能结合录制方案和录制机位策略，根据主机位及运动机位的特点，完成双机位人物访谈视频机位的决策，确保两个机位的位置、景别等设置科学合理。

2. 能根据运动机位镜头中单反相机的使用要求，明确单反相机摄像的镜头焦距，梳理镜头焦距与运镜及景别之间的关系，合理选定双机位人物访谈视频录制中的单反相机运动机位。

3. 能根据录制方案和任务要求，结合机位策略图以及现场勘景情况，绘制并展示本次任务的分镜头脚本，明确镜号、景别、拍摄方法和画面构图，确保双机位人物访谈视频的录制主题明确，置景恰当，画面平稳、清晰，构图合理，拍摄角度科学。

建议学时

6 学时

学习要求

序号	学习步骤	学习内容	学时	备注
1	选定双机位人物访谈视频录制的机位策略图	1. 双机位人物访谈视频录制的机位策略图的选择（实践） 2. 单反相机摄像镜头焦距（理论） 3. 运动机位镜头焦距的选择（实践） 4. 严谨细致的劳动精神（素养）	2	
2	绘制双机位人物访谈视频的运动镜头脚本	1. 运动镜头脚本的构成（理论） 2. 运动镜头脚本的绘制（实践）	4	

一、选定双机位人物访谈视频录制的机位策略图

（一）对双机位人物访谈视频录制的机位策略图进行决策

1.【多选】在“制订计划”环节制定了两套具体的双机位人物访谈视频录制机位策略图后，结合“获取信息”环节的任务要求，现需要对策略图进行决策，以确保其更加科学合理。查阅信息页中的“双机位人物访谈视频录制的机位策略图绘制标准”，结合本次双机位人物访谈视频录制思路，选择适合的人物访谈视频录制机位策略图时需要考虑（　　）。

A. 角度选择　　B. 视角合理　　C. 机位布局　　D. 运动轨迹

E. 构图平衡　　F. 主辅区分　　G. 景别规划

2. 在拟定两套双机位人物访谈视频录制的机位策略图后，需要从这两套机位策略图中选定一套最优的策略图，作为现场拍摄时架设机位、确定画面内容和构图的依据。根据“制订计划”环节的双机位人物访谈视频录制机位策略图和双机位人物访谈视频录制场地基本情况记录单，结合双机位人物访谈视频录制机位策略图的决策要点，对录制思路中的两套机位策略图进行决策，在表 2-3-1 和表 2-3-2 中完成勾选。

表 2-3-1　双机位人物访谈视频录制机位策略图决策表（对应机位策略图一）

决策要点	机位策略图决策要素	主机位（固定机位）	运动机位
角度选择	机位图要素内容完整、规范，完整展现访谈场景和人物	□展现访谈场景和人物 □体现交流感 □机位编号及名称完整、规范 □精确标注机位具体位置 □景别标示范围明确 □注明拍摄人物	□展现受访人物 □体现交流感 □机位编号及名称完整、规范 □精确标注机位具体位置 □景别标示范围明确 □注明运镜方式
视角合理	机位摆放突出受访者或主要人物，同时兼顾其他相关元素	□突出重点，将注意力集中在受访者身上，兼顾其他相关元素 □呈现人物身体姿态等 □机位摆放能凸显受访者	□机位搭配能提供多样视角 □清晰呈现人物面部表情及肢体语言等 □机位摆放能凸显受访者
机位布局	符合空间要求，机位不会被其他物体或人员遮挡	□画面流畅完整 □高度适当 □机位架设合理，避免遮挡	□画面流畅完整 □高度适当 □运镜合理，避免遮挡
运动轨迹	标注出机位的运镜方向，体现录制思路，运镜能凸显人物特征，捕捉人物细节	无运镜	□运镜标注清晰、明确 □增加画面动感 □展现不同角度的拍摄效果 □运镜能捕捉人物细节
构图平衡	画面符合双机位竖版单、双人构图规范，画面美观稳定	□画面布局平衡 □符合竖版单、双人构图规范 □能体现画面层次感 □避免画面过于紧凑	□突出受访者主要位置 □画面布局平衡 □符合竖版单、双人构图规范 □预留走位空间

续表

决策要点	机位策略图决策要素	主机位（固定机位）	运动机位
主辅区分	通过不同的标记或颜色区分主辅机位	□用不同颜色来代表主、辅机位 □主机位用较粗的线条表示，辅机位用较细的线条表示 □主机位的图标相对较大，辅机位的图标相对较小 □文字标注明确，主、辅机位的名称或编号标注清晰	
景别规划	明确不同机位景别，如特写、中全景等	□景别标注清晰 □不同景别组合合理 □配合运动机位，景别组合丰富且有节奏感	□景别标注清晰 □展现主体人物及表情动作 □补充主机位的画面 □不同景别组合合理

表 2-3-2　双机位人物访谈视频录制机位策略图决策表（对应机位策略图二）

决策要点	机位策略图决策要素	主机位（固定机位）	运动机位
角度选择	机位图要素内容完整、规范，完整展现访谈场景和人物	□展现访谈场景和人物 □体现交流感 □机位编号及名称完整、规范 □精确标注机位具体位置 □景别标示范围明确 □注明拍摄人物	□展现访谈人物 □体现交流感 □机位编号及名称完整、规范 □精确标注机位具体位置 □景别标示范围明确 □注明运镜方式
视角合理	机位摆放突出受访者或主要人物，同时兼顾其他相关元素	□突出重点，将注意力集中在受访者身上，兼顾其他相关元素 □呈现人物身体姿态等 □机位摆放能凸显受访者	□突出受访者 □机位搭配能提供多样视角 □清晰呈现人物面部表情及肢体语言等 □机位摆放能凸显受访者
机位布局	符合空间要求，机位不会被其他物体或人员遮挡	□画面流畅完整 □高度适当 □机位架设合理，避免遮挡	□画面流畅完整 □高度适当 □运镜合理，避免遮挡
运动轨迹	标注出机位的运镜方向，体现录制思路，运镜能凸显人物特征，捕捉人物细节	无运镜	□运镜标注清晰、明确 □增加画面动感 □展现不同角度的拍摄效果 □运镜能捕捉人物细节
构图平衡	画面符合双机位竖版单、双人构图规范，画面美观稳定	□画面布局平衡 □符合竖版单、双人构图规范 □能体现画面层次感 □避免画面过于紧凑	□突出受访者主要位置 □画面布局平衡 □符合竖版单、双人构图规范 □预留走位空间
主辅区分	通过不同的标记或颜色区分主辅机位	□用不同颜色来代表主、辅机位 □主机位用较粗的线条表示，辅机位用较细的线条表示 □主机位的图标相对较大，辅机位的图标相对较小 □文字标注明确，主、辅机位的名称或编号标注清晰	

续表

决策要点	机位策略图决策要素	主机位（固定机位）	运动机位
景别规划	明确不同机位景别，如特写、中全景等	□景别标注清晰 □不同景别组合合理 □配合运动机位，景别组合丰富且有节奏感	□景别标注清晰 □展现主体人物及表情动作 □补充主机位的画面 □不同景别组合合理

3. 结合双机位人物访谈视频录制机位策略图决策表的决策过程，总结本次双机位人物访谈视频录制机位策略图的决策结果，填写表 2–3–3。

表 2–3–3　双机位人物访谈视频录制决策表

录制机位策略图	是否选定	选定或未选定的理由
机位策略图一	□是　□否	
机位策略图二	□是　□否	

（二）选择双机位人物访谈视频录制的单反相机镜头焦距

1. 根据选定的双机位人物访谈视频录制机位策略图，查阅信息页中的“单反相机摄像镜头焦距”相关资料，明确单反相机摄像的镜头焦距，完成以下问题。

（1）【单选】单反镜头焦距是指镜头光学后主点到焦点的距离，它不能决定镜头的（　　）。

A. 视角　　B. 放大倍率　　C. 拍摄范围　　D. 画面颜色

（2）【单选】焦距约 50 mm，与人眼视角相似，成像较自然的镜头属于（　　）镜头。

A. 广角　　B. 超广角　　C. 标准　　D. 长焦

（3）【单选】焦距为 70~135 mm，适合人像、特写等的镜头属于（　　）镜头。

A. 广角　　B. 超广角　　C. 长焦　　D. 中长焦

2. 在双机位人物访谈视频录制中，不同的镜头焦距呈现的特点不同，同时镜头焦距与运镜有着密切的关系。结合信息页中的“常见的单反相机镜头焦距及其特点”相关资料，将下列选项进行选择对应。

A. 长焦距镜头（长焦）　　B. 短焦距镜头（广角）

C. 中焦距镜头（标准）

（　　）通常能呈现出较广的景别，如全景、远景；在运镜时可以更灵活、大胆，能展现出空间的宽广以及人物与环境的互动，但要注意避免画面变形。

（　　）适合拍摄中景、近景等景别，在进行运镜时要相对平稳，能较好地呈现人物的表情和动作。

（　　）能将远处的物体拉近并放大，容易获得特写、大特写等景别。在运镜时通常需要更缓慢、平稳，以突出主体，避免快速大幅度的运镜导致画面不稳定。

3. 在进行双机位人物访谈视频的录制时，镜头的焦距不仅要与拍摄距离相匹配，还要与景别进行合理的搭配。结合不同焦距适用的拍摄需求，完成表 2–3–4。

表 2–3–4　　双机位人物访谈视频录制焦距范围

景别	镜头	焦距	适用范围
全景画面	广角镜头		展现整个访谈环境
中景画面	标准镜头 / 中焦镜头		突出人物主体与背景的关系
近景画面	中长焦镜头		聚焦人物面部表情和细节
特写画面	长焦镜头		强调人物的某些特征或情感

4. 根据表 2–3–4 所示双机位人物访谈视频录制焦距范围，结合选定的双机位人物访谈视频录制机位策略图，选定本次双机位人物访谈视频录制的单反相机运动机位的镜头焦距为______，选定原因为________________。

二、绘制双机位人物访谈视频的运动镜头脚本

（一）明确双机位人物访谈视频的运动镜头脚本绘制要点

1. 结合选定的双机位人物访谈视频录制机位策略图，阅读信息页中的“双机位人物访谈视频运动镜头脚本的绘制”相关资料，明确双机位人物访谈视频运动镜头脚本的绘制要素可包含______、机位、______、__________、时长设定、画面内容、______。

2. 绘制双机位人物访谈视频运动镜头脚本时会用到专属的镜头运镜图标，对下列镜头运镜图标与运镜方式进行连线。

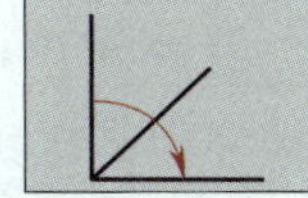

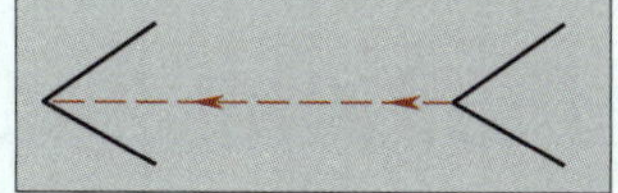

拉　　　　推　　　　移　　　　摇

3. 根据双机位人物访谈视频运动镜头脚本的绘制要点，判断下列双机位人物访谈视频运动镜头脚本绘制的注意要点正误。

（1）绘制时要明确镜头编号和景别，以便于区分和理解每个镜头。（　　）

（2）绘制时要标注镜头运动方式，如推、拉、摇、移等，以体现动态效果。（　　）

（3）绘制时不需要确定时长，以保证快速高效地进行绘制。（　　）

（4）绘制时要描述画面内容，说明镜头中所呈现的人物、场景等。（　　）

（5）记录对白时，必须将整篇采访稿的对白一字不落地写进去。（　　）

（6）画面不需要考虑镜头间的衔接，要保证镜头过渡自然流畅。（　　）

（7）绘制时要通过镜头运动强调重要信息，突出重点和关键情节。（　　）

（二）绘制双机位人物访谈视频的运动镜头脚本

1. 阅读信息页中的“双机位人物访谈视频运动镜头脚本的绘制”相关资料，应用运动分镜头脚本的绘制方法，结合选定的双机位人物访谈视频录制机位策略图以及提取的双机位人物访谈视频录制受访者人物画像特征，根据练习过的运动分镜头脚本绘制方法，完成表 2–3–5。可将本工作页的附件“人物访谈分镜画面”贴图贴到合适位置。若表格不够，可以自行复印添加。

表 2–3–5　　双机位人物访谈视频运动镜头脚本

镜号	机位	景别	运镜	时长	画面内容	对白或采访稿
1	固定机位	全景	无	5 s		主持人：“齐国故地历史文化源远流长……下面，有请聂×民老师！” 主持人：“聂老师，您好！”
2	运动机位			6 s		受访者：“主持人好，大家好！”
3	固定机位	全景	无	6 s		主持人：“从教多年，您的教学经验十分丰富。就教师这份职业而言，您有哪些幸福时刻呢？”
4						受访者：“作为一名人民教师，我深感荣幸和幸福……”

续表

镜号	机位	景别	运镜	时长	画面内容	对白或采访稿
5	运动机位	中景	推	8 s		主持人："教师兴则学校兴，教师强则学校强……"
6	运动机位	特写	定	5 s		受访者："说起来也是机缘巧合，当时咱们学院有……"
7						主持人："赓续千年的北方瓷都淄博，因一场烟火美食的热潮，再次受到瞩目……"
8						
9						
10						
11						
12						
13						

2. 本学习环节结束后，各小组推选代表展示本次双机位人物访谈视频运动镜头脚本，分享绘制运动镜头脚本的心得体会。按照“双机位人物访谈视频运动镜头脚本绘制”考核项目要求，采用自评与组内互评相结合的多元评价方式进行评价，见表 2–3–6。

表 2–3–6　“双机位人物访谈视频运动镜头脚本绘制”考核项目评价表

组别：

本考核项目占学习任务考核总分的 10%，可按 10 分计算

评分项目	得分（自评占比 30%、组内互评占比 70%）					
	自评	组内互评（组内学生姓名）				
1. 镜号按数字顺序排列，镜头时长以秒准确标注，清晰明确，计 2 分；每错一处扣 0.2 分						
2. 双机位人物访谈视频录制的机位、景别、运镜方式表述清晰，计 6 分；每错一处扣 0.2 分						
3. 脚本的对白及画面内容与任务要求、访谈内容、情节要求对应，能反映对象的整体或突出特写，制作过程严谨细致，计 2 分；有所欠缺扣 0.2~1 分						
汇总得分						

学习环节四　实施计划

学习目标

1. 能根据录制策略，挑选并检查双机位人物访谈视频的录制设备，确保领取的设备齐全，满足并符合操作规范。

2. 能结合双机位人物访谈视频的录制主题与要求，合理布置场地，确定主持人与受访者的位置关系，以凸显受访者的性格特征和职业背景。

3. 能分辨人物访谈视频录制设备及附件的操作规范，根据机位策略图和分镜头脚本，架设并调试双机位人物访谈视频的录制设备，确保所有设备的电量充足、存储空间足够、参数设置准确。

4. 能根据录制策略和运动镜头脚本等，通过团队合作，运用双机位同步录制技巧实时录制画面，实时调整景别、角度和录制参数，指导主持人与受访者的位置、仪态及语调，确保录制素材景别合理、构图美观、曝光正常、画面清晰。

建议学时

18 学时

学习要求

序号	学习步骤	学习内容	学时	备注
1	领取并检查双机位人物访谈视频录制设备	1. 人物访谈视频录制单反相机镜头的种类（理论） 2. 双机位人物访谈视频录制工具的检查（实践） 3. 双机位人物访谈视频录制工具的领取（实践）	2	

续表

序号	学习步骤	学习内容	学时	备注
2	布置双机位人物访谈视频录制场地	1. 双机位人物访谈主持人与受访者的位置关系选择（实践） 2. 双机位人物访谈视频录制构图的选择（实践） 3. 与人合作能力（素养）	2	
3	架设与安全调试双机位人物访谈视频录制设备	1. 双机位人物访谈视频录制安全操作基本知识（理论） 2. 数码相机、稳定器、手机、三脚架等拍摄工具的使用（实践） 3. 双机位人物访谈视频录制补光设备的使用（实践） 4. 用于角度设置、画面内容选取的双机位人物访谈视频机位摆放技巧（理论） 5. 双机位人物访谈视频录制的摄像照明应用（实践） 6. 数码摄像设备功能解析（实践） 7. 数码摄像控制曝光的方法（理论） 8. 数码摄像拍摄方法（理论） 9. 数码相机摄像白平衡调节（实践） 10. 双机位人物访谈视频录制设备的调试（实践） 11. 领夹麦、提词器等拍摄工具的使用（实践） 12. 安全意识（素养） 13. 与人合作的能力（素养）	8	
4	实施双机位人物访谈视频同步录制	1. 双机位同步录制打板技巧（理论） 2. 场记板的使用方法（理论） 3. 双机位人物访谈视频录制运动镜头的应用（实践） 4. 提词器的参照方法（理论） 5. 数字素养应用能力（素养）	6	

一、领取并检查双机位人物访谈视频录制设备

（一）明确双机位人物访谈视频录制设备器材

1. 本次双机位人物访谈视频录制任务的运动镜头需要使用单反相机。摄影师为满足在不同场景下的多样化拍摄需求，可配备能实现不同拍摄效果和功能的单反相机镜头。回顾“做出决策”环节填写的“双机位人物访谈视频的录制焦距范围表”，查阅信息页中的“单反相机镜头的种类”相关资料可知，单反相机的镜头种类丰富，常见的适合人物访谈视频拍摄的镜头有__________、__________、__________、__________。根据“做出决策”环节选定的本次双机位人物访谈视频录制的单反相机运动机位的镜头焦距__________，确定本次任务录制的镜头为__________。

2. 结合本次任务的录制要求和“制订计划”环节确定的录制思路、预算以及“做出决策”环节选定的双机位人物访谈视频录制机位策略图进行综合考虑，查阅信息页中的“双机位人物访谈视频录制设备”相关资料，完成表 2-4-1。

表 2-4-1 双机位人物访谈视频录制设备清单

设备类别	设备名称
录制设备	□手机：___部 □单反相机：______型号___部 □单反相机镜头：镜头焦距为______的___镜头___个 □其他录制设备：________________
补光设备	□主光位面光使用______灯，___个 □逆光位轮廓光使用______灯，___个 □辅灯位使用______灯，___个 □其他补光设备：________________
录制架设设备	□三脚架____个 □稳定器___个
收音设备	□领夹式话筒（领夹麦）____个 □吊杆式话筒____个 □其他收音设备：________________
其他设备	□场记板____个 □提词器____个 □单反相机电池____块 □数据线____根 □插排____个 □单反相机内存卡____个 □手机充电器（含线）____个 □单反相机充电器____个 □其他：________________

（二）领取并检查双机位人物访谈视频录制设备器材

1. 查阅信息页中的“人物访谈视频录制设备检查的目的”相关资料，掌握录制设备的检查要点，完成以下问题。

（1）【多选】在进行视频录制前，需要检查录制设备是否能正常使用，其主要目的是（　　）。

A. 保障录制顺利，确保设备能正常工作，避免在录制过程中出现故障或问题

B. 保证录制质量，使设备处于良好状态，以获得清晰的画面、优质的声音等

C. 提高工作效率，提前发现问题并解决，减少因设备问题而浪费的时间

D. 满足录制需求，根据实际情况对设备进行调整与设置，使其更加符合录制要求

E. 避免后期麻烦，减少因设备问题导致的后期处理困难或无法使用的情况

（2）判断下列选项中哪些是视频录制前各设备的检查要素，对下列录制设备类型及检查要素进行合理连线。

A. 单反相机

B. 单反相机镜头

C. 电池及充电器

D. 存储卡

E. 其他附件

①检查电量是否充足，能否正常工作	②检查外观是否完好，对焦、快门等是否正常	③检查容量是否足够，读写是否正常	④检查有无损伤，对焦、变焦是否顺畅	⑤检查其是否齐全，有无损坏
⑥检查其是否完好，连接是否牢固	⑦检查稳定性，查看脚钉是否完好	⑧测试水平、俯仰调节是否顺畅	⑨检查其是否能正常点亮，调节是否正常	⑩检查其是否工作正常、有无杂音

F. 三脚架

G. 稳定器

H. 领夹麦

I. 布光设备

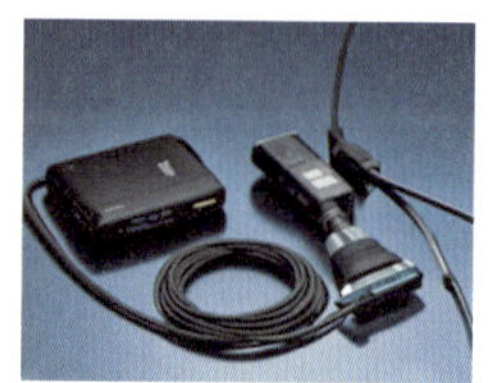
J. 线缆及适配器

（3）在进行双机位人物访谈视频的录制时，单反相机是最关键的录制设备，对单反相机运行情况的检查尤为重要。查阅信息页中的“双机位人物访谈视频录制单反相机的查验要点”相关资料，完成表 2-4-2。

表 2-4-2　　双机位人物访谈视频录制单反相机设备检查

检查项目	检查要点
机身外观	确认单反相机的型号为______ 检查外观是否有______、______或损坏
镜头检查	检查镜头是否有______、______、灰尘等，镜片是否______
快门测试	通过拍摄一系列照片，检查快门是否能正常工作，是否有______、______
对焦检查	①尝试__________的对焦，确保对焦准确 ②判断相机对焦是否准确的方法有（　　） A. 观察主体清晰度，在照片上查看主体是否清晰，有无模糊或虚影 B. 查看焦点位置，放大照片，查看焦点是否落在预期的位置上 C. 对比不同的对焦区域，拍摄多个对焦区域的照片，比较其清晰度 D. 通过拍摄实践，感受对焦的准确性和速度是否满足需求
感光元件检查	查看感光元件是否有______或______
功能测试	检查单反相机的各项功能，如________、__________、连拍等是否正常

续表

<table>
<tr><th>检查项目</th><th colspan="2">检查要点</th></tr>
<tr><td rowspan="2">功能测试</td><td>白平衡检查</td><td>①可以按照选择标准光源、__________、观察照片颜色、调整白平衡设置等步骤检查单反相机的白平衡
②判断单反相机白平衡是否准确的方法有观察色彩还原、与实际对比、在不同光源下测试、__________</td></tr>
<tr><td>曝光检查</td><td>①检查单反相机曝光的方法有__________、拍摄不同场景、使用曝光补偿、对比多张照片
②判断曝光准确性的标准有（　　）
A. 高光部分没有过曝，能清晰呈现细节
B. 阴影部分没有纯黑，能分辨出层次和纹理
C. 人物肤色看起来自然、真实，没有明显过暗或过亮
D. 照片色彩饱满、鲜艳，不暗淡或过于饱和</td></tr>
<tr><td>配件检查</td><td colspan="2">检查______、______、______等配件是否齐全且正常工作</td></tr>
</table>

2. 根据表 2-4-2 所示双机位人物访谈视频录制单反相机设备检查和其他录制设备的检查要点，结合表 2-4-1 所示双机位人物访谈视频录制设备清单，领取并检查本次双机位人物访谈视频录制的设备器材，填写表 2-4-3。

表 2-4-3　　双机位人物访谈视频录制设备检查记录单

设备 / 配件	设备 / 配件型号	检查情况	问题记录
机身		□良好　□存在问题	
镜头		□良好　□存在问题	
三脚架		□良好　□存在问题	
稳定器		□良好　□存在问题	
麦克风		□良好　□存在问题	
布光设备		□良好　□存在问题	
存储卡		□良好　□存在问题	
		□良好　□存在问题	
		□良好　□存在问题	
		□良好　□存在问题	
		□良好　□存在问题	
		□良好　□存在问题	
		□良好　□存在问题	
检查人： 日期：			设备管理人员： 日期：

二、布置双机位人物访谈视频录制场地

（一）制定双机位人物访谈视频录制场地布置方案

1. 为营造与访谈主题相符的氛围，使观众更好地融入访谈情境，在拍摄前需精心布置录制场地，

以便于主持人和受访者在舒适的环境中进行交流，给观众留下深刻印象，确保访谈顺利进行。查阅信息页中的“人物访谈视频录制场地布置的风格类型、元素及位置关系”相关资料，完成以下问题。

（1）每个人物访谈视频录制有不同的专属主题，因主题不同，人物访谈视频录制场地的布置也有所差异。常见的人物访谈视频录制场地布置风格有____________、____________、现代科技风。

（2）【单选】在进行双机位人物访谈视频录制场地布置时，需要特别考虑人物访谈主持人与受访者的位置关系。在双机位人物访谈中，主持人与受访者的位置关系通常不包括（　　）。

A. 两人面对面相对而坐　　B. 并排而坐

C. 成一定角度而坐　　D. 背靠背坐

（3）【多选】确定人物访谈的场地布置风格和主持人与受访者的位置关系后，需要准备相应的场地布置元素。一般而言，进行人物访谈视频录制需要准备的场地布置元素包括（　　）。

A. 背景，如背景墙、幕布等，可根据主题选择合适的颜色和图案

B. 家具，如桌椅、沙发等，要保证舒适且与整体风格协调

C. 服装，根据访谈主题和风格，为主持人和受访者选择合适的服装，如正装、休闲装等

D. 装饰，如画作、绿植、摆件等，用于增加氛围和美感

E. 展示道具，与访谈内容相关的物品，如产品、奖牌等，能增强主题表达

2. 通过“获取信息”环节的双机位人物访谈视频录制任务关键信息提取，能明确本次双机位人物访谈视频录制的主题，以及录制要求为单、双人竖版构图。同时，在“制订计划”环节了解到，为使后期画面添加人物介绍，且确保图像稳定，录制时需在人物一侧留白。基于以上考虑，请根据本次任务要求，结合双机位人物访谈视频录制场地基本情况记录单、双机位人物访谈视频录制对象特征统计表和双机位人物访谈视频运动分镜头脚本，完成表 2-4-4。

表 2-4-4　双机位人物访谈视频录制场地布置方案

<table>
<tr><td>录制主题</td><td colspan="2"></td></tr>
<tr><td>场地布置类型</td><td colspan="2">根据本任务主题，此次录制场地布置采用________风格</td></tr>
<tr><td>主持人与受访者的位置关系</td><td colspan="2">结合“做出决策”环节的双机位人物访谈视频运动分镜头脚本，本次双机位人物访谈视频录制采用____________座位位置关系</td></tr>
<tr><td rowspan="3">服装、装饰、道具等清单</td><td>背景</td><td>根据本任务的主题，选择的背景墙幕布颜色为______
还需要准备____________________</td></tr>
<tr><td>家具</td><td>根据本任务主持人与受访者的座位关系，按照舒适且与整体风格协调的原则，需要准备（例如访谈桌椅、沙发等）____________
访谈桌椅或沙发的排列方式为____角度的______方式排列</td></tr>
<tr><td>服装</td><td>本次双机位人物访谈的受访者为从事_____职业的________
需要准备（例如工装、正装等）____________</td></tr>
</table>

续表

服装、装饰、道具等清单	装饰	本次人物访谈视频的风格类型为__________ 可以准备（例如花瓶、花卉、摆件等）__________
	道具	本次人物访谈视频录制可以准备（例如奖杯、记事本、展示物品等）__________ __________

（二）布置双机位人物访谈视频录制场地

录制场地的布置方案确定后，需按照方案逐一准备各项元素并合理摆放，确保场地呈现出预期效果。根据任务要求，结合双机位人物访谈视频录制场地布置方案，请合作完成双机位人物访谈视频录制场地布置中服装、道具、布景的准备以及场地布置工作。

三、架设与安全调试双机位人物访谈视频录制设备

（一）梳理双机位人物访谈视频录制设备架设步骤

为顺利完成任务，构建完美的录制环境，在“制订计划”环节和“做出决策”环节已经设计出科学合理的录制策略，并根据双机位人物访谈视频录制场地布置方案，现场已布置妥当。接下来进入架设录制设备这一关键阶段，查阅信息页中的“双机位人物访谈视频录制设备的架设步骤”相关资料，梳理设备架设步骤，完成图 2–4–1。

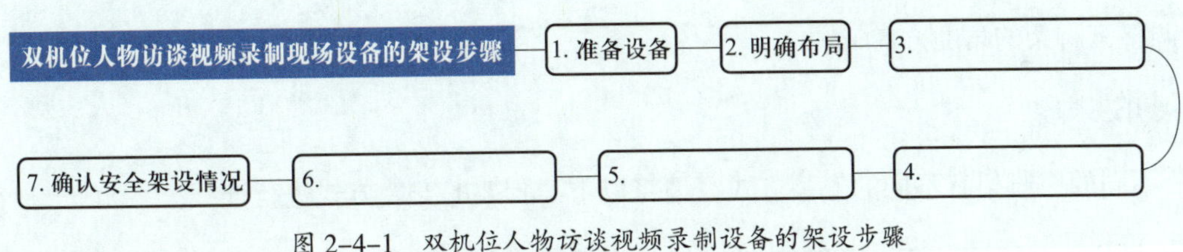

图 2–4–1 双机位人物访谈视频录制设备的架设步骤

（二）明确双机位人物访谈视频录制机器连接的安全操作要求

1.【多选】实施人物访谈同步录制前，需对录制机器进行安全连接，这不仅能确保录制现场的安全，还能保证录制质量，确保信号稳定传输，避免出现画面卡顿、声音断续等问题，保障录制的视频清晰流畅。查阅信息页中的“人物访谈视频录制设备安全连接常见问题”相关资料可知，人物访谈视频录制机器安全连接的常见问题有（　　）。

A. 接触不良，接口处松动或有灰尘，致使连接不稳定

B. 有信号干扰，受到其他电子设备干扰，导致画面闪烁或声音异常

C. 线缆损坏，线缆外皮破损、内部断裂等

D. 兼容性问题，不同设备之间不兼容，无法正常连接

2. 在进行人物访谈视频录制设备连接时，会涉及线缆、接口、录制设备等。查阅信息页中的“人物访谈视频录制设备安全连接注意事项”相关资料，记录安全操作要点，填写表 2–4–5。

表 2-4-5　　人物访谈视频录制设备安全连接操作要点

序号	操作项目	安全连接操作要点
1	录制机器接口	确保接口____、____，连接紧密
2	录制线缆	线缆的质量：□好　□不好，线缆的固定：□牢固　□不牢固
3	手机与三脚架连接	□选择合适的三脚架　□清洁连接部位　□正确安装夹具 □检查连接牢固度　□避免拉扯线缆　□调整好角度和高度
4	单反相机与稳定器连接	□关闭相机电源　□轻拿轻放，避免碰撞或掉落 □准确连接接口　□检查平衡调节，确保相机重心合适 □避免过度扭转　□调整好角度和高度
5	补光设备的连接	□在断电状态下操作　□正确插拔连接线　□避免过载 □检查接触情况　□保持距离

（三）掌握安装双机位人物访谈视频录制手机与三脚架的方式

1. 本次双机位人物访谈视频的录制采用手机固定机位搭配单反相机运动机位的双机位模式。在运用手机进行固定机位录制时，需将手机与三脚架稳固安装，以完成固定机位的架设。查阅信息页中的“双机位人物访谈视频录制手机与三脚架安装”相关资料，完成以下问题。

（1）【排序】将手机安装在三脚架上的步骤顺序为________。

A. 将手机固定在三脚架上

B. 调整三脚架的角度方向

C. 展开三脚架

（2）不同的三脚架有不同的安装方式，请将以下三脚架的安装方式进行连线。

A. 夹扣式　　　　通过配套的螺钉接口将手机固定在三脚架上

B. 拧入式　　　　通过三脚架的托盘卡扣或螺钉固定手机

C. 托盘式　　　　通过三脚架上的夹子将手机夹紧固定

2. 结合不同三脚架的特点，将手机安装在三脚架上，并填写表 2-4-6。

表 2-4-6　　将手机安装在三脚架上的操作步骤

序号	图示	安装步骤	安装要点
1		准备____	确保三脚架和手机都在手边

续表

序号	图示	安装步骤	安装要点
2		安装手机	①先将三脚架的支脚展开，放置在______的地面上 ②然后根据三脚架的类型进行安装 □拧入式：将手机通过配套的______固定在三脚架上 □夹扣式：通过三脚架上的______将手机夹紧固定 □托盘式：将手机放置在三脚架的______上固定 ③紧固卡扣或螺钉
3		调节高度和角度	①将三脚架的支脚调整到合适的______和______ ②在室内进行人物访谈时，机位要与人眼______或______一点，以便更好地展现人物和交流场景
4		检查牢固度	轻轻晃动手机，确保安装牢固

（四）辨析双机位人物访谈视频录制单反相机与稳定器的操作规范

1. 本次双机位人物访谈视频录制采用手机固定机位搭配单反相机运动机位的模式。在运用单反相机进行运动机位录制时，需将单反相机与稳定器安装在一起，以架设运动机位，确保运镜顺利。查看信息页中的“单反相机与稳定器的操作规范”相关资料，完成以下问题。

（1）【多选】在进行人物访谈视频录制时，借助单反相机与稳定器能实现各种精彩运镜效果，使视频画面更加丰富生动。以下属于稳定器的作用的是（　　）。

A. 防抖，有效减小相机拍摄时的抖动，使画面更加稳定清晰

B. 提升拍摄质量，帮助拍摄者在运动或低光照等场景下获得更优质的影像

C. 增加拍摄可能性，支持长曝光、移动拍摄等特殊拍摄手法，拓展拍摄创意

D. 辅助运镜，使拍摄者运镜更加流畅，提升视频的观赏性

（2）【多选】以下属于安装稳定器注意事项的是（　　）。

A. 轻拿轻放，安装和拆卸时动作要轻柔，防止损坏设备

B. 确保牢固安装，快装板务必紧固，避免相机在使用过程中脱落

C. 注意平衡调节，使相机在稳定器上保持平衡，避免重心偏移

D. 避免碰撞和挤压，在安装和使用过程中小心保护相机和稳定器

（3）在下面的稳定器配件图中选择各配件的序号填写到对应位置。

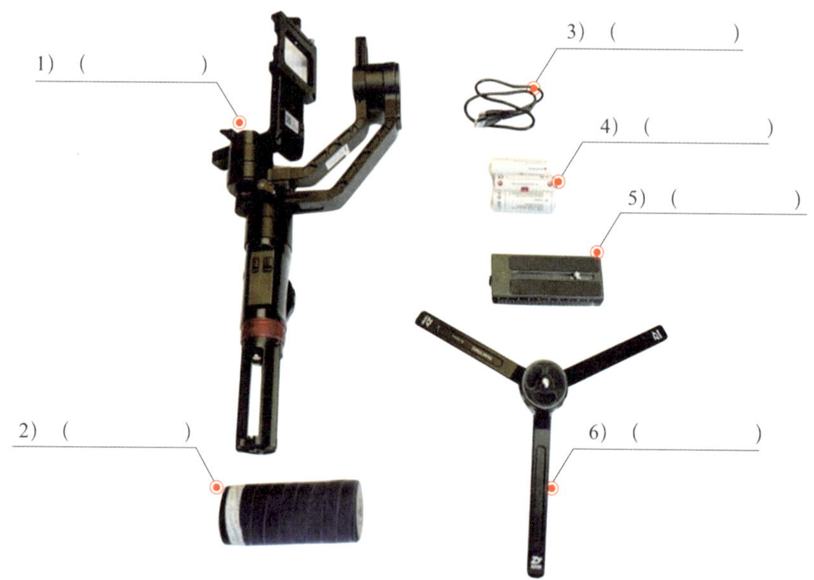

A. 三脚架　　　　B. 快装板　　　　C. 云台主体

D. 电池　　　　　E. 连接线　　　　F. 手柄

（4）**【排序】**将下面的稳定器的安装步骤按顺序排列，正确的顺序为____________。

A. 安装云台电池　　B. 测试稳定性　　C. 安装支架

D. 调节平衡　　　　E. 安装单反相机　F. 安装快装板

G. 连接录制线　　　H. 准备配件　　　I. 连接蓝牙

2. 查阅信息页中的“单反相机与稳定器的安装步骤”相关资料，安装单反相机与稳定器，并填写表 2-4-7。

表 2-4-7　　双机位人物访谈视频录制单反相机与稳定器的安装步骤

序号	图示	安装步骤	安装要点
1		准备 ____	提前准备好单反相机及稳定器的所有配件

续表

序号	图示	安装步骤	安装要点
2		安装_____	按照电池与云台对应的卡扣进行安装，确保卡扣锁紧
3	 	安装_____	将三脚架安装于_________，打开稳定器，并放置在______的水平面上
4	 	安装快装板	将快装板的挡边内壁与相机前端紧密贴合，然后______螺钉，扣紧________，防止快装板轴臂脱落
5	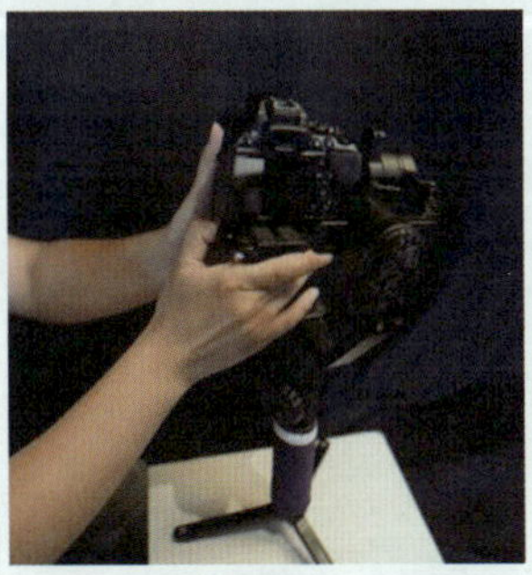 	安装单反相机	按住安全锁，将相机连同上层快装板______下层快装板，随后锁紧______
6	 	连接蓝牙	开启__________，选择配对，在云台稳定器上的蓝牙设置中选择对应__________，点击连接，打开蓝牙遥控设置

续表

序号	图示	安装步骤	安装要点
7	    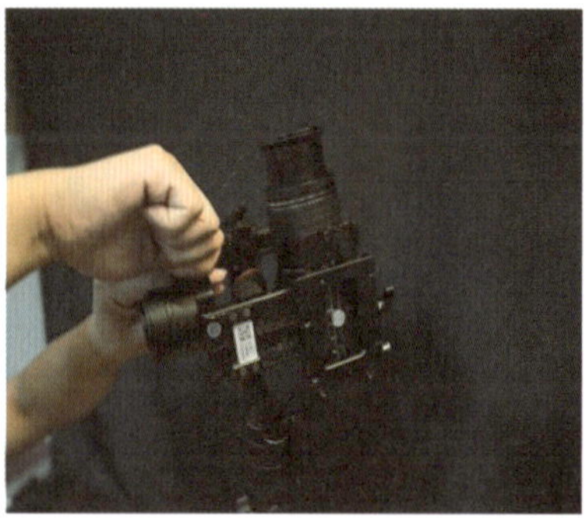 	调节平衡	稳定器有三个轴，分别为______、横滚轴、平移轴，它们能抵消不同方向的______，起到______作用 俯仰轴平衡调节：松开轴臂扳扣，若相机在俯仰轴的任意位置均能保持______，表示完成调节 横滚轴平衡调节：判断相机______，用手______相机进行调节，直至相机保持静止不动完成调节 平移轴平衡调节：松开平移轴轴臂扳扣，握住______，转动平移轴轴臂与身体______，判断重心位置，若在任意角度保持静止不动，即调节完毕
8	 	连接录制线	使用相机______连接云台上的相机快门控制接口，便可实现对相机快门的控制
9	 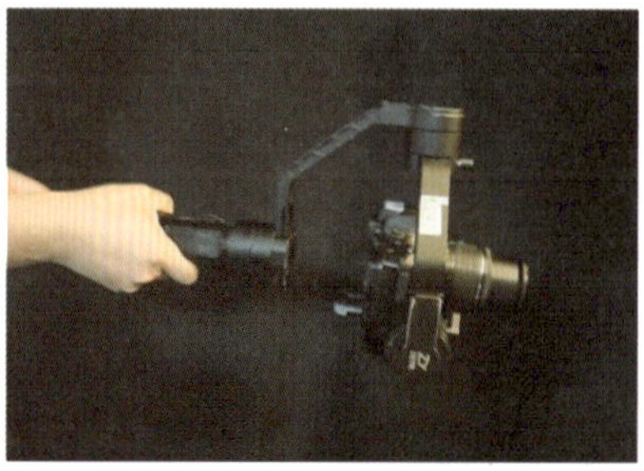	将单反相机开机，测试稳定性	______晃动云台，若云台三个轴转动至任意角度时都能保持静止，即完成平衡调节

（五）掌握双机位人物访谈视频录制补光设备的安装与调试方法

1. 在实施双机位人物访谈视频录制任务时，对录制现场进行布光非常重要。根据“做出决策”环节的双机位人物访谈视频录制的机位策略图中确定的布光策略，查阅信息页中的“补光设备的架设步骤”相关资料可知，架设补光设备的步骤如下：确定安装位置、__________、__________、__________、__________、测试效果。

2.【多选】架设灯光后，需要调节补光设备的光线，查阅信息页中的“调整补光设备参数的方法”相关资料可知，以下属于调节光线方法的是（　　）。

A. 逐步调节，慢慢增大或减小亮度，观察效果，找到合适的亮度值

B. 观察拍摄画面，通过实时查看拍摄画面，根据人物面部的光线进行微调

C. 调节色温，以人物肤色为参照，根据拍摄的主题和风格来调节色温，以营造氛围

D. 使用调光设备，有些补光灯配有专门的调光按钮或旋钮，可直接调节

（六）实施双机位人物访谈视频录制设备的架设与调试

1. 明确了现场录制设备架设的具体步骤后，各小组准备好领取的双机位人物访谈视频录制设备，查阅信息页中的“补光设备的架设与调试”相关资料，根据录制现场的布局，结合“做出决策”环节的双机位人物访谈视频录制机位策略图开始实施设备架设。首先按照补光设备的安装与调试步骤架设补光设备进行光线调试，记录补光设备安装与调试的易错点，总结安装与调试技巧，完成表 2-4-8。

表 2-4-8　　双机位人物访谈视频录制关键步骤操作作业指导书 – 工序 1

<table>
<tr><td>任务名称</td><td colspan="2">工匠之星双机位人物访谈视频的录制</td><td>日期</td><td colspan="2"></td></tr>
<tr><td>工序名称</td><td colspan="2">补光设备的架设与调试</td><td>工序编号</td><td colspan="2">1</td></tr>
<tr><td colspan="2">工序要求</td><td>检验情况</td><td>使用工具</td><td>零部件名称 / 件号</td><td>数量</td></tr>
<tr><td colspan="2" rowspan="5">①确保补光灯稳定安装，避免晃动或掉落
②调节补光灯的角度和亮度，使人物面部光线均匀自然，避免出现明显阴影或反光
③综合考虑与背景光的协调，避免背景过亮或过暗
④注意补光灯不要直射人物眼睛
⑤灵活调整补光设备的位置和参数，以达到最佳录制效果</td><td rowspan="5">自检：
互检：</td><td></td><td></td><td></td></tr>
<tr><td></td><td></td><td></td></tr>
<tr><td></td><td></td><td></td></tr>
<tr><td></td><td></td><td></td></tr>
<tr><td></td><td></td><td></td></tr>
</table>

续表

<table>
<tr><th colspan="2">架设装配调试图示</th><th>操作步骤</th></tr>
<tr><td colspan="2"></td><td>主光：__个，位于__________，角度______，高度______，以照亮人物面部主要特征
辅光：__个，位于__________，角度______，高度______；位于________，角度_____，高度______，起到补充光线和使光线柔和的作用</td></tr>
<tr><td>易错点与异常处理</td><td colspan="2">①操作中是否存在以下问题：□补光设备朝向不一致 □光线强度差异大
□与背景光不协调 □忘记考虑人物移动路径 □设备线路杂乱
□其他：____________
你是如何解决的（窍门）：____________
②操作中是否存在以下异常：□补光灯突然故障 □色温异常变化
□补光设备晃动或移位 □与其他设备冲突
□其他：____________
你是如何解决的（窍门）：____________</td></tr>
</table>

2. 接下来，请根据录制现场的布局，结合“做出决策”环节的双机位人物访谈视频录制机位策略图，按照将手机安装在固定机位上的操作步骤固定手机，并进行调试，查阅信息页中的“双机位人物访谈视频录制手机固定机位的架设与调试”相关资料，完成以下问题。

（1）【多选】进行人物访谈视频录制机位架设时，以下属于架设要求的是（　　）。

A. 高度适中，与人物的眼睛高度大致平齐，使画面呈现自然的视角

B. 角度合适，选择能清晰展现人物面部表情和互动的角度

C. 稳定牢固，确保机位稳定，避免拍摄时晃动，防止晃动影响画面质量

D. 焦点准确，保证焦点始终落在人物身上，确保画面清晰

（2）【多选】在实施人物访谈视频录制过程中，为保持机位稳定，可以（　　）。

A. 使用三脚架，这是最常用且有效的稳定方式

B. 使用配重或沙袋，在三脚架上增加配重，增强稳定性

C. 选择平稳的地面，避免在不平坦或易晃动的地方架设机位

D. 轻拿轻放，在移动或调整机位时，动作要轻缓

（3）结合“做出决策”环节的双机位人物访谈视频录制机位策略图，进行手机与三脚架的架设，并进行参数调整，记录固定机位设备安装与调试的易错点，总结安装与调试技巧，完成表 2-4-9，并将架设与装配好的手机固定机位拍照，打印出来并贴在图示位置。

表 2-4-9　　双机位人物访谈视频录制关键步骤操作作业指导书 - 工序 2

<table>
<tr><td>任务名称</td><td colspan="2">工匠之星双机位人物访谈视频的录制</td><td>日期</td><td colspan="2"></td></tr>
<tr><td>工序名称</td><td colspan="2">固定机位设备安装与调试</td><td>工序编号</td><td colspan="2">2</td></tr>
<tr><th colspan="3">工序要求</th><th>检验情况</th><th colspan="2">操作步骤</th></tr>
<tr><td colspan="3">【安装要求】
①选择坚固且稳定的三脚架，确保牢牢固定手机
②手机安装要牢固，以防手机滑落，确保安装后的机位不会轻易被触碰或移动，保持位置的稳定性
【调试要求】
①仔细调节手机视频模式下的焦距，使人物面部和身体特征清晰可辨，避免模糊
②主机位重点关注人物的表情和主要动作
③调整手机的曝光，避免过亮或过暗
④校准白平衡，避免偏色
⑤检查手机画面，确保没有多余内容
⑥在正式录制前保持设备处于调试状态，避免发生变化</td><td>自检：

互检：</td><td colspan="2">①选择合适的三脚架安装手机
②调整三脚架的______和______
③______地放置或固定三脚架，避免晃动
④打开手机，检查画面的清晰程度
⑤调整为____画幅，并进行焦距调整，使人物按比例清晰呈现
⑥测试拍摄范围，确保涵盖访谈区域
⑦进行试拍，查看拍摄效果
⑧确保两个机位的参数设置基本一致，以保证画面的连贯性和一致性</td></tr>
<tr><th colspan="3">架设与装配图示</th><th>使用工具</th><th>零部件名称 / 件号</th><th>数量</th></tr>
<tr><td colspan="3" rowspan="3"></td><td></td><td></td><td></td></tr>
<tr><td></td><td></td><td></td></tr>
<tr><td></td><td></td><td></td></tr>
<tr><td>易错点与异常处理</td><td colspan="5">操作中是否存在以下问题：□支架不稳定　□机位高度不一致
□安装角度不合理
□其他：________________
你是如何解决的（窍门）：________________</td></tr>
</table>

3. 安装并调试好固定机位的设备后，需按照双机位人物访谈视频录制中的单反运动机位安装步骤，架设单反相机运动机位的设备并进行调试。查阅信息页中的“双机位人物访谈视频录制中的单反运动机位的调试”相关资料，完成以下问题。

（1）**【多选】**进行人物访谈视频录制时，需要调节单反相机的（　　）。

A. 画面设置相关内容，如对焦模式、曝光补偿、白平衡等

B. 性能相关内容，如连拍速度、缓存清理等

C. 运动相关内容，如稳定器参数、移动速度与节奏等

D. 其他方面，如音频输入、存储设置等

（2）在访谈过程中，人物可能会有一些肢体动作或位置移动，合适的对焦调整能使相机快速而准确地跟上这些变化，保证画面的连续性和流畅性。而跟踪对焦模式是一种更为智能化和针对性的__________。它能识别____________或特定的物体，然后紧紧“锁定”这个主体进行跟踪对焦。即使主体在画面中的位置不断变化，也能保持对该主体的准确对焦，跟踪对焦模式在拍摄特定主体的运动时更加精准和可靠，尤其适合__________等场景，能确保人物始终保持清晰对焦。

（3）**【多选】**在人物访谈的单反相机运动调试、设置跟踪对焦时，需要（　　）。

A. 选择合适的跟踪主体，选择面部或某个明显特征为跟踪点，确保准确锁定

B. 设置灵敏度，根据人物运动的速度和幅度，调整跟踪对焦的灵敏度

C. 预对焦，在未开始运动时先进行预对焦，让单反相机提前适应主体距离和特征

D. 测试与调整，进行实际的测试拍摄，观察跟踪对焦的效果，看是否存在焦点丢失或不准确的情况，然后有针对性地微调相关参数

（4）结合“做出决策”环节的双机位人物访谈视频录制机位策略图，进行单反相机的参数调整，并进行运镜演练，记录运动机位调试过程中存在的问题，完成表2-4-10，并将架设与装配好的单反相机运动机位拍照，打印出来并贴在图示位置。

表2-4-10　双机位人物访谈视频录制关键步骤操作作业指导书 - 工序3

任务名称	工匠之星双机位人物访谈视频的录制	日期	
工序名称	单反相机运动机位设备安装与调试	工序编号	3
单反相机运动机位设备的安装			
工序要求		检验情况	操作步骤
①将单反相机牢固安装在快装板上，以防掉落 ②确保设备在运动时保持平衡，避免重心偏移 ③安装合适的遮光罩或保护滤镜以保护镜头 ④确保电池的电量充足 ⑤各种连接部件要安装牢固且无松动 ⑥选择与单反相机型号匹配的安装配件 ⑦检查好外接设备的线路，避免缠绕和影响设备移动 ⑧长时间拍摄时应考虑相机的散热问题		自检： 互检：	进行单反相机和稳定器的架设与安装，在下方写出操作步骤：

续表

<table>
<tr><th colspan="4">单反运动机位设备的调试</th></tr>
<tr><th>工序要求</th><th>检验情况</th><th colspan="2">操作步骤</th></tr>
<tr><td>①进行对焦调试，确保运动时能快速且准确地对焦
②根据运动速度合理设置快门速度，避免模糊
③调整光圈大小以控制景深，保证人物主体清晰
④根据光线条件适当调整感光度
⑤准确设置白平衡，使人物肤色自然
⑥根据最终输出的视频格式选择合适的帧率
⑦调试稳定器或运动设备，保证运动画面稳定
⑧设置好单反相机的麦克风，保证输入正常，音量合适
⑨通过相机屏幕或外接监视器仔细预览检查</td><td>自检：

互检：</td><td colspan="2">进行单反相机的调试，并进行运镜测试，在下方写出操作步骤：</td></tr>
<tr><th>架设与装配图示</th><th>使用工具</th><th>零部件名称 / 件号</th><th>数量</th></tr>
<tr><td rowspan="4"></td><td></td><td></td><td></td></tr>
<tr><td></td><td></td><td></td></tr>
<tr><td></td><td></td><td></td></tr>
<tr><td></td><td></td><td></td></tr>
<tr><td>易错点与异常处理</td><td colspan="3">操作中是否存在以下问题：□相机晃动甚至掉落 □镜头松动或掉落
□拍摄过程中突然断电 □声音收录不清 □画面过亮或过暗，丢失细节
□人物面部模糊，出现偏色 □画面卡顿或不流畅 □视频画质过低
□其他：________
你是如何解决的（窍门 / 原因）：________</td></tr>
</table>

4. 安装并调试好录制的主要设备后，还要设置领夹麦、提词器等设备并进行调试。查阅信息页中的“双机位人物访谈视频录制中领夹麦的使用”以及“双机位人物访谈视频录制中提词器的安装与调试要点”相关资料，完成以下问题。

（1）【多选】以下属于领夹麦安装要点的是（　　）。

A. 将领夹麦正确夹在衣领等合适位置，避免距离嘴巴过远或过近而产生喷麦现象

B. 确保领夹麦与单反相机或音频设备正确连接，检查音频输入是否正常

C. 如果领夹麦使用电池供电，要提前检查电池的电量是否充足

D. 注意避免与其他电子设备距离过近产生干扰而导致的噪声

E. 固定牢固，防止在拍摄过程中领夹麦晃动或掉落而影响声音收录

（2）【多选】以下属于提词器安装与调试要点的是（　　）。

A. 调整提词器的角度和高度，以便让使用者能舒适地观看

B. 设置文本的字体、字号、颜色、滚动速度等参数，以适应使用者的需求

C. 测试文本显示是否清晰、流畅，有无卡顿或延迟现象

D. 根据实际观看效果，进一步微调角度、亮度等

E. 确保提词器与拍摄设备的视野匹配，避免出现文本显示不全或超出的情况

（3）结合任务要求，进行领夹麦、提词器等设备参数的调整，并进行演练，记录调试过程中存在的问题，填写表 2-4-11。

表 2-4-11　　领夹麦、提词器等设备的调试要点

设备	示意图	操作项目	安全操作要点
领夹麦		增益设置	根据访谈者的______和______进行微调，避免过大或过小
		频率选择	根据环境和其他无线设备情况选择______，避免干扰
		电池检查	确保领夹麦的______充足，以免在访谈过程中突然断电
		位置固定	固定在受访者衣领处，确保领夹麦__________产生______
		声音测试	正式访谈前进行________，检查清晰度、音量等
提词器		位置角度	能自然地看到__________，避免反光或视觉死角
		字号与颜色	根据现场光线调整字号与颜色，使其________
		滚动速度	设置合适的________，以与受访者的阅读速度相匹配
		文本格式	排版______，段落划分______，避免混乱或难以理解
		清晰度	检查屏幕_______，保证文字无模糊或重影
		连接与同步	提词器连接______，保证文本内容能实时准确地同步显示

5. 本学习活动结束后，展示双机位人物访谈视频的录制关键步骤操作作业指导书，交流本次双机位人物访谈视频录制关键步骤的操作心得。按照“双机位人物访谈视频录制关键步骤操作”考核项目要求，采用自评、组内互评与师评相结合的多元评价方式，根据表 2-4-8、表 2-4-9、表 2-4-10、表 2-4-11 完成自评、组内互评与师评打分，见表 2-4-12。

表 2-4-12　　“双机位人物访谈视频录制关键步骤操作”考核项目评价表

组别：

本考核项目占学习任务考核总分的 30%，可按 30 分计算

评分项目	得分（自评占比 20%、组内互评占比 20%、师评占比 60%）						
	自评	组内互评（组内学生姓名）					师评
1. 补光设备的架设与调试符合架设要求，作业指导书填写规范正确，布光光线均匀，无明显的明暗不均匀区域，计 5 分；有所欠缺或表达不规范扣 0.2 分							

续表

评分项目	得分（自评占比 20%、组内互评占比 20%、师评占比 60%）							
	自评	组内互评（组内学生姓名）						师评
2. 固定机位设备安装与调试操作步骤规范正确，架设图绘制清楚，三脚架等装置稳定、无抖动，计 5 分；有所欠缺或表达不规范扣 0.2 分								
3. 单反相机运动机位设备安装与调试操作步骤填写规范、逻辑清晰，架设图绘制清楚，工具罗列细致，易错点处理合理、合规，计 15 分；有所欠缺扣 0.2~1 分								
4. 音频设备调试后声音清晰，无杂音、爆音，音量合适，计 5 分；有所欠缺扣 0.5 分								
汇总得分								

（七）确认双机位人物访谈视频录制设备的安全架设情况

1. 人物访谈视频录制现场的各机器设备架设完毕，不仅要仔细检查机位的架设高度、角度设置情况，更需要认真检查电缆、电源接口等安全连接问题，确保现场的录制环境良好。各组结合双机位人物访谈视频录制的机器连接安全操作要点，就布置情况进行认真检查，做好表 2-4-13 的记录并进行汇报。

表 2-4-13 双机位人物访谈视频录制设备安全架设情况记录

序号	调试步骤	是否正常	检查范围
1	查看三脚架或支撑设备是否稳固	□是 □否	查看支脚是否完全展开并牢固抓地，螺钉是否拧紧，有无松动或摇晃的迹象
2	查看单反相机与稳定器的连接是否牢固	□是 □否	查看单反相机与稳定器的连接是否牢固，轻轻晃动单反相机，感受连接的紧固程度
3	查看机位的高度是否科学	□是 □否	检查机位的高度是否合适，是否在录制过程中会轻易被触碰或改变位置
4	查看线缆布置是否有隐患	□是 □否	查看机位附近的线缆有无缠绕或紧绷，避免拉扯或牵绊
5	查看两个机位的相互位置是否存在干扰	□是 □否	查看两个机位间的距离和角度是否相互干扰或存在碰撞的风险
6	查看是否存在其他安全隐患	□是 □否	查看机器设备周围是否有潜在的危险因素，如易倾倒的物品、滴水等

2. 阅读下方的“人物访谈视频录制现场安全事故”案例，结合各小组的双机位人物访谈视频录制现场的布置与架设情况，进行小组讨论并思考案例中存在的问题，完成以下问题。

案例简介：小梁同学所在的录制团队在布置人物访谈视频的录制场地时，为保证录制的顺利进行，和团队成员一起仔细完成了录制机器、灯光等设备的架设，并固定好支架。但在实施录制的过程中，运动机位的摄影师进行运镜时不小心被地面的各种线缆绊倒，导致灯具掉落，险些砸到受访者和工作人员。

（1）通过案例简介可知，小梁同学所在的录制团队认真仔细地完成了各类机器的架设并进行了固定，但是仍然发生了意外，你认为导致意外发生的原因可能是什么？请将可能的原因填在下方横线上。

____

____

____

（2）结合案例进行思考，你认为在今后的工作中应如何避免案例里的问题发生？对此你有什么样的体会？请将相关内容填在下方横线上。

____

____

____

四、实施双机位人物访谈视频同步录制

（一）掌握双机位人物访谈视频的同步录制技巧

1. 录制现场一切布置完毕，便可正式开始视频的同步录制。在实施人物访谈视频的双机位同步录制时，打板是关键环节。打板不仅能明确标记每个镜头的开始点，其声音还有助于确定音频的同步点，对保证录制质量、提高后期制作效率和准确性起着至关重要的作用。查阅信息页中的“双机位同步录制一致的打板技巧”相关资料，完成以下问题。

（1）【多选】为保证录制的视频质量，确保现场录制的一致性，在进行人物访谈视频的双机位同步录制时，应（　　）。

A. 确保打板声音清脆响亮，方便后期准确识别

B. 适当提高打板声，使其突出但又不刺耳

C. 打板动作干脆利落，打板瞬间让场记板尽量充满画面，避免被遮挡

D. 在听到打板声响起时就同步开始现场的录制

（2）【单选】在实施双机位人物访谈视频的同步录制或补录时，可以运用场记板，方便标识不同视频的场次、镜号等，以下不属于场记板合理运用方法的是（　　）。

A. 在开始拍摄前准备好场记板，确保干净整洁，信息填写完整清晰

B. 打板人员应保证一个主机位能清楚地看到打板

C. 双手稳稳地握住场记板到合适高度，使板子的画面能完整被拍摄到

D. 打板时需用力合上板子，发出清脆响声

2. 查阅信息页中的“运动机位运镜操作方法”相关资料，提炼并总结双机位人物访谈视频录制中运动镜头的拍摄技巧，完成以下问题。

（1）【单选】下列操作中，（　　）能实现镜头的推拉。

A. 手持稳定器向前推动，保持匀速和平稳，避免突然加速导致画面抖动

B. 手持稳定器通过手臂的上下移动来完成，注意保持平稳

C. 平行移动设备，可从左至右或从右至左，确保设备水平，避免倾斜

D. 将拍摄设备固定在一个位置，只通过调整光圈大小来改变画面效果

（2）【单选】下列中属于镜头跟随方法的是（　　）。

A. 手持稳定器，通过手臂的上下移动来完成，注意镜头的平稳

B. 以受访者为中心，绕着其进行圆周移动，同时转动设备，以保持拍摄角度不变

C. 跟随受访者移动轨迹进行拍摄，步伐轻盈，通过身体的移动来配合设备的移动

D. 利用移动轨道，让设备在轨道上移动，跟随被拍摄对象的运动方向和速度进行拍摄

3. 在“获取信息”环节，通过研读双机位人物访谈视频的采访稿及个人简介，提取双机位人物访谈视频中的受访者人物画像特征；在“制订计划”环节，结合受访者的人物对象特征，制定了相应的录制思路；在“做出决策”环节选定了最优策略。通常情况下，实施正式录制时，摄影师才第一次与受访者进行深刻的面对面沟通。查阅信息页中的“摄影师与受访者沟通的意义与方法”相关资料，结合以上环节确认的受访者信息，与受访者进行沟通交流，完成以下问题。

（1）【多选】在实施录制前，摄影师与受访者的沟通能让摄影师更好地把握录制对象的特征，建立良好关系，提升访谈的质量。以下属于摄影师和受访者之间沟通意义的是（　　）。

A. 良好的沟通能帮助受访者放松心情，减少紧张感，表现得更加自然，提升访谈录制质量

B. 能更清楚地了解受访者意图，有利于把握拍摄角度、时机和重点，捕捉关键画面

C. 有效的沟通能确保双方对拍摄的期望和目标达成一致，摄影师可以根据受访者的需求和特点来调整拍摄风格及手法，使最终的视频更加符合双方的预期

D. 避免一些不必要的误解和问题，减少拍摄过程中的反复调整，提高效率

（2）【多选】在双机位人物访谈视频录制前，可以从（　　）进行交流沟通。

A. 摄影师可以向受访者介绍整个拍摄的大致流程和安排，让受访者做到心中有数

B. 询问受访者对于拍摄环境、灯光等方面的感受和偏好

C. 解释一些基本的拍摄要求，如说话的音量、语速等，以便捕捉画面和声音

D. 了解受访者是否有一些口头禅和习惯性肢体动作等，以便把握拍摄时机

(3)【多选】在双机位人物访谈视频的录制过程中，摄影师与受访者可以从（　　）进行交流沟通。

A. 在拍摄过程中，可以用如点头、微笑等方式给受访者以积极的反馈

B. 如遇到需要调整的情况，摄影师可以礼貌沟通，如“稍微往左看一下”等

C. 摄影师可以在适当的时候与受访者进行眼神交流，增加互动

D. 在拍摄过程中，摄影师要保持严肃的态度，认真做好本职工作

(4) 根据表 2-4-14 给出的沟通提纲模板，与受访者沟通，建立良好的合作关系，为现场录制做好准备。

表 2-4-14　　双机位人物访谈视频录制受访者沟通提纲

序号	沟通提纲	要素记录
1	老师您好，我是本次任务的摄影师，很高兴能参与采访您的这次活动，下面请允许我简要介绍一下我们这次访谈的录制流程安排……	
2		
3		
4		
5		
6		

（二）录制双机位人物访谈视频素材

1. 结合任务要求以及“做出决策”环节的双机位人物访谈视频录制机位策略图和双机位人物访谈视频运动分镜头脚本，根据双机位人物访谈视频录制技巧，结合运镜模拟演练经验，进行小组分工，操作录制设备，开展双机位人物访谈视频的现场同步录制。录制期间应遵守安全操作规范，维护活动现场秩序。录制结束后，小组成员及时向导播汇报录制结果，并按照双机位人物访谈视频运动分镜头脚本的格式，将录制内容记录在表 2-4-15 中。

表 2-4-15 双机位人物访谈视频现场同步录制检查单

镜号	景别	画面内容描述	录制质量	备注
			□合格 □不合格	
			□合格 □不合格	
			□合格 □不合格	
			□合格 □不合格	
			□合格 □不合格	
			□合格 □不合格	
			□合格 □不合格	
			□合格 □不合格	
			□合格 □不合格	
			□合格 □不合格	
			□合格 □不合格	
			□合格 □不合格	
			□合格 □不合格	

2. 回顾本次双机位人物访谈视频录制任务的工作过程，在实施过程中，通过分工合作，小组成员充分发挥各自优势，使任务高效完成，高效地处理了各类复杂任务。由此可见，团队合作对于高效完成任务至关重要。请各小组围绕团队合作能力的重要性展开讨论，谈谈自己在完成本任务时的相关体会，并记录在下方横线上。

学习环节五 过程控制

学习目标

1. 能根据双机位人物访谈视频的录制要求、企业质量体系管理制度及《中华人民共和国著作权法》等相关法律法规，运用双机位人物访谈视频的检验方法，对现场录制素材进行检查。一旦发现问题，及时进行补录，以确保素材品质优良、内容完整，不存在违规和侵权行为，符合标准要求。

2. 主动与摄像师沟通，根据其反馈意见开展补录工作，确保样片完整、品质优良，无违规和侵权情况，达到标准要求。完成补录后，按照规定要求完成视频素材的复制和备份。

3. 录制结束后，能整顿并复原录制现场，对单反相机、灯具等录制设备进行保养、验收并及时归还。

4. 能根据任务交付要求，独立检查与备份视频样片，确保交付内容完整、格式正确。

5. 能依据电子资料归档要求，对视频素材进行层级归档整理，便于后期高效调取素材。

建议学时

10 学时

学习要求

序号	学习步骤	学习内容	学时	备注
1	检查和筛选双机位人物访谈视频的录制素材	1. 双机位人物访谈视频的检验内容和方法（理论） 2. 双机位人物访谈视频素材的检查和筛选（实践） 3. 与人合作的能力（素养）	2	

续表

序号	学习步骤	学习内容	学时	备注
2	实施双机位人物访谈视频的补录	1. 双机位人物访谈视频素材的补录（实践） 2. 严谨求实的劳动精神（素养）	3	
3	整理及归还双机位人物访谈视频的录制场地	1. 双机位人物访谈视频录制设备的查验与收整（实践） 2. 录制影棚及实训工作站的场地清理与整顿（实践） 3. 严谨求实的劳动精神（素养）	2	
4	归档及交付双机位人物访谈视频素材	1. 视频的存储和分类整理（实践） 2. 企业文件资料管理标准与规范的遵循（理论）	1	
5	保养及归还双机位人物访谈视频的录制设备	1. 单反相机的使用与保养（实践） 2. 时间意识和责任意识（素养）	2	

一、检查和筛选双机位人物访谈视频的录制素材

（一）明确双机位人物访谈视频的检验内容和标准

1. 回顾双机位人物访谈视频录制要点，查阅信息页中的“双机位人物访谈视频录制素材检验的意义与要素”相关资料，完成以下问题。

（1）【单选】以下不属于双机位人物访谈视频素材画面质量检验要素的是（　　）。

A. 清晰度　　B. 色彩平衡

C. 稳定性　　D. 声音大小

（2）【单选】以下属于双机位人物访谈素材音频质量检验要素的是（　　）。

A. 视频帧率　　B. 音量

C. 画面比例　　D. 镜头切换速度

（3）【单选】检验双机位人物访谈视频素材的构图时，应重点关注（　　）。

A. 画面是否有黑边　　B. 人物在画面中的位置是否合适

C. 双机位配合是否良好　　D. 视频时长是否合适

（4）【单选】双机位人物访谈视频素材镜头切换的检验关键在于（　　）。

A. 色彩一致性　　B. 流畅性和时机

C. 声音有无回声　　D. 背景是否美观

2. 结合双机位人物访谈视频的检验要素相关内容，梳理双机位人物访谈视频的输出检验要素，将图 2-5-1 所示双机位人物访谈视频的输出检验要素补充完整。

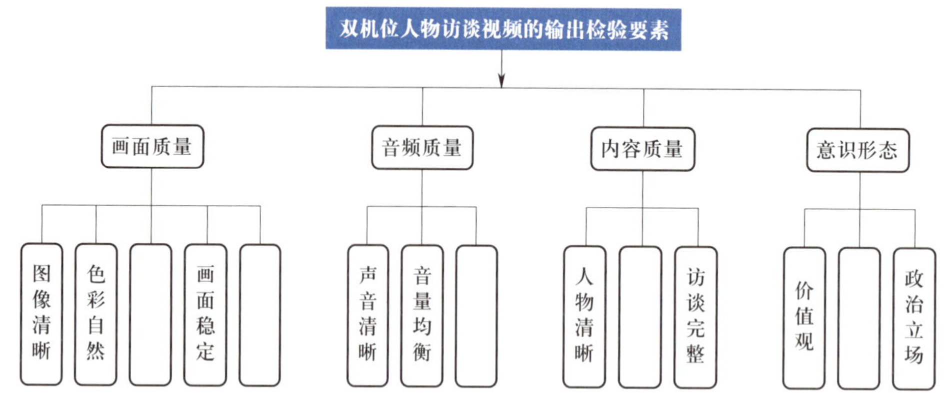

图 2-5-1　双机位人物访谈视频的输出检验要素

3. 根据梳理的双机位人物访谈视频素材的输出检验要素，进行小组合作，结合以上绘制的图 2-5-1，整理并概括双机位人物访谈视频的输出检验要素和标准，填写表 2-5-1。

表 2-5-1　双机位人物访谈视频的输出检验要素和标准

序号	输出检验要素		标准
1	画面质量	图像清晰	图像______，无模糊、噪点或失真
		色彩自然	色彩自然、准确，无________
		运镜流畅	切换流畅，时机恰当，无________________
		画面稳定	两个机位拍摄的画面稳定，无明显____________
		光线均匀	光线均匀，无过暗或过亮区域，能突出__________，营造氛围
2	音频质量	声音清晰	__________，无杂音、回音、爆音或失真
		音量均衡	__________，两位人物声音及环境音比例合适
		音视频同步	________________，口型与声音相符
3	内容质量	人物清晰	人物面部或关键部位________________
		构图合理	两位访谈人物在画面中的位置恰当，构图美观，给________留有足够的画面调整空间
		访谈完整	访谈内容完整，无黑场、________、缺失重要段落或语句 开头和结尾完整，有明确的开始和结束标志
4	意识形态	价值观	内容符合________________和道德规范，无错误或不良思想引导
		正能量传播	有助于传播__________________的正能量，如奋斗精神、团结协作等
		政治立场	无与国家政策方针相悖的言论，坚定维护国家的政治立场和______
5	时长控制		符合预定的______要求

（二）检查和筛选双机位人物访谈视频素材

根据双机位人物访谈视频输出检验的标准，以及双机位人物访谈视频运动镜头脚本，小组合作分段检查视频素材，筛查视频问题，分析并归纳出现的原因及整改措施，完成后组间相互核查整改情况（镜号不够可自行添加），完成表 2-5-2。

表 2-5-2　双机位人物访谈视频检验核对表

组内查筛					组间查筛
机位	镜号	不合格要素	原因	规避措施	整改情况
主机位	1	例如，内容质量	例如，构图不合理	例如，再次拍摄时，人物最好位于画面的 2/3 处，这是人的视觉最容易捕捉到的视觉中心点，也是最容易凸显人物的位置，同时也可给后期留有足够的画面调整空间	□已调整 / 达标 □未整改 / 不达标 原因：
	2				□已调整 / 达标 □未整改 / 不达标 原因：
	3				□已调整 / 达标 □未整改 / 不达标 原因：
	…				□已调整 / 达标 □未整改 / 不达标 原因：
辅机位	1				□已调整 / 达标 □未整改 / 不达标 原因：
	2				□已调整 / 达标 □未整改 / 不达标 原因：
	3				□已调整 / 达标 □未整改 / 不达标 原因：
	…				□已调整 / 达标 □未整改 / 不达标 原因：

二、实施双机位人物访谈视频的补录

1. 根据双机位人物访谈视频检验核对表，结合双机位人物访谈视频的录制要求（“实施计划”环节），合作完成对问题素材的补录，填写表 2-5-3。

表 2-5-3　　双机位人物访谈视频补录问题规避记录清单

序号	机位	镜号	完善要素	规避方式	备注
1	主机位	1	例如，人物构图	例如，人物介绍镜头刻意将其摆在镜头画面黄金分割点位置，以备后期留用文字介绍	
		2			
		3			
		…			
2	辅机位	1			
		2			
		3			
		…			

2. 根据双机位人物访谈视频检验核对表，结合视频素材输出检验要素标准，组间核查补录素材，填写表 2-5-4。

表 2-5-4　　双机位人物访谈视频补录素材核查单

检查组：				被检组：
序号	机位	镜号	补录进度	检查情况
			□已完成　□未完成	□达标　□不达标 原因：
			□已完成　□未完成	□达标　□不达标 原因：
			□已完成　□未完成	□达标　□不达标 原因：
			□已完成　□未完成	□达标　□不达标 原因：
			□已完成　□未完成	□达标　□不达标 原因：
			□已完成　□未完成	□达标　□不达标 原因：
			……	

3. 严谨求实的品质是媒体工作者的职业基石，对于保障信息的真实性、提升作品质量、维护行业声誉以及促进社会的健康发展都具有不可替代的重要作用。查阅信息页中的"'零差错'才能无可替代"相关资料，学习航空"手艺人"胡双钱的先进事迹，思考并讨论以下问题。

（1）思考航空"手艺人"胡双钱在工作中严谨求实的工作作风，谈一谈他是如何践行这一品质的？

____

____

____

（2）传媒行业肩负着向公众传递准确、客观信息的重任，严谨求实能确保所传播的内容真实可靠，避免虚假信息的传播，维护媒体的公信力和社会的信任。阅读信息页中的"传媒工作中严谨求实品质的正面案例"相关资料，举出两个案例，说一说作为准媒体工作者，在今后的生活或学习中要如何践行严谨求实的品质。

案例 1 ______________________________

____

____

案例 2 ______________________________

____

____

4. 根据对以上案例的思考，以组为单位，阐述对严谨求实品质的理解以及如何践行严谨求实品质，结合组内的讨论情况，按照"双机位人物访谈视频的录制严谨求实品质"考核项目要求，采用自评、组内互评与师评相结合的多元评价方式进行评价，见表 2-5-5。

表 2-5-5 "双机位人物访谈视频的录制严谨求实品质"考核项目评价表

组别：

本考核项目占学习任务考核总分的 5%，可按 5 分计算

评分项目	得分（自评占比 30%、组内互评占比 50%、师评占比 20%）						
	自评	组内互评（组内学生姓名）					师评
1. 准确解读案例资料，找出案例中关于胡双钱工作中对严谨求实的实践，计 2 分；有所欠缺或表达不规范扣 0.5~1 分							

续表

评分项目	得分（自评占比 30%、组内互评占比 50%、师评占比 20%）							
	自评	组内互评（组内学生姓名）						师评
2. 结合案例资料，善于发现自我及周边严谨求实的真实案例，生动举例并清晰描述，计 2 分；有所欠缺扣 0.5~1 分								
3. 字迹清晰，书写规范，积极发言并参与活动，分析的思路逻辑清晰、表达流畅，计 1 分；有所欠缺扣 0.5 分								
汇总得分								

三、整理及归还双机位人物访谈视频的录制场地

（一）整理双机位人物访谈视频的录制场地

1. 小组成员合作，共同梳理双机位人物访谈视频录制场地的整理规范，查阅信息页中的“双机位人物访谈视频录制现场的整理要点及要求”相关资料，完成图 2–5–2。

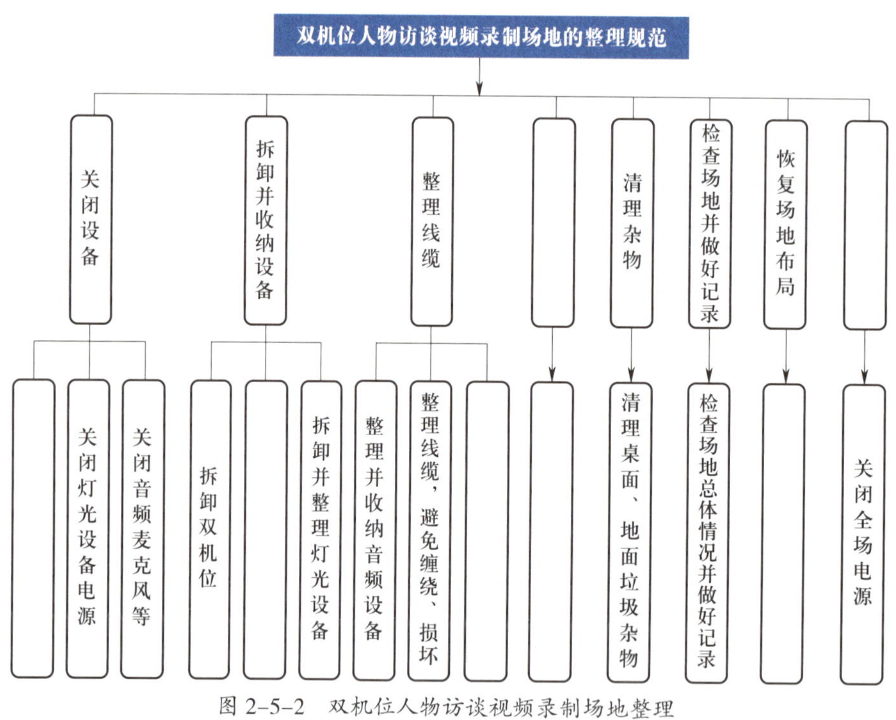

图 2–5–2　双机位人物访谈视频录制场地整理

2. 根据完成的双机位人物访谈视频录制场地的整理规范，结合录制场地的实际情况进行整理并归纳，小组合作完成双机位人物访谈视频录制场地整理自查清单。各小组之间交叉开展整理及验收工作，并填写在表 2–5–6 中。

表 2-5-6 双机位人物访谈视频录制场地整理自查清单

<table>
<tr><td colspan="3">组别：</td><td colspan="3">问题整改：□已整改 □未整改 原因：</td></tr>
<tr><td colspan="4">组内整理情况记录</td><td colspan="2">组间验收情况记录</td></tr>
<tr><th>序号</th><th>整理项目</th><th>整理标准</th><th>贴存照片</th><th>整理情况</th><th>验收人</th></tr>
<tr><td>1</td><td>例如，关闭设备</td><td>例如，已关闭相机、灯光、音频设备电源</td><td></td><td>□合格
□不合格
原因：</td><td>……</td></tr>
<tr><td>2</td><td></td><td></td><td></td><td>□合格
□不合格
原因：</td><td></td></tr>
<tr><td>3</td><td></td><td></td><td></td><td>□合格
□不合格
原因：</td><td></td></tr>
<tr><td>4</td><td></td><td></td><td></td><td>□合格
□不合格
原因：</td><td></td></tr>
<tr><td>5</td><td></td><td></td><td></td><td>□合格
□不合格
原因：</td><td></td></tr>
<tr><td>6</td><td></td><td></td><td></td><td>□合格
□不合格
原因：</td><td></td></tr>
</table>

（二）归还双机位人物访谈视频的录制场地

根据双机位人物访谈视频录制场地整理自查清单的实际情况，结合信息页中的“影棚租赁合同验收内容”相关资料，完成双机位人物访谈视频录制场地的归还及验收工作，填写表 2-5-7。

表 2-5-7　　双机位人物访谈视频录制场地归还及验收单

项目名称：		用户名称：	
场地地址：		用户地址：	
验收内容	是否符合验收标准	用户确认	场地方确认
	□符合　□不符合		
	□符合　□不符合		
	□符合　□不符合		
	□符合　□不符合		
	□符合　□不符合		
验收问题与解决方案（双方签字）			
日期			

四、归档及交付双机位人物访谈视频素材

（一）明确双机位人物访谈视频素材的复制与归档要求

1. 为便于后期处理双机位人物访谈拍摄的视频素材，在归还录制场地后需及时对视频素材进行复制备份，以防素材丢失。查阅信息页中的“双机位人物访谈视频素材的归档内容及流程”相关资料，梳理素材复制方法及步骤，完成以下问题。

（1）将单反相机与计算机连接后，通过________或________将素材导入计算机。

（2）把导入计算机的素材分类整理到特定文件夹后，再____________到存储设备中。

（3）梳理相机素材复制步骤，明确复制要求，完成图 2-5-3 的填写。

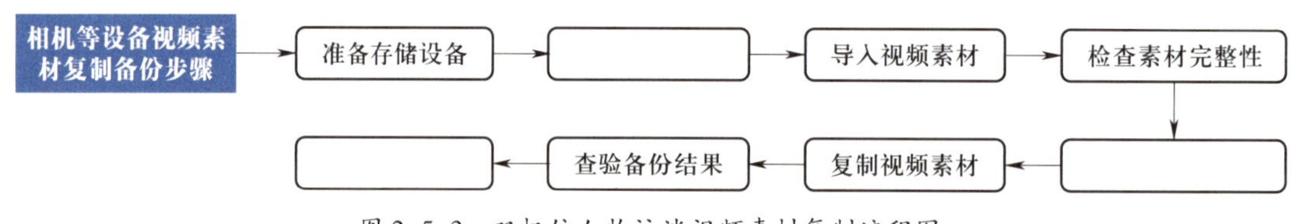

图 2-5-3　双机位人物访谈视频素材复制流程图

2. 结合视频文件的标签编号法，思考并分析以下情境，并描述如何规避此类问题的发生。

小 A 是一名独立视频创作者。有一次，他参与了一个极为重要的会议拍摄活动，用单反相机记录下许多珍贵且独特的视频素材。拍摄结束后，小 A 只是简单地将素材随意存放在计算机的一个文件夹里，便投入新的创作中，完全未考虑进行合理备份。后期，他不得不在计算机海量的文件中花费大量时间和精力查询素材。由于归档不当，部分素材丢失，小 A 只能重新寻找类似场景补拍。虽然任务最终完成，但有些精彩瞬间已无法展现。

问题：____

规避措施：____

____

（二）实施双机位人物访谈视频素材的复制与归档

结合视频文件的标签编号法，查阅信息页中的“双机位人物访谈视频素材编号样例”相关资料，选择适合本任务视频素材的编号格式，对视频素材进行合理编号，以便查阅与保存，并说明理由。

编号方式：____

理由：____

____

____

五、保养及归还双机位人物访谈视频的录制设备

（一）保养双机位人物访谈视频的录制设备

1. 合理保养相机能延长其使用寿命，确保素材高质量输出。查阅信息页中的“相机的基础保养和维护技巧”相关资料，学习相机养护基础知识，完成以下问题。

（1）**【单选】**不重视相机保养可能会导致（　　）。

A. 相机性能下降　　B. 拍摄出的照片质量变差

C. 相机故障增多　　D. 以上都对

（2）**【单选】**下列关于相机保养的必要性的说法中，正确的是（　　）。

A. 只有专业摄影师才需要保养相机　　B. 普通用户不需要保养相机

C. 不管是谁使用相机，保养都很重要　　D. 相机保养可有可无

（3）**【单选】**以下做法中，不利于相机保养的是（　　）。

A. 使用气吹清理相机表面灰尘　　B. 经常在海边不做防护使用相机

C. 长时间不使用相机时将电池取出　　D. 把相机放在干燥通风的环境中

（4）**【单选】**在相机保养的定期检查中，不包括检查（　　）。

A. 电池电量　　B. 快门是否正常

C. 镜头是否有划痕　　D. 相机接口是否松动

（5）**【单选】**存放相机时，应避免将其放在（　　）的环境中。

A. 常温　　B. 干燥　　C. 潮湿　　D. 通风

（6）**【单选】**下列（　　）情况对相机电池损害较大。

A. 频繁使用闪光灯导致电池快速放电　　B. 偶尔一次过度充电

C. 按照正常频率充电和使用　　D. 长时间不使用且电池电量适中

2. 观看“相机清洁保养流程手册”相关视频素材，学习单反相机保养的基本操作流程及方法，梳理并完成表 2-5-8 所示单反相机保养规范。

表 2-5-8　　单反相机保养规范

保养操作步骤		保养工具	贴图	保养标准
清洁外观	机身	具有超细纤维的软布		长时间手持相机可能会在机身上留下油渍、手印等痕迹，需进行清洁
	液晶屏	______		应避免显示屏在低温环境下受损，因为低温可能会对彩色液晶显示屏造成损害。清洁液晶屏表面的方法与清洁镜头方法相同，清洁后，要用干燥的棉布擦干净
清洁镜头	镜头	______	镜头纸　镜头笔	按照______的原则，先用吹气球清除灰尘，再用柔软干净的布轻擦，也可用镜头纸蘸上少许镜头清洁液______擦拭，注意避免用手直接触摸镜头
保养组件		______		按照说明书所示正确方式进行电池的充电和存放。使用吹气球清理电池部位的灰尘，清理时将相机机身卡口处朝下，也可以用镜头纸蘸少许镜头清洁液轻轻擦拭

续表

保养操作步骤	保养工具	贴图	保养标准
保养组件	存储卡		插拔存储卡时要关闭______开关；定期检查存储卡的针眼或触点有无异物
	______		定期检查各种数据接口、电源接口等是否松动或有无脏污
	按键、拨轮		确认按键和拨轮操作是否正常______清理相机缝隙中的污垢
存放相机	______		存放相机的环境应保持干燥通风，避免高温______，尽量存放在干燥箱内，箱内相对湿度保持在35%~40%

3. 结合以上填写的表2–5–8所示单反相机保养规范，学习单反相机保养的基础操作，合作完成对双机位人物访谈视频录制设备的保养，并以组为单位录制针对单反相机保养的操作视频，填写表2–5–9。

表2–5–9　　　　双机位人物访谈视频录制设备保养操作记录

序号	设备名称	保养部分	保养内容	完成情况
1	手机	外观		□合格　□不合格
		存储部位		□合格　□不合格
		电池		□合格　□不合格

续表

序号	设备名称	保养部分	保养内容	完成情况
2	单反相机	外观		□合格 □不合格
		镜头		□合格 □不合格
		组件		□合格 □不合格
		相机存放部位		□合格 □不合格
3	其他设备	三脚架		□合格 □不合格
		云台		□合格 □不合格
		音频设备		□合格 □不合格

4. 本学习活动结束后，各组推选代表展示本组录制的单反相机保养视频以及保养的成果，并针对保养要点进行讲解。其他各组认真查看别组录制的保养视频，严格核验保养的成果，按照“双机位人物访谈视频的录制单反相机保养”考核项目要求，采用小组互评与师评相结合的多元评价方式进行评价，见表 2–5–10。

表 2–5–10 “双机位人物访谈视频的录制单反相机保养”考核项目评价表

组别：

本考核项目占学习任务考核总分的 5%，可按 5 分计算

评分项目	得分（小组互评占比 30%、师评占比 70%）						
	小组互评						师评
	小组 1	小组 2	小组 3	小组 4	小组 5	小组 6	
1. 录制的单反相机保养视频画质清晰，操作规范，相机机身、镜头的清洁方法和工具使用正确，阐述清楚，计 2 分；有所欠缺或不规范扣 0.5~1 分							
2. 保养的相机外观包括机身、镜头等各部位无污渍，保养合规，计 2 分；有所欠缺或不规范扣 0.5~1 分							
3. 讲解逻辑清楚，能列举在保养过程中容易出现的错误操作及后果，正确放置相机和配件，强调适宜的存放环境，计 1 分；有所欠缺扣 0.5 分							
汇总得分							

（二）归还双机位人物访谈视频的录制设备

1. 查阅信息页中的“双机位人物访谈视频录制设备归还交接注意事项”相关资料，结合单反相机保养操作，学习相机设备归还交接注意事项，完成以下问题。

（1）【单选】以下（　　）不是相机设备归还交接时需要注意的事项。

A. 检查相机的存储容量　　B. 确认镜头是否干净

C. 核对借用记录　　D. 测试相机闪光灯是否正常

（2）【单选】下列关于相机设备归还交接的说法中，错误的是（　　）。

A. 要检查相机的对焦功能　　B. 可以忽略电池的电量

C. 要确认所有配件都在　　D. 要与借用记录核对

2. 查阅信息页中的案例“3 厘米的划痕”，结合案例，思考在工作中应如何规避此类问题。

错误：电话交接，未当面沟通＿＿＿＿＿＿＿＿＿＿＿＿＿＿＿＿＿＿＿＿

规避方式：＿＿＿＿＿＿＿＿＿＿＿＿＿＿＿＿＿＿＿＿＿＿＿＿＿＿

3. 思考在归还交接设备时，面对以下可能出现的问题，应如何规避，填写表 2-5-11。

表 2-5-11　双机位人物访谈视频录制设备归还时规避纠纷的方式

序号	情境	规避纠纷的方式
1	归还设备时，发现相机外观新增一处划痕，然而借用者坚称自己使用时格外小心，并未造成任何损坏，双方就划痕责任问题产生争议	例如，设置专门的交接流程，由双方共同仔细检查设备，当面确认设备状态，避免事后争议
2	归还的相机出现无法正常开机的情况，借用者表示此前使用时一切正常，不清楚为何会出现故障	
3	交接时发现相机包有破损，关于破损产生的时间，双方各执一词	
4	借用者延迟归还相机设备，致使后续借用安排受到影响，进而引发矛盾	

4. 结合双机位人物访谈视频录制设备归还交接注意事项，查验归还的录制设备，填写表 2-5-12。

表 2-5-12　双机位人物访谈视频录制设备入库清单

设备名称	型号	数量	设备情况	设备名称	型号	数量	设备情况
			□合格　□不合格				□合格　□不合格
			□合格　□不合格				□合格　□不合格
			□合格　□不合格				□合格　□不合格
			□合格　□不合格				□合格　□不合格

续表

设备名称	型号	数量	设备情况	设备名称	型号	数量	设备情况
			□合格　□不合格				□合格　□不合格
			□合格　□不合格				□合格　□不合格
			□合格　□不合格				□合格　□不合格
			□合格　□不合格				□合格　□不合格
归还人：				日期：			

学习环节六　评价反馈

学习目标

完成双机位人物访谈视频录制任务后，能开展复盘工作，反思学习过程，对任务中的技术要点进行分析。

建议学时

4 学时

学习要求

序号	学习步骤	学习内容	学时	备注
1	回顾双机位人物访谈视频的录制工作过程	1. 双机位人物访谈视频录制任务的复盘（实践） 2. 双机位人物访谈视频录制技术要点的梳理（实践）	2	
2	评价双机位人物访谈视频的录制任务复盘活动	双机位人物访谈视频录制技术要点的梳理与评价（实践）	2	

一、回顾双机位人物访谈视频的录制工作过程

（一）梳理双机位人物访谈视频的录制任务流程

回顾任务流程，梳理任务关键节点及对应的技术点，完成以下问题。

（1）回顾本次双机位人物访谈视频录制的任务流程，梳理“获取信息”环节的技术点，填写图 2-6-1。

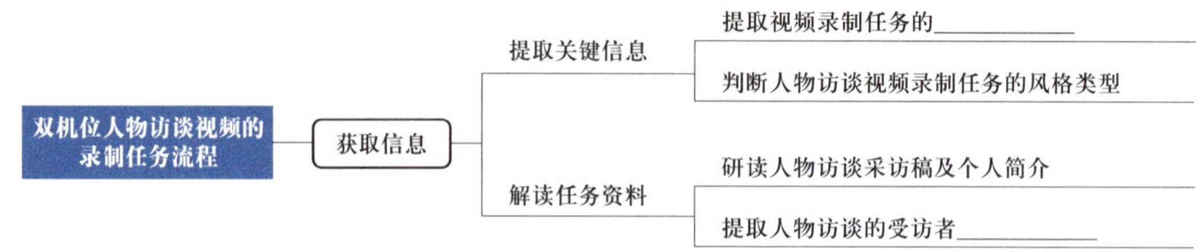

图 2-6-1　双机位人物访谈视频的录制任务流程思维导图 1

（2）回顾“制订计划”环节，梳理技术点，填写图 2-6-2。

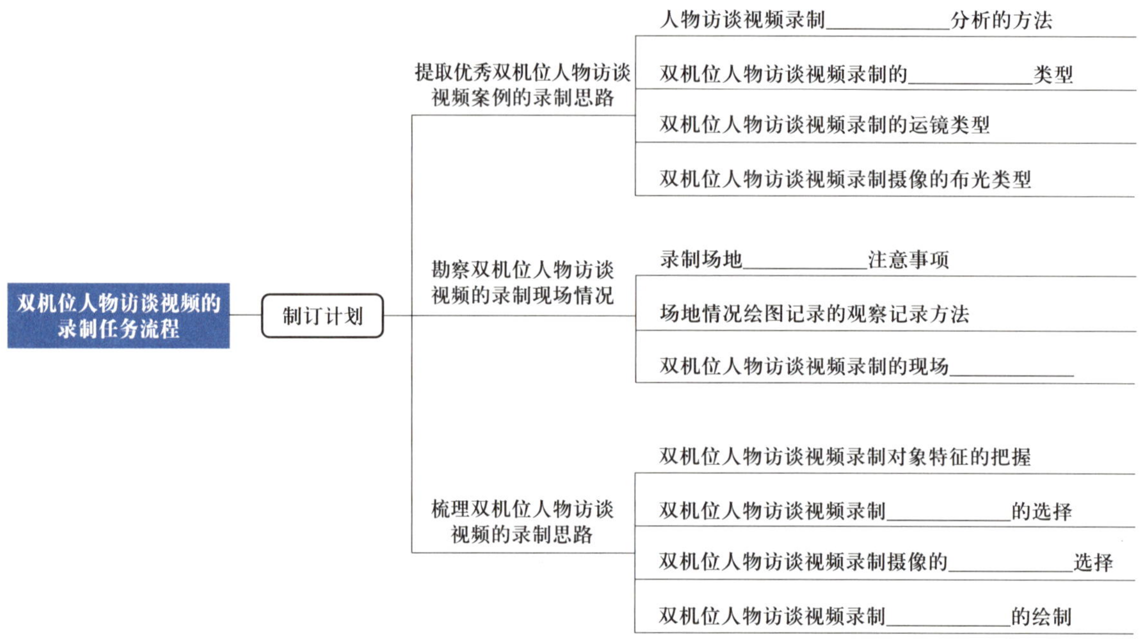

图 2-6-2　双机位人物访谈视频的录制任务流程思维导图 2

（3）回顾“做出决策”环节，梳理技术点，填写图 2-6-3。

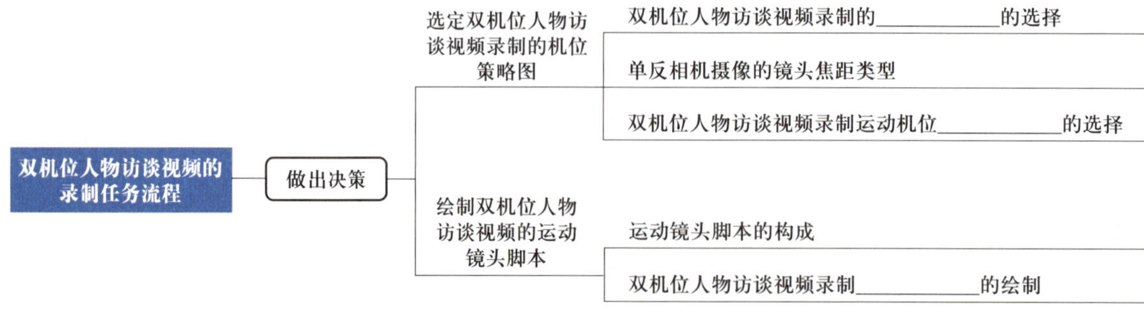

图 2-6-3　双机位人物访谈视频的录制任务流程思维导图 3

（4）回顾“实施计划”环节，梳理技术点，填写图 2–6–4。

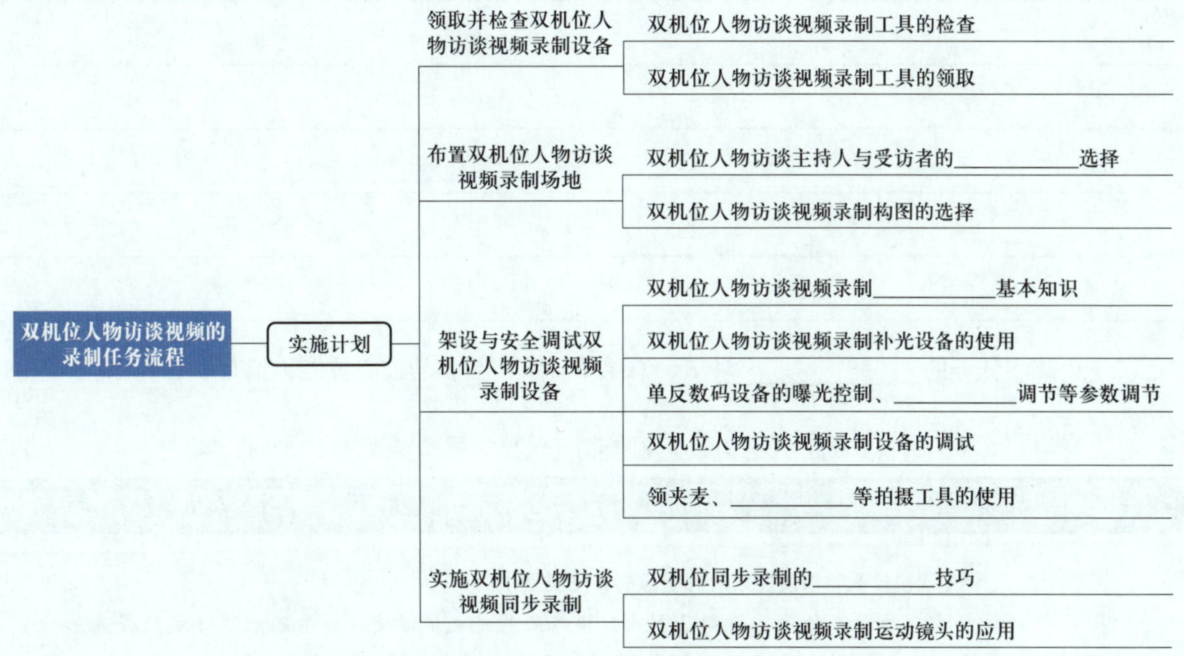

图 2–6–4　双机位人物访谈视频的录制任务流程思维导图 4

（5）回顾“过程控制”环节，梳理技术点，填写图 2–6–5。

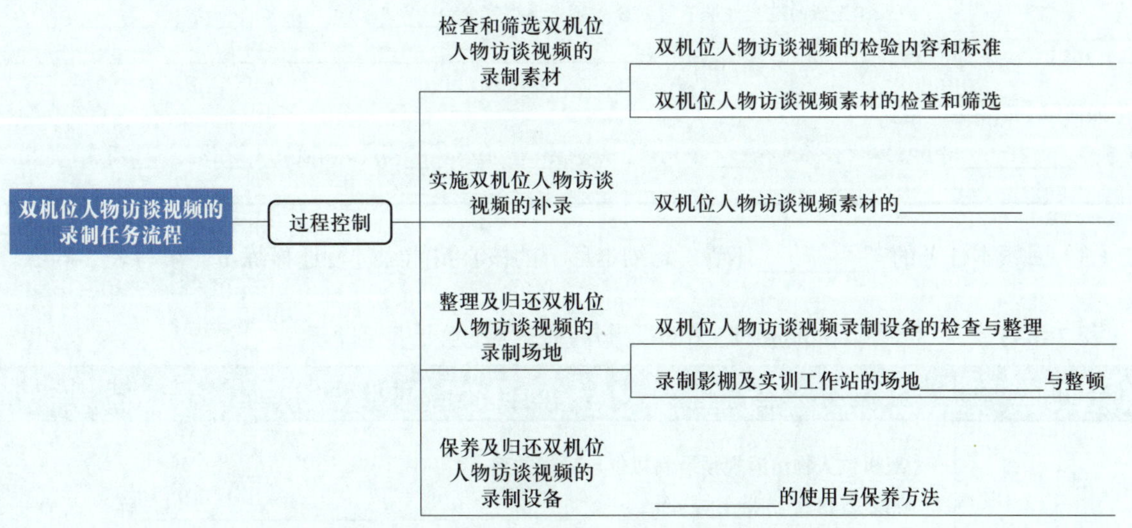

图 2–6–5　双机位人物访谈视频的录制任务流程思维导图 5

（二）反思双机位人物访谈视频的录制任务的核心技能要点

1. 根据上述双机位人物访谈视频录制任务流程思维导图，总结双机位人物访谈视频录制任务的技术要点，完成以下问题。

（1）通过回顾任务流程，确定本任务的核心技能点，填写在下方横线上。

____

____

____

____

____

____

（2）回顾本任务的____________环节，总结本环节需具备的核心技能，填写表 2-6-1。

表 2-6-1　双机位人物访谈视频录制任务技术要点梳理表 1

完成情况	技术要点
□录制灯光的布置	**【双机位人物访谈视频录制摄像的布光类型】** 在双机位人物访谈视频录制中，摄像照明是关键因素。合适的照明方式能提升画面质量，确保主持人和受访者形象清晰，常见的摄像照明方式有________、__________、__________、__________、_________与_________ 摄像布光通过运用各类照明设备，采用人工照明方法，依照照明光线不同的造型效果，对被拍摄物体布置不同______、______、______以及不同性质的_____灯光，以此增强被拍摄物体的_______、_____、_______与__________，营造出各种艺术效果 以人工光线的造型效果不同划分，布光类型可分为______、______、______、______、______

【如何做】

基于_________考虑，本次任务选择____个光位，分别为____位置____高度 / 角度、____位置____高度 / 角度

（3）回顾本任务的__________环节，总结本环节的核心技能，进行迁移练习，填写表 2-6-2。

表 2-6-2　双机位人物访谈视频录制任务技术要点梳理表 2

完成情况	技术要点
□现场的同步录制	**【双机位人物访谈视频录制机位与轴线关系】** 轴线是指被拍摄对象的__________、__________或____________________所形成的一条虚拟线。在双机位人物访谈视频录制中，轴线关系至关重要，它有助于保持画面的________和________。而______拍摄可能导致视觉上的混乱，使观众难以理解人物之间的关系和动作，这一点在双机位人物访谈视频录制中不容忽视 在拍摄时，需注意（　　），合理处理轴线关系，使双机位人物访谈视频更加专业和精彩 A. 明确轴线　B. 合理设置机位　C. 避免越轴　D. 保持画面连贯 E. 留意景别变化　F. 与受访者沟通　G. 提前规划

续表

完成情况	技术要点
【如何做】 为避免本次双机位人物访谈视频录制出现越轴问题，可通过□提前规划、□明确方向、□合理选择机位、□改变拍摄角度、□利用受访者动作、□与团队沟通、□查看取景器或监视器、□标记轴线、□多次演练 等办法，完成机位架设和运镜，保证本次任务合理实施	
【迁移练习】——【室内三机位双人对话镜头机位与轴线的关系】 在多人对话场景中，若拍摄轴线混乱，画面会显得十分跳跃，观众会感到突兀。解决轴线问题，后期素材的衔接才会顺畅连贯。观察下方室内三机位双人对话场景，呈现的画面是在轴线的________进行拍摄，左边女士的视线方向是______________，而右边男士的视线方向是______________，两人的视线是________。这是影视剧最常用的______+______的镜头组合 结合总结的机位架设方式绘制机位图，标注三个机位的架设方式以及轴线关系 室内三机位双人对话视频录制机位图绘制处	

（4）回顾本任务的__________环节，总结本环节的核心技能，进行迁移练习，填写表 2-6-3。

表 2-6-3　　　　双机位人物访谈视频录制任务技术要点梳理表 3

完成情况	技术要点
□录制的机位架设	【双机位人物访谈视频录制的机位架设】 机位架设是指在视频拍摄现场设置____个摄像机位置，以确保能捕捉到不同角度的画面。一般来说，一个摄像机作为________，用于________________；另一个摄像机则作为__________或__________，以增加画面的变化和灵活性，双机位的设置有助于提高视频的质量和观赏性 常见的机位架设类型有__________、____________、____________、__________与__________

续表

完成情况	技术要点

【如何做】

基于________考虑，本次任务选择的主机位（固定机位）架设类型为________；基于________考虑，本次任务选择的运动机位架设类型为________

【迁移练习】——【室外双机位双人过肩镜头机位架设】

1）过肩镜头通常是维持一致的镜头成对拍摄的，根据双机位人物访谈视频录制的机位架设方式，下面展示的是位于室外场景下，一场连续对话的双人过肩镜头视频的录制，可以从________角度架设________机位，从________角度架设________机位，将大小匹配的镜头连接在一起

2）结合选择的双机位过肩镜头视频录制的机位架设方式，绘制机位图

双机位过肩镜头视频录制机位图绘制处

（5）回顾本任务的________环节，总结本环节的核心技能，填写表 2-6-4。

表 2-6-4 双机位人物访谈视频录制任务技术要点梳理表 4

完成情况	技术要点
□灯光参数的设置 □主机位手机的设置 □运动机位单反相机的设置 □其他录制设备的设置	【数码摄像控制曝光的方法】 控制单反相机曝光的方式有________、________、________ 可以通过________、________、________、________与________判断曝光是否正确
	【数码摄像镜头焦段的匹配】 不同的镜头焦距适合不同的录制景别，适合双机位人物访谈视频录制所需的镜头焦距有：大远景、远景可用________镜头焦距 /mm，远景、全景可用________镜头焦距 /mm，全景、中景可用________镜头焦距 /mm，中景、近景可用________镜头焦距 /mm，近景、特写可用________镜头焦距 /mm，特写、大特写可用________镜头焦距 /mm

【如何做】

对于数码摄像镜头焦段的匹配，基于□录制场景大小、□配合镜头运动、□人物数量、□画面层次感、□避免焦段频繁切换、□考虑光线条件 等因素，考虑________因素，本次任务的运动机位选择________焦段的________镜头焦距 /mm

（6）回顾本任务的________环节，总结本环节的核心技术，填写表 2-6-5。

表 2-6-5 双机位人物访谈视频录制任务技术要点梳理表 5

完成情况	技术要点
现场的同步录制□	【双机位人物访谈视频录制的运镜方式】 运动镜头是指在一个镜头中通过移动________，或者变动________，或者变化________所进行的录制。通过运动摄像录制到的镜头，称为运动镜头 运动镜头的类型一般有________、________、________、________、________、________、________

【如何做】

基于□访谈内容、□人物动作、□场景布置、□画面节奏、□视觉效果、□设备限制，以及________考虑，本次任务选择的运镜方式是________

2. 根据上述对双机位人物访谈视频录制任务技术要点的梳理，参考信息页中的“双机位人物访谈视频录制摄像要点及易错点”相关资料，回顾整个任务过程，思考任务实施过程中存在哪些问题，并提出相应的解决措施。

（1）在进行双机位人物访谈视频录制的布光时，发现画面整体色调和质感较差。产生这一问题的原因是________，解决措施是________。

（2）在进行双机位人物访谈视频同步录制时，发现录制画面混乱，易使观众产生眩晕感。产生这一问题的原因是＿＿＿＿＿，解决措施是＿＿＿＿＿＿＿。

（3）在进行双机位人物访谈视频录制的机位架设时，发现录制画面不但遮挡了受访者的视线，且视频中收录的声音伴有大量噪声。产生这一问题的原因是＿＿＿＿＿和＿＿＿＿＿＿＿＿，解决措施是＿＿＿＿＿＿＿。

（4）在进行双机位人物访谈视频同步录制时，发现录制画面不稳定，影响观看体验，还让观众产生了眩晕感。产生这一问题的原因是＿＿＿＿＿和＿＿＿＿，解决措施是＿＿＿＿＿。

二、评价双机位人物访谈视频的录制任务复盘活动

回顾双机位人物访谈视频录制的反思过程，根据双机位人物访谈视频录制任务技术要点梳理表 1~5，按照“双机位人物访谈视频录制任务的技术要点反思”考核项目要求，采用自评、组内互评与师评相结合的多元评价方式进行评价，见表 2-6-6。

表 2-6-6　“双机位人物访谈视频录制任务的技术要点反思”考核项目评价表

组别：

本考核项目占学习任务考核总分的 20%，可按 20 分计算

评分项目	得分（自评占比 30%、组内互评占比 30%、师评占比 40%）							
	自评	组内互评（组内学生姓名）						师评
1. 任务流程回顾准确，录制灯光的布置技术要点及环节对应准确，做法符合要求，计 4 分；每错一处扣 0.5 分								
2. 现场同步录制的机位与轴线关系对应正确，填写规范，计 5 分；每错一处扣 0.5 分								
3. 录制机位架设技术难点识别准确，迁移练习绘图规范，计 5 分；有所欠缺或不规范扣 0.5~1 分								
4. 数码摄像控制曝光的方法及焦段匹配合理，计 3 分；每错一处扣 0.5 分								
5. 双机位人物访谈视频录制的运镜方式设计思路及要点识别准确，计 3 分；有所欠缺或不规范扣 0.5~1 分								
汇总得分								

附件：人物访谈分镜画面

技工院校工学一体化课程教学资源

技工院校计算机网络应用专业工学一体化教材

信息网络布线
工作页

主编　周志德

学习任务三
园区光缆主干网络布线实施

中国劳动社会保障出版社

简介

本书为技工院校计算机网络应用专业“信息网络布线”工学一体化课程的工作页，依据《计算机网络应用专业国家技能人才培养工学一体化课程标准》编写，供各地技工院校开展工学一体化教学使用。

本书主要包括办公室网络布线实施、中小型企业网络布线实施、园区光缆主干网络布线实施、智能家居安防布线实施四个学习任务，每个学习任务包含获取信息、制订计划、做出决策、实施计划、过程控制、评价反馈六个学习环节。

完成本书中学习任务所需的相关素材可通过技工教育网（https://jg.class.com.cn）下载并使用。

图书在版编目（CIP）数据

信息网络布线工作页 / 周志德主编 . -- 北京：中国劳动社会保障出版社，2025. --（技工院校工学一体化课程教学资源）（技工院校计算机网络应用专业工学一体化教材）. -- ISBN 978-7-5167-7099-3

Ⅰ. TP393. 033

中国国家版本馆 CIP 数据核字第 20251XL598 号

信息网络布线工作页

XINXI WANGLUO BUXIAN GONGZUOYE

中国劳动社会保障出版社出版发行

（北京市惠新东街 1 号　邮政编码：100029）

*

北京市艺辉印刷有限公司印刷装订　　新华书店经销

880 毫米 ×1230 毫米　16 开本　20.75 印张　462 千字

2025 年 8 月第 1 版　　2025 年 8 月第 1 次印刷

定价：54.00 元

营销中心电话：400-606-6496

出版社网址：https://www.class.com.cn

https://jg.class.com.cn

技工院校工学一体化课程教学资源
技工院校计算机网络应用专业工学一体化教材

开发院校

牵头院校：广州市工贸技师学院

参与院校：苏州市电子信息技师学院　聊城市技师学院
淄博市技师学院

指导专家

张利芳　陈海娜　马　琳

本书编审人员

主　　编：周志德

参　　编：陈静君　崔玉翠　李　川　朱东方　国梦露　刘志勇　张林燕
张慧青　柴守立　李伟彦　盛　婕

审　　稿：邹伟民

指　　导：张利芳　马　琳

序

技工教育的本质是就业教育，其最显著的特征是职业性，其最好的培养模式就是“在工作中学习、在学习中工作”。培育大批高技能人才，既要适应新一轮科技革命和产业变革的需要，也要遵循技能人才成长发展规律，创新技能人才培养方式。推进工学一体化技能人才培养模式改革是推进校企融合、提质培优的重要途径，是技工院校服务制造业和实体经济发展的务实举措。

2009 年，人力资源社会保障部办公厅印发了《技工院校一体化课程教学改革试点工作方案》，分三批在部分技工院校试点开展工学一体化课程教学改革工作，到 2021 年已经覆盖 31 个专业 191 所部级试点院校。经过十多年的发展，理念得到认同、试点不断扩大、学生学习兴趣明显提高，取得了显著成效。2022 年 3 月，人力资源社会保障部印发了《推进技工院校工学一体化技能人才培养模式实施方案》，提出在全国技工院校大力推进工学一体化技能人才培养模式，实现百个专业、千所院校、万名教师的“百千万”工作目标，以促进技工院校人才培养模式变革、提升技能人才培养质量、带动形成技工院校改革创新新局面。

新一轮工学一体化课程教学改革开展聚焦“课程标准”“课程资源”“教师培养”三项重点工作，为持续推进技工院校工学一体化技能人才培养模式实施奠定了坚实基础。印发《〈国家技能人才培养工学一体化课程标准〉开发技术规程》，出版《工学一体化课程开发指导手册》，分三阶段指引完成 103 个专业国家技能人才培养工学一体化课程标准与课程设置方案开发；编制《工学一体化课程教学资源开发指

南》，开发第一批 14 个专业 37 门课程工学一体化课程教学资源；印发《技工院校工学一体化教师培训标准》，出版《工学一体化教师培训指导手册》，依托工学一体化教师培训基地培育师资队伍；印发《技工院校工学一体化课堂、课程、专业、院校建设标准》，出版《工学一体化课程教学实施指导手册》，指引 1 000 所技工院校对标开展工学一体化优质课堂、精品课程、示范专业、骨干院校的建设工作，实现以评促建的目标。

教材建设是教学改革成果固化的重要载体。本次工学一体化课程教学资源按照工作逻辑呈现实践、理论知识和素养，遵循工作过程六步法，从工作向“工作 + 学习”融合，通过引导问题层层递进，实现“输入—内化—输出—考核”的学习闭环，突出学生心智技能和思维的培养，强调学生个人成长的积累。近年来，通过指导专家、几百位试点院校的骨干教师以及编辑团队共同努力，产出了教学指导用书、工作页及答案、信息页及数字资源等形式的系列教材学材，以满足技工院校的教学使用需求。

本系列教材及配套资源的出版，不仅是对本轮技工院校工学一体化技能人才培养模式改革工作的阶段性总结，也是打通从课程标准到课堂实施最后一公里的全新尝试，意义深远。希望全国技工院校将推行工学一体化技能人才培养模式作为创新人才培养模式、提高人才培养质量的重要抓手，为加快培养具有良好工作思维与习惯、自主学习意识与能力、精湛专业技艺与技能的复合型技能人才作出新的更大贡献！

技工教育和职业培训教学指导委员会

2025 年 4 月

目录

学习任务三
园区光缆主干网络布线实施

任务描述

任务情境

某工业园区要扩大规模，新建 A、B、C 三栋办公楼，三栋楼均为七层，按园区网络布线方案规划，中心机房设在 A 楼一层，放置建筑群配线设备（CD）和建筑物配线设备（BD），每楼层各设置一个楼层配线设备（FD）配线间，现已完成园区网络布线系统整体设计，进入项目实施阶段，且园区地下通信管道和三栋办公楼内弱电井的线槽 / 线管和桥架已敷设完成。依据整体设计，现需要完成园区光缆主干网络布线实施，包括室外光缆先从 A 楼 CD 通过地下管道敷设到 B 楼的光纤接续盒，再由光纤接续盒分出两根 24 芯的光缆，一条链路进入 B 楼一层设备间的建筑物配线设备，另一条链路通过架空光缆敷设进入 C 楼一层设备间的建筑物配线设备，实现 B、C 楼内各层的主干网络连通，为园区各项业务高效运作打下坚实基础。此任务拟由施工技术小组在六个工作日内完成。

作为施工技术小组的一员（信息通信网络线务员），学生需要从教师处接受任务，领取施工图等资料，明确施工任务基本情况和总体技术要求，识读项目施工图，核准布线系统关键信息，勘察现场；整理施工步骤，选用工具、材料、设备；规范完成园区光缆主干网络布线系统施工并随工自检；测试光纤链路性能并解决常见故障，确保链路稳定可靠；填写施工记录和验收报告交付教师。

布线实施执行《综合布线系统工程设计规范》（GB 50311—2016）（简称设计规范），项目验收执行《综合布线系统工程验收规范》（GB/T 50312—2016）（简称验收规范）、《公共建筑光纤宽带接入工程技术标准》（GB 51433—2020）（简称技术标准）。在工作过程中注重团队协作以及施工质量和施工环境符合工程管理要求，做到以人为本，安全第一。

任务要求

1. 布线实施过程需符合以下规范要求。

（1）从 A 楼到 B、C 楼的布线实施需要规范完成从 A 楼到 B 楼地下管道光缆敷设、从 B 楼到 C 楼架空光缆敷设，以及光纤接续盒的端接与安装。施工过程应符合设计规范、验收规范中建筑群子系统的规范要求。

（2）从 A 楼进线间的抽拉式光纤配线架到建筑群配线设备的布线实施需要规范完成室内光缆敷设和抽拉式光纤配线架的端接与安装。施工过程应符合设计规范、验收规范中进线间子系统的规范要求。

（3）从 B、C 楼的一层设备间的建筑物配线设备分别到各楼层配线间的干线子系统布线实施需要通过竖井通道规范完成室内光缆敷设并完成各楼层配线间的光纤配线架的端接和安装。施工过程应符合设计规范、验收规范中干线子系统、设备间子系统的规范要求。

2. 交付的园区光缆主干网络布线系统需符合以下验收要求。

光纤链路均要进行性能测试并排除可能出现的故障，确保链路通畅且稳定可靠；网络布线系统中的设备、线缆、信息点等应按照便于维护的方式进行标识和记录，符合设计规范、验收规范中的标签标识管理规范要求。

任务资料

任务资料包括综合布线系统设置示意图、综合布线系统图、光缆主干网络施工图、光纤配线架安装图。

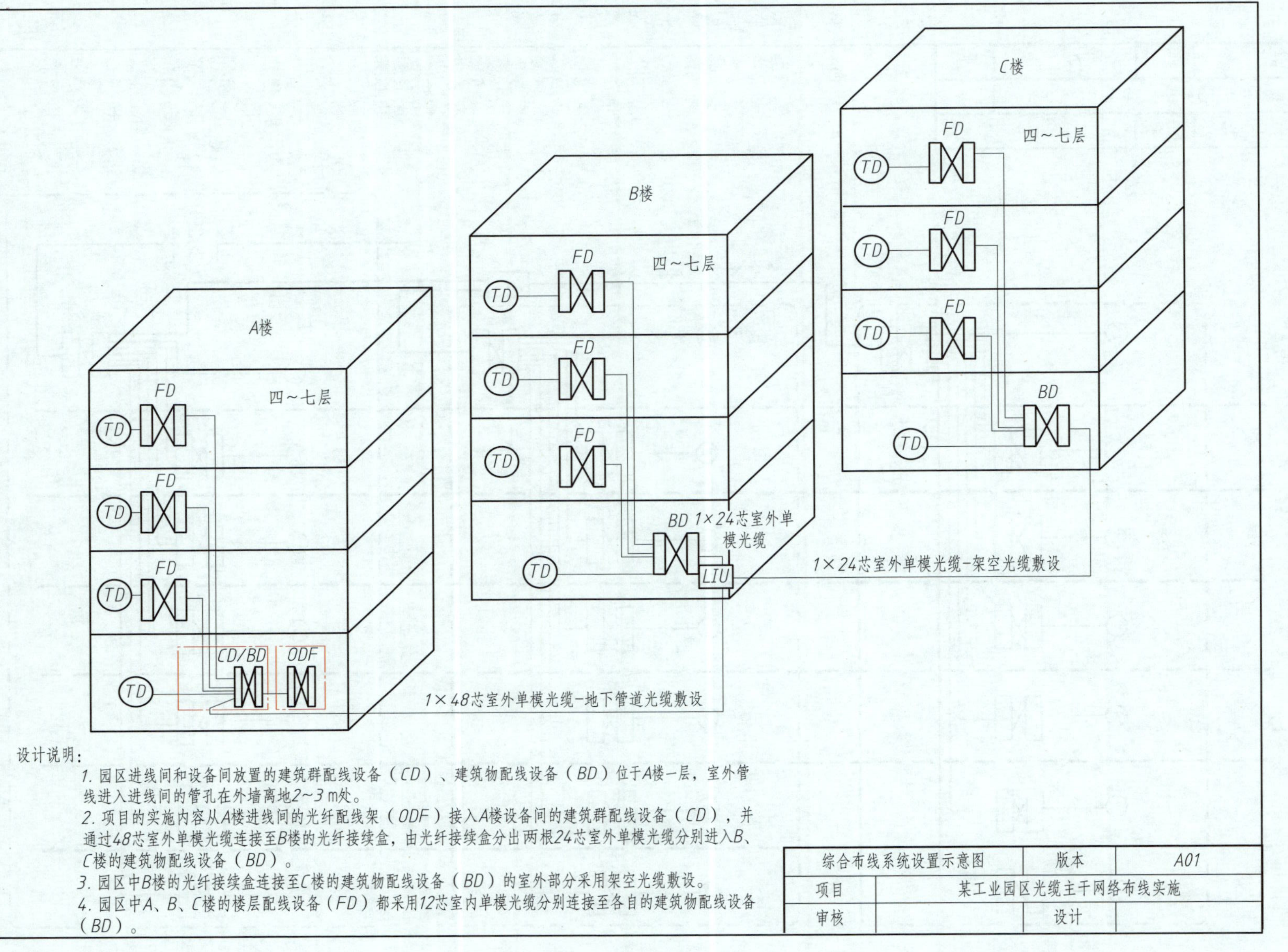

设计说明：

1. 园区进线间和设备间放置的建筑群配线设备（CD）、建筑物配线设备（BD）位于A楼一层，室外管线进入进线间的管孔在外墙离地2～3 m处。
2. 项目的实施内容从A楼进线间的光纤配线架（ODF）接入A楼设备间的建筑群配线设备（CD），并通过48芯室外单模光缆连接至B楼的光纤接续盒，由光纤接续盒分出两根24芯室外单模光缆分别进入B、C楼的建筑物配线设备（BD）。
3. 园区中B楼的光纤接续盒连接至C楼的建筑物配线设备（BD）的室外部分采用架空光缆敷设。
4. 园区中A、B、C楼的楼层配线设备（FD）都采用12芯室内单模光缆分别连接至各自的建筑物配线设备（BD）。

综合布线系统设置示意图		版本	A01
项目	某工业园区光缆主干网络布线实施		
审核		设计	

某工业园区综合布线系统设置示意图

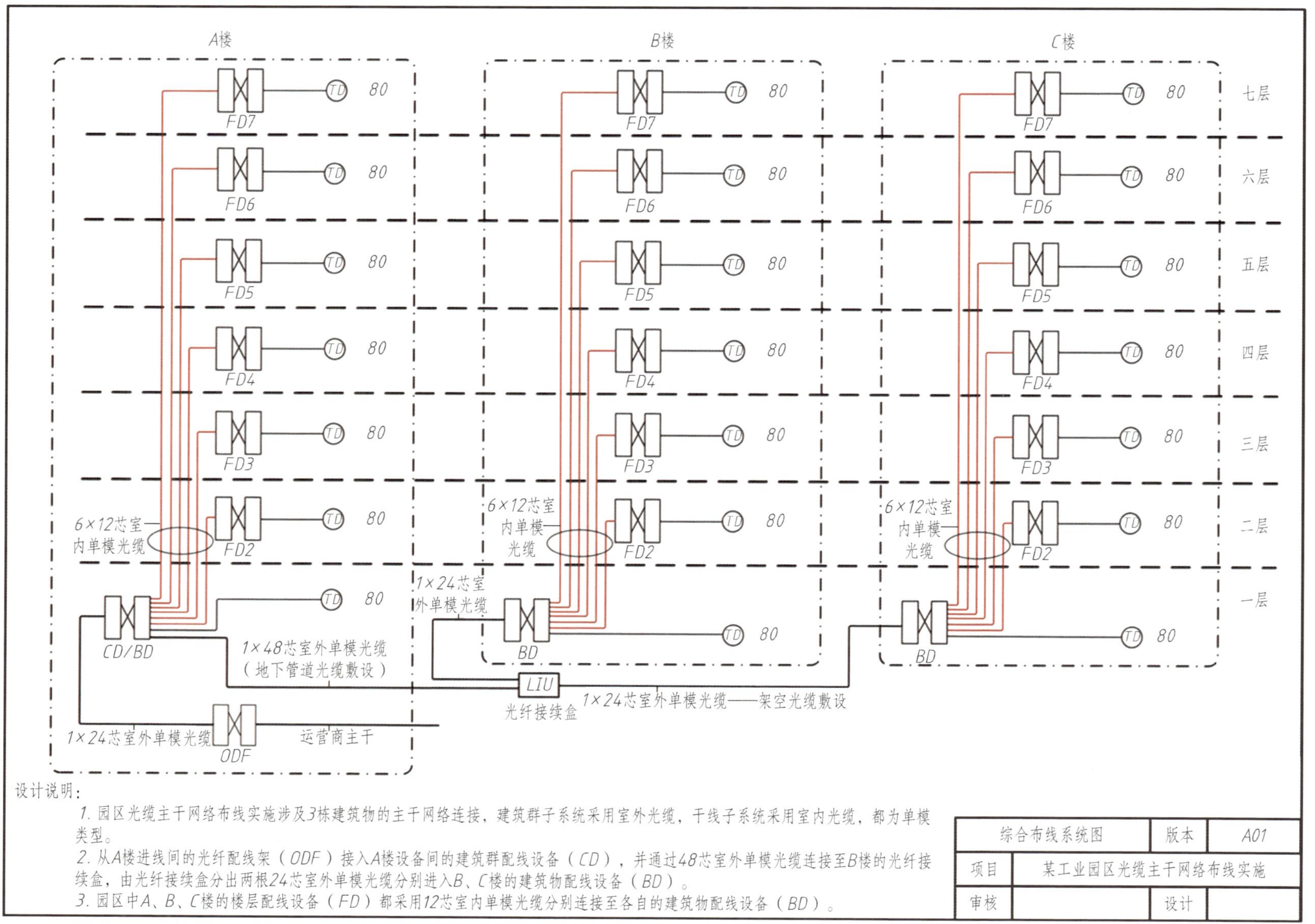

设计说明：

1. 园区光缆主干网络布线实施涉及3栋建筑物的主干网络连接，建筑群子系统采用室外光缆，干线子系统采用室内光缆，都为单模类型。

2. 从A楼进线间的光纤配线架（ODF）接入A楼设备间的建筑群配线设备（CD），并通过48芯室外单模光缆连接至B楼的光纤接续盒，由光纤接续盒分出两根24芯室外单模光缆分别进入B、C楼的建筑物配线设备（BD）。

3. 园区中A、B、C楼的楼层配线设备（FD）都采用12芯室内单模光缆分别连接至各自的建筑物配线设备（BD）。

某工业园区综合布线系统图

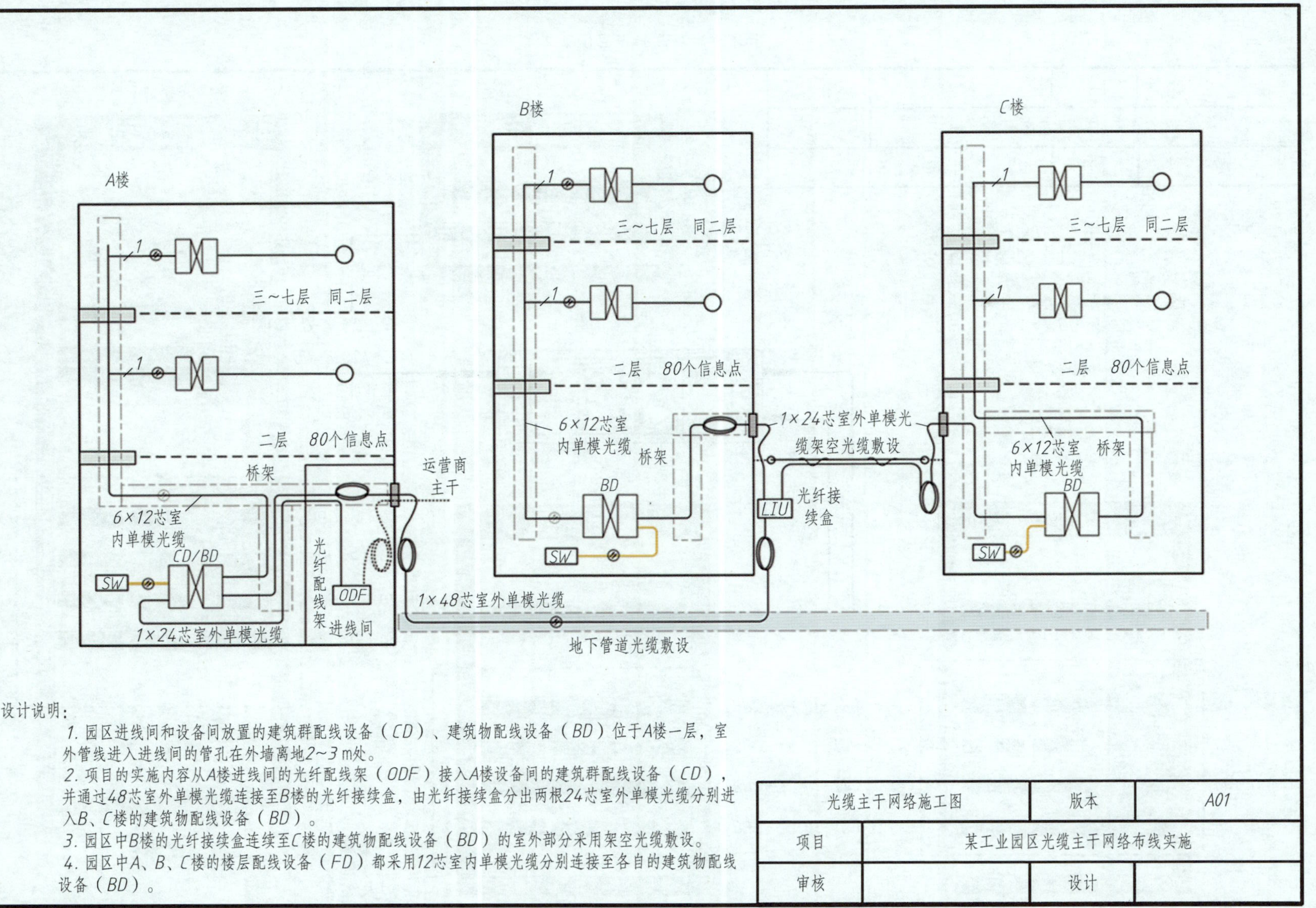

设计说明：

1. 园区进线间和设备间放置的建筑群配线设备（CD）、建筑物配线设备（BD）位于A楼一层，室外管线进入进线间的管孔在外墙离地2~3 m处。

2. 项目的实施内容从A楼进线间的光纤配线架（ODF）接入A楼设备间的建筑群配线设备（CD），并通过48芯室外单模光缆连接至B楼的光纤接续盒，由光纤接续盒分出两根24芯室外单模光缆分别进入B、C楼的建筑物配线设备（BD）。

3. 园区中B楼的光纤接续盒连续至C楼的建筑物配线设备（BD）的室外部分采用架空光缆敷设。

4. 园区中A、B、C楼的楼层配线设备（FD）都采用12芯室内单模光缆分别连接至各自的建筑物配线设备（BD）。

光缆主干网络施工图		版本	A01
项目	某工业园区光缆主干网络布线实施		
审核		设计	

某工业园区光缆主干网络施工图

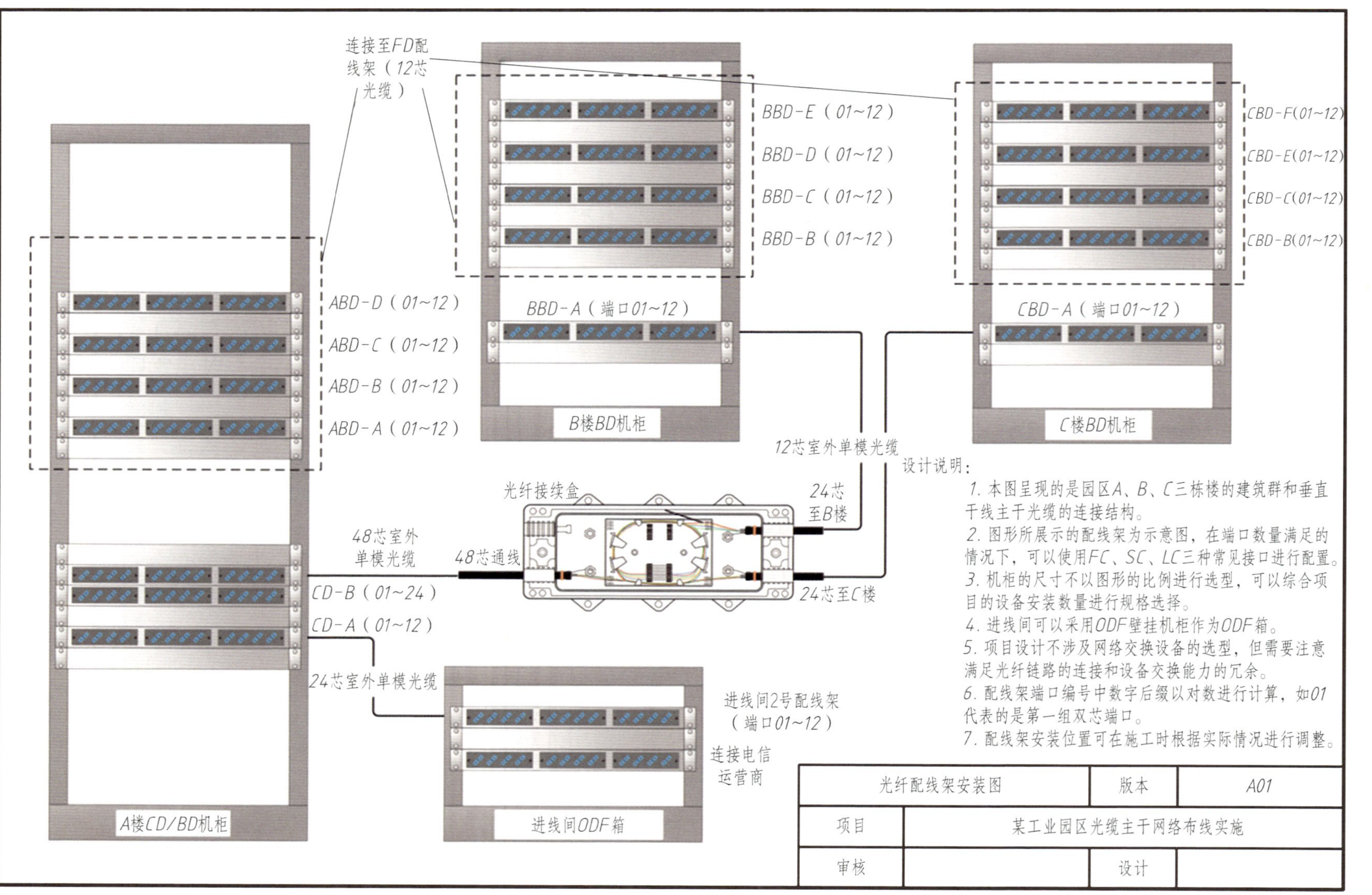

某工业园区光纤配线架安装图

学习目标

1. 能明确园区光缆主干网络布线实施任务基本信息和要求，识读园区光缆主干网络布线实施图，勘察园区光缆主干网络布线施工现场。

2. 能分析建筑群子系统和进线间子系统采用的设备、材料、工作内容及施工步骤，并确定园区光缆主干网络布线施工顺序，绘制园区光缆主干网络布线施工流程示意图。

3. 能识别室外布线施工环境异常或干扰因素，讨论分析其应对措施，明确辛勤劳动的价值。

4. 能按施工需求领取并核对材料的种类和数量，能根据施工图正确使用工具，按照规范在规定的时间内完成建筑群子系统和进线间子系统的布线施工工作，随工自检自测，及时发现和解决链路故障。

5. 能按照规范进行网络光纤链路性能测试，根据故障检测结果辨别、定位故障，正确分析故障原因，及时排除故障，配合三方验收并填写项目验收报告。

6. 能独立反思任务实施过程，提出任务实施过程中遇到的问题的改进措施，能独立从功能、组成与设备以及关键技能等多个维度，辨析信息网络布线七大子系统的差异。

7. 施工过程中能严格执行操作规范及6S管理规定，具有与人合作的能力，规范意识、环保意识、成本意识和安全意识等职业素养，以及执着专注、一丝不苟的工匠精神，养成热爱劳动的精神。

建议学时

48学时

学习路径

学习任务
学习环节
学习步骤及学生活动
园区光缆主干网络布线实施
获取信息
明确园区光缆主干网络布线实施任务基本信息和要求
提取园区光缆主干网络布线实施任务基本信息
辨析进线间子系统与建筑群子系统的布线范畴
明确园区光缆主干网络布线实施任务要求
识读园区光缆主干网络布线施工图
认识园区光缆主干网络布线施工图的作用
识读园区光缆主干网络布线施工图关键信息
核对园区光缆主干网络布线施工图关键信息
勘察园区光缆主干网络布线施工现场
明确园区光缆主干网络布线施工现场勘察的内容和目的
使用轮式测距仪完成路由复测
制订计划
选择园区光缆主干网络布线设备、材料及工具
辨识并判断建筑群子系统所用的设备及材料
辨识并判断进线间子系统所用的设备
明确园区光缆主干网络布线施工工具
梳理园区光缆主干网络布线施工顺序
确定建筑群子系统的工作内容及施工步骤
确定进线间子系统的工作内容及施工步骤
整理园区光缆主干网络布线施工顺序
绘制园区光缆主干网络布线施工流程示意图
做出决策
识别并判断室外布线施工环境异常或干扰因素
识别室外布线施工环境异常或干扰因素
判断室外布线施工环境异常或干扰因素
制定应对室外布线施工环境异常或干扰因素的防控措施
分析施工环境中的干扰因素并制定针对性防控措施
探讨室外布线施工环境的挑战
实施计划
领取并核对园区光缆主干网络布线施工材料和工具
核对材料和工具并处理发现的问题
检查布线施工设备
检查施工安全防护措施

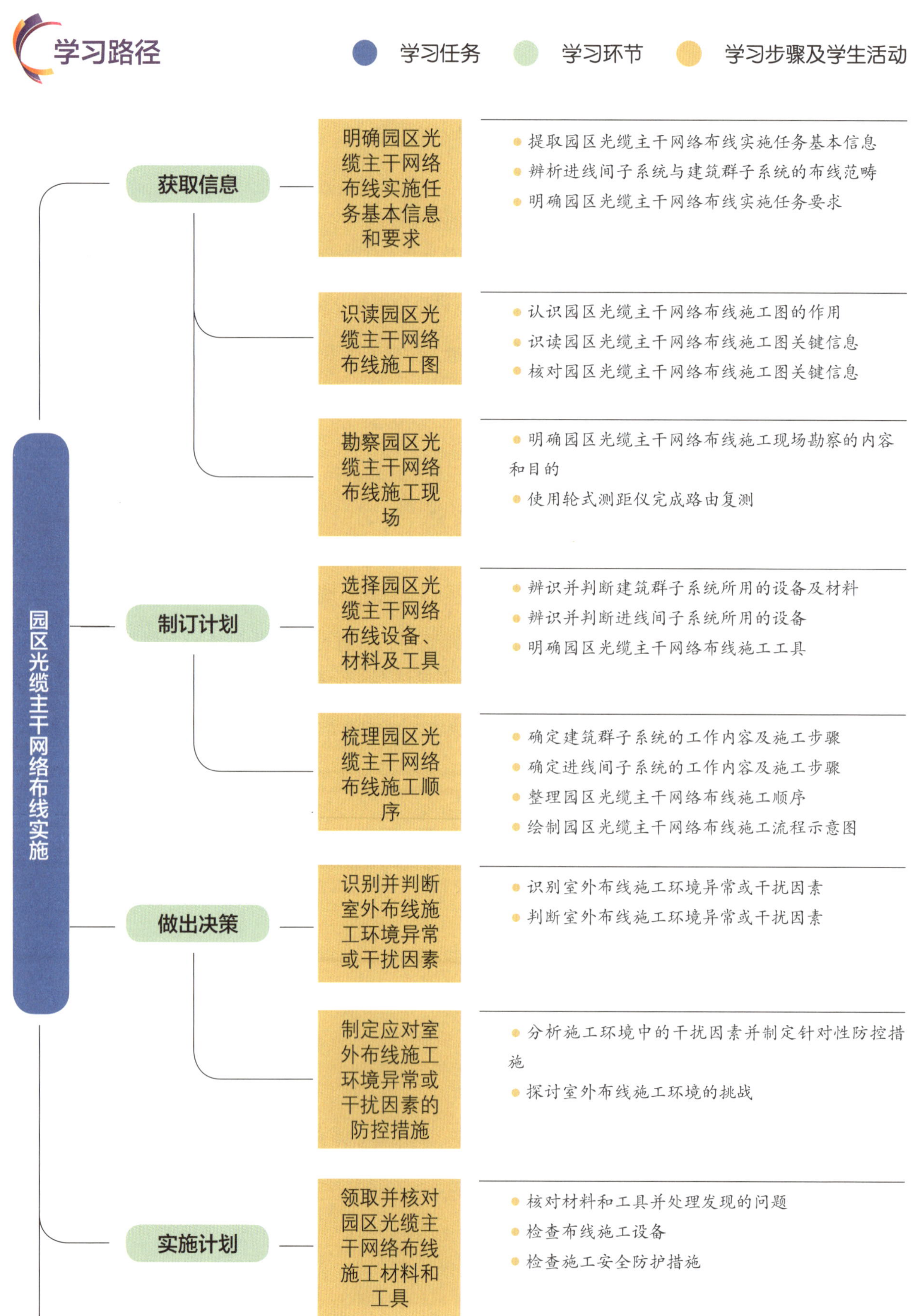

园区光缆主干网络布线实施

- 采用牵引敷设方式敷设B、C楼干线子系统主干链路
  - 辨析两种敷设方式的区别及应用场景
  - 梳理干线子系统线缆牵引敷设方式的操作步骤
- 端接与安装B、C楼各楼层光纤配线架
  - 回顾操作步骤、要点并完成光纤配线架端接与安装
  - 测试光纤链路的通断
- 室外光缆开缆
  - 识别光缆开缆刀结构
  - 使用光缆开缆刀完成开缆
- 端接与安装光纤接续盒
  - 解析光纤接续盒结构
  - 明确操作步骤与要点并完成光纤接续盒的端接与安装
- 端接与安装抽拉式光纤配线架
  - 解析抽拉式光纤配线架的结构
  - 明确操作步骤与要点并完成抽拉式光纤配线架的端接与安装
- 实施室外光缆布线
  - 认识地下管道光缆敷设
  - 认识架空光缆敷设和直埋光缆敷设

过程控制

- 测试主干网络光纤链路性能
  - 认识光纤测试方法
  - 使用光纤测试设备进行测试
- 协助园区光缆主干网络布线实施项目三方验收
  - 辨别进线间子系统及建筑群子系统的验收要点
  - 整理园区光缆主干网络布线实施项目验收资料

评价反馈

- 整理园区光缆主干网络布线实施的关键技能
  - 梳理园区光缆主干网络布线施工过程中的关键技能
  - 辨析信息网络布线七大子系统的差异
- 反思园区光缆主干网络布线实施任务学习收获

学习环节一 获取信息

学习目标

1. 能独立阅读任务情境，提取和整理任务施工范围、施工期限、施工总体要求等信息。

2. 能与小组成员合作，识读园区综合布线系统图、综合布线系统设置示意图、光纤配线架安装图以及光缆主干网络施工图，明确每张图纸的具体作用，准确识别其中的关键信息。

3. 能与小组成员合作，辨别园区光缆主干网络布线施工现场勘察的内容及目的，探究路由复测的目的，正确使用轮式测距仪完成距离测试。

建议学时

6 学时

学习要求

序号	学习步骤	学习内容	学时	备注
1	明确园区光缆主干网络布线实施任务基本信息和要求	建筑群子系统和进线间子系统的覆盖范围	2	
2	识读园区光缆主干网络布线施工图	1. 进线间子系统及建筑群子系统布线的常用术语、缩略语及图形符号 2. 园区光缆主干网络布线施工图的作用 3. 园区光缆主干网络布线施工图关键信息的识别 4. 园区光缆主干网络布线施工图关键信息的核对	2	
3	勘察园区光缆主干网络布线施工现场	1. 园区光缆主干网络布线施工现场勘察的内容和目的 2. 路由复测的目的及使用的工具 3. 轮式测距仪的结构及操作步骤 4. 路由复测测试结果的判断	2	

一、明确园区光缆主干网络布线实施任务基本信息和要求

（一）提取园区光缆主干网络布线实施任务基本信息

1. 独立阅读任务情境，提取任务施工范围、施工期限等信息，填写在表 3-1-1 中。

表 3-1-1　　园区光缆主干网络布线实施任务基本信息

施工范围	线缆种类	施工期限
园区中心机房的位置：		
A、B、C 楼的建筑物配线设备（BD）的位置：		
A 楼到 B 楼采用的敷设方式：		
B 楼到 C 楼采用的敷设方式：		
前期已完成的施工内容：		

2. 通过对任务情境的认识明确施工范围的变化，以下选项中属于本任务工作场景的是（　　）。【多选题】

A. 施工人员需要登高作业，沿着建筑物外墙进行光缆敷设

B. 园区内的绿化带和道路交汇处需要施工人员仔细规划布线路径

C. 面对地下复杂的管道结构和狭小的作业空间，施工人员需要突破环境限制，精确完成光缆敷设任务

D. 由于特殊原因无法进行地下管道光缆敷设时，施工人员需要克服恐高心理，精准而高效地完成两楼之间架空光缆敷设任务

3. 在我国宏大的光缆网络布局中，光缆线路的敷设工作至关重要，它横跨室内与室外，涵盖了广泛的地域与多变的环境。特别值得注意的是，室外光缆线路敷设面临的环境复杂多变，这无疑给施工任务带来了更高的复杂性和挑战性。因此，在园区光缆主干网络布线实施任务中，那些默默付出的辛勤劳动者扮演着不可或缺的角色。

判断以下具体工作场景中，生动体现劳动者们的辛勤付出的有（　　）。【多选题】

A. 面对园区内复杂多变的地形条件，施工人员需要穿越茂密的草丛确保每一根光缆都能精准敷设，同时保障施工安全

B. 即便在恶劣的天气条件下，为了维护国家利益，避免造成损失，施工人员依然坚守岗位，顶风冒雨，确保施工进度不受影响

C. 面对突发的光缆断裂、设备故障等情况，施工人员总能迅速反应，开展抢修工作，或者灵活调整施工方案，确保网络畅通无阻

D. 为了确保施工进度与质量，让每个用户都能享受到稳定的网络服务，施工人员坚守在施工岗位上，忍受着疲劳与困倦，默默付出

（二）辨析进线间子系统与建筑群子系统的布线范畴

1. 结合信息网络布线七大子系统微课视频，回顾前期实践历程，可知下列选项中属于前两个学习任务中未曾涉及的子系统的是（　　）子系统。【多选题】

A. 工作区　　B. 干线　　C. 设备间　　D. 管理

E. 建筑群　　F. 进线间　　G. 配线

2. 结合信息页中的“建筑群子系统和进线间子系统的覆盖范围”，在图 3-1-1 中用红笔标注出进线间子系统位置，并简述设置进线间子系统的理由。

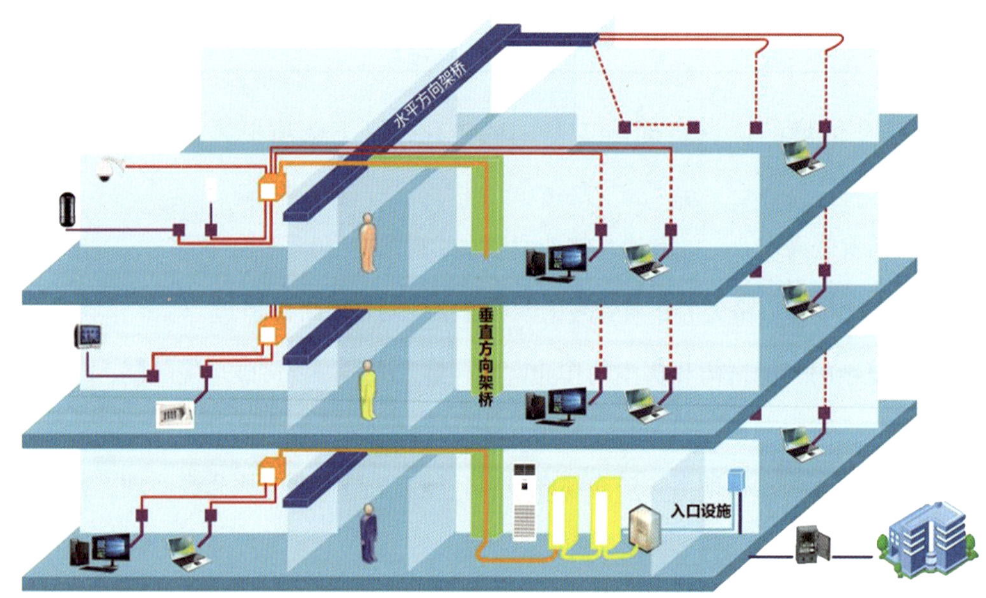

图 3-1-1　信息网络布线七大子系统示意图

设置进线间子系统的理由：____

____

____。

3. 根据信息页中的“建筑群子系统和进线间子系统的覆盖范围”，对比干线子系统与建筑群子系统布线的功能、施工范围、使用的线缆及端接设备，填写表 3-1-2。

表 3-1-2　　干线子系统布线与建筑群子系统布线对比表

项目内容	干线子系统布线	建筑群子系统布线
功能		
施工范围		
使用的线缆		
使用的端接设备		

（三）明确园区光缆主干网络布线实施任务要求

1. 独立阅读任务情境，提取本任务施工的总体要求，填写到横线上。

____

____

____

2. 独立阅读任务情境，识别本任务需要完成的工作内容，填写到横线上。

____

____

____

二、识读园区光缆主干网络布线施工图

（一）认识园区光缆主干网络布线施工图的作用

1. 查阅信息页中的“进线间子系统及建筑群子系统布线的常用术语、缩略语及图形符号”，辨别以下缩略语、术语和图形符号的对应关系，用直线连接起来。

缩略语	术语	图形符号
CD	建筑群配线设备	ODF　ODF
ODF	光纤配线架	CD　CD
	光纤接续盒（又称光纤连接盘）	LIU
	地线	⏚

2. 结合学习任务二中的经验，分析判断各施工图中的要素或内容，填写表 3-1-3。

表 3-1-3　　施工图与要素或内容对应表

施工图名称	要素或内容
综合布线系统图	光纤接续盒的位置：________ 线缆类型和规格：________
综合布线系统设置示意图	进线间设置在一层，建筑群配线设备（CD）设置在____楼____层 B、C 楼的建筑物配线设备（BD）设置在________层
光纤配线架安装图	电信运营商敷设的线缆先经过______连接到 A 楼 CD/BD 机柜上，再经过______（设备）分纤，然后分别连接到____楼和____楼
光缆主干网络施工图	从 A 楼到 B 楼采用的线缆敷设方式：________ 从 B 楼到 C 楼采用的线缆敷设方式：________ 主干网络施工的光缆种类：________

（二）识读园区光缆主干网络布线施工图关键信息

对比分析光缆主干网络施工图、综合布线系统图和综合布线系统设置示意图，填写以下空格。

1. 在光缆主干网络施工图中，中心机房在___楼。分别在综合布线系统图和综合布线系统设置示意图中标出中心机房的位置。

2. 在光缆主干网络施工图中，运营商的主干线缆由 A 楼进入进线间，然后在________（设备名称）上进行端接后进入 A 楼的建筑群配线设备（CD）。在综合布线系统图中标出此设备的位置。

3. 在光缆主干网络施工图中，将由 A 楼设备间______配线架出来的___芯单模光缆采用______敷设方式连接到 B 楼的光纤接续盒。在综合布线系统图中识别出从 A 楼设备间到 B 楼___（缩略语）走向的线缆，同时核对所使用的线缆种类。在综合布线系统设置示意图中标注走向，同时核对所使用的线缆种类。

4. 在光缆主干网络施工图中，48 芯单模光缆经 B 楼处的________（设备名称）分成两根 24 芯单模光缆，一根接入 B 楼内的__________（设备名称），另一根采用______敷设方式接入 C 楼内的建筑物配线设备（BD）。在综合布线系统图中识别出经 B 楼___（缩略语）分成的两根___芯单模光缆，分别进入 B、C 楼的建筑物配线设备（BD）。

（三）核对园区光缆主干网络布线施工图关键信息

1. 小组分工识读光缆主干网络施工图、综合布线系统图、综合布线系统设置示意图，共同核对不同施工图之间信息的一致性，判断是否满足客户需求，对出现的差异情况提出建议，填写表 3-1-4。

表 3-1-4　园区光缆主干网络布线实施任务关键信息核对表

核对内容	光缆主干网络施工图	综合布线系统图	综合布线系统设置示意图	是否一致且满足需求	差异说明及建议
光纤接续盒的位置				是□ 否□	
从 A 楼到 B 楼的线缆敷设方式				是□ 否□	
从 B 楼到 C 楼的线缆敷设方式				是□ 否□	
建筑群子系统的线缆类型				是□ 否□	
线缆连接方式	从 A 楼到 B 楼： ________ 从 B 楼到 C 楼： ________	从 A 楼到 B 楼： ________ 从 B 楼到 C 楼： ________	从 A 楼到 B 楼： ________ 从 B 楼到 C 楼： ________	是□ 否□	
中心机房的位置				是□ 否□	

2. 以小组为单位展示并汇报园区光缆主干网络布线实施任务关键信息核对表，解答教师或其他小组提出的问题，按照“园区光缆主干网络布线实施任务关键信息的核准与说明（学习成果）”考核项目要求完成个人自评与组间互评，见表 3-1-5。

表 3-1-5　“园区光缆主干网络布线实施任务关键信息的核准与说明（学习成果）”考核项目评分表

组别：

本考核项目总分占学习任务考核总分的 10%，可按 10 分计算

评分项目	得分（自评占比为 10%、互评占比为 30%、师评占比为 60%）							
	自评	小组一	小组二	小组三	小组四	小组五	小组六	师评
光纤接续盒的位置判断正确，计 1 分，每错误一处扣 1 分								
线缆敷设方式判断正确，计 2 分，每错误一处扣 1 分								
线缆类型判断正确，计 2 分，每错误一处扣 1 分								
线缆连接方式正确，计 2 分，每错误一处扣 1 分								

续表

评分项目	得分（自评占比为 10%、互评占比为 30%、师评占比为 60%）							
	自评	小组一	小组二	小组三	小组四	小组五	小组六	师评
中心机房的位置判断正确，计 1 分，每错误一处扣 1 分								
能合理解答教师或其他小组提出的问题，计 2 分，若无回应或解答不当则酌情扣 0～2 分								
汇总得分								

三、勘察园区光缆主干网络布线施工现场

（一）明确园区光缆主干网络布线施工现场勘察的内容和目的

1. 独立阅读任务情境，可知下列选项中属于园区光缆主干网络布线施工现场勘察主要目的的是（　　）。【单选题】

A. 确定光缆的颜色和外观

B. 了解园区内的建筑布局、管道走向和现有线路系统，为规划光缆路径提供依据

C. 统计园区内的人员数量，以便安排施工进度

D. 查看园区内的绿化情况，确定光缆是否会影响植物生长

2. 跟随教师勘察教室周边真实环境，思考并确定勘察内容与勘察目的之间的对应关系并完成连线。

勘察内容	勘察目的
建筑物位置与分布	◆确定园区内管道的走向和连接情况，检查现有管道是否畅通，有无堵塞、破损或积水等情况
现有管道资源	◆查看园区内的电力线路位置，特别是高压线路的分布，避免电磁干扰
电力线路分布	◆明确园区内各建筑物的具体地理位置，便于估算光缆长度和规划
现有通信线路和线缆	◆调查园区内现有的其他通信线路，避免在施工过程中与这些现有线路相互干扰或造成破坏
建筑物内部结构	◆考虑园区内的地形地貌，防止光缆滑落或受到过度拉伸，重点考虑光缆的排水和防水措施
自然环境因素	◆明确园区内每一栋建筑物内部的楼层数及弱电井的位置和数量

（二）使用轮式测距仪完成路由复测

1. 查阅信息页中的“路由复测的目的及使用的工具”，提取关键信息。

路由复测的目的：____

____。

路由复测使用的工具：____。

2. 查阅信息页中的《轮式测距仪说明书》，明确轮式测距仪的结构，尝试使用轮式测距仪测量校园内 A 楼到 B 楼、B 楼到 C 楼的距离，填写表 3-1-6。

表 3-1-6　　轮式测距仪的样式及使用记录表

样式	使用记录
	1. 观察轮式测距仪实物，查阅《轮式测距仪说明书》，写出轮式测距仪的主要组成部分：______________________________ ______________________________ 2. 查阅《轮式测距仪说明书》，尝试使用轮式测距仪并写出其操作步骤：

3. 小组合作使用轮式测距仪测量校园内 A 楼到 B 楼、B 楼到 C 楼的距离，将测量结果填写在表 3-1-7 中。

表 3-1-7　　园区光缆主干网络敷设距离记录表

项目	数值
A 楼到 B 楼的距离	________ m
B 楼到 C 楼的距离	________ m
记录人：____________	

4. 如果图纸中标注两楼之间的距离为 518 m，而实际经过多次路由复测得到的距离为 618 m，综合考虑节约成本、合理使用光缆、减少接头数量和减少接头损耗等因素，符合施工需求的光缆长度为

(　　) m。【单选题】

A. 518　　B. 618　　C. 718　　D. 418

5. 在横线上写出进行路由复测时应该注意的事项。

____

____

____

____

学习环节二　制订计划

学习目标

1. 能分别分析建筑群子系统和进线间子系统采用的设备与材料、工作内容及施工步骤。

2. 能与小组成员合作，确定园区光缆主干网络布线施工顺序并绘制园区光缆主干网络布线施工流程示意图。

建议学时

6 学时

学习要求

序号	学习步骤	学习内容	学时	备注
1	选择园区光缆主干网络布线设备、材料及工具	1. 室外光缆型号标识 2. 室外光缆的特性和优势 3. 光纤接续盒的作用与种类 4. 光纤接续盒的选择 5. 进线间子系统使用的设备 6. 园区光缆主干网络布线施工工具的种类及功能	2	
2	梳理园区光缆主干网络布线施工顺序	1. 园区光缆主干网络布线施工原则及考虑因素 2. 园区光缆主干网络布线施工流程的确定	4	

一、选择园区光缆主干网络布线设备、材料及工具

（一）辨识并判断建筑群子系统所用的设备及材料

1. 观察园区综合布线系统图，A 楼与 B 楼以及 B 楼与 C 楼之间的光缆敷设采用的是________光缆。

2. 观察已开缆的室内、室外光缆实物，参照信息页中室外光缆的介绍，分析室内光缆与室外光缆的区别，填写表 3-2-1。

表 3-2-1　室内光缆与室外光缆对比表

比较项目	室内光缆□ 室外光缆□	室内光缆□ 室外光缆□
应用环境		
材料结构		
外护套		
抗拉强度		
价格		

3. 室外光缆的外护套上通常有光缆型号标识，参照信息页中的“室外光缆型号标识”，判断室外光缆型号“GYTW-24B1”的含义，填写表 3-2-2。

表 3-2-2　室外光缆型号标识分析表

室外光缆型号 = 型式代号 - 规格代号

GYTW - 24B1

型式代号（GYTW）	GY：
	T：
	W：
规格代号（24B1）	24：
	B1：

4. 查阅信息页中的“室外光缆的特性和优势”，辨识图 3-2-1 所示的室外光缆结构，补充室外光缆结构名称。

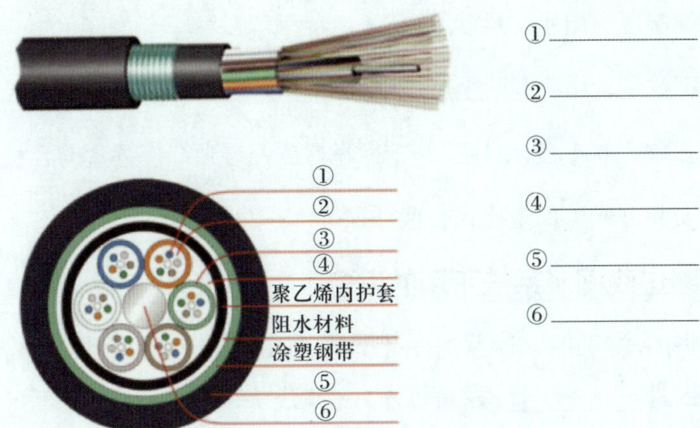

图 3-2-1 室外光缆结构图

5. 查阅综合布线系统设置示意图，参照信息页中的“光缆的应用场景”，选择适合本任务的室外光缆型号，填写表 3-2-3。

表 3-2-3 建筑群子系统施工材料统计表

内容名称	A 楼建筑群配线设备（CD）到 B 楼光纤接续盒	B 楼光纤接续盒到 C 楼建筑物配线设备（BD）
室外光缆敷设方式		
选用的室外光缆型号		

6. 48 芯室外单模光缆连接至 B 楼的________（设备名称），由此设备分出两根 24 芯室外单模光缆分别进入 B 楼和 C 楼的建筑物配线设备（BD）。

7. 查阅信息页中的“光纤接续盒的作用与种类”，从以下图片中识别并勾选出光纤接续盒，在横线上写出其作用。

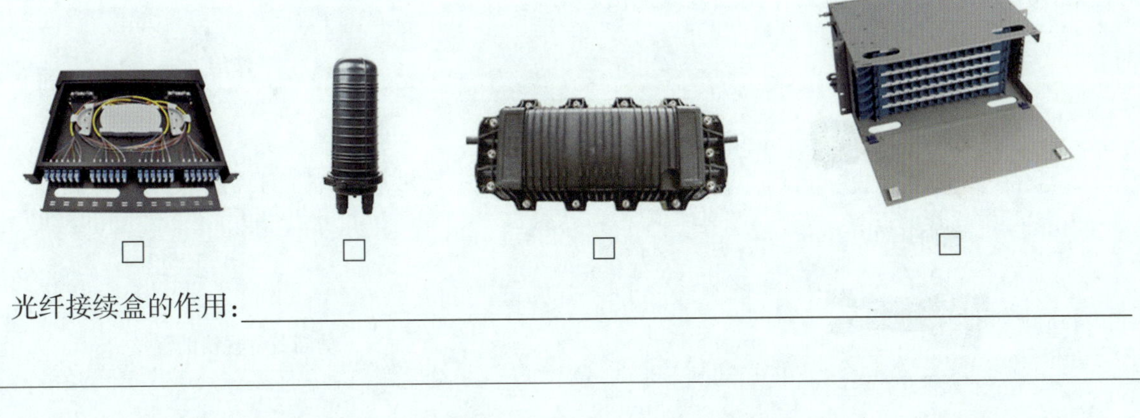

□　□　□　□

光纤接续盒的作用：____

____

____。

8. 查阅信息页中的“光纤接续盒的选择”，试判断在为光纤通信工程选择光纤接续盒时不需要考虑的因素是（　　）。【单选题】

A. 是否要抵御极端温度、雨水、风沙等风险

B. 生产厂家的员工数量，用于判断生产规模大小

C. 所连接光纤的芯数（如 4 芯、24 芯、72 芯等）是否与光纤接续盒的容量相匹配

D. 光纤接续盒的安装方式（如壁挂式、抱杆式等）

（二）辨识并判断进线间子系统所用的设备

1. 观察光缆主干网络施工图，运营商主干光缆先由 A 楼外墙离地 2 ~ 3 m 处的进线间管孔进入__________，然后经过____________设备进入 A 楼的一层设备间。

2. 查阅信息页中的“进线间子系统使用的设备”，从以下图片中识别并勾选出抽拉式光纤配线架，在横线上写出其作用。

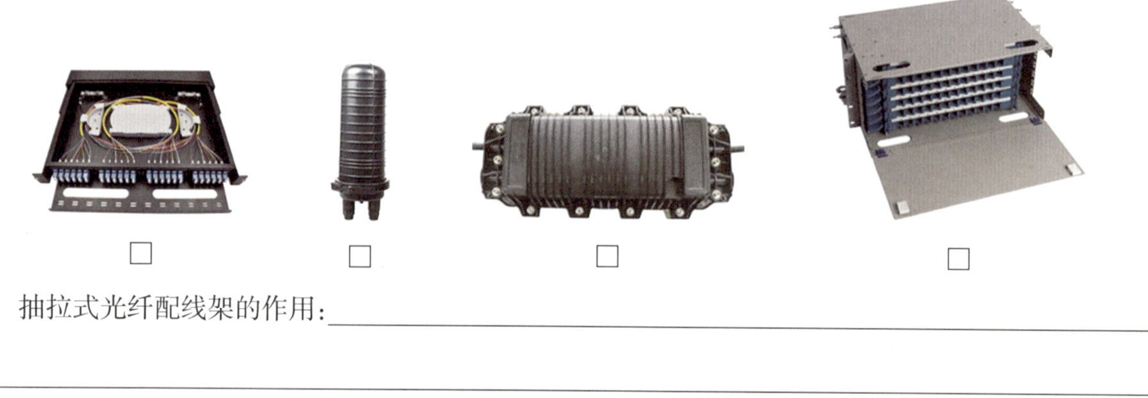

□　　□　　□　　□

抽拉式光纤配线架的作用：____

____

____。

（三）明确园区光缆主干网络布线施工工具

1. 查阅信息页中的“园区光缆主干网络布线施工工具的种类及功能”，观察实物，判断下列工具对应的作用，将工具和对应的作用用直线连接起来。

工具	作用
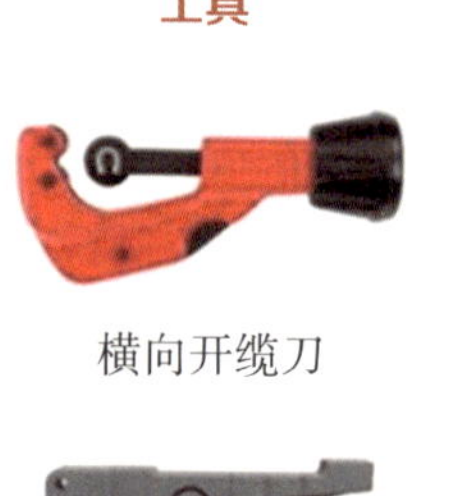 横向开缆刀	对光缆中的光纤束套管进行开剥操作
束管开剥器	剪断各种规格的钢丝
 钢丝钳	开剥室外光缆

2. 在本任务实施中，光纤接续盒、光纤配线架、建筑群配线设备（CD）、建筑物配线设备（BD）等设备均需进行光纤端接操作，结合前期任务实践，写出本任务所使用的工具。

____

____

____

二、梳理园区光缆主干网络布线施工顺序

（一）确定建筑群子系统的工作内容及施工步骤

1. 查看光缆主干网络施工图、综合布线系统图和综合布线系统设置示意图中的建筑群子系统，结合前期任务的施工经验，勾选出本任务建筑群子系统的工作内容（共5项）。

信息底盒安装□　镀锌线槽 / 线管安装□　配线子系统线缆敷设 □　室外光缆开缆□
地下管道光缆敷设 □　铜缆配线架安装□　铜缆配线架端接□　理线架（铜缆）安装□
信息点端线缆标签制作、粘贴□　架空光缆敷设□　随工测试（铜缆链路）□　室内光缆敷设□
主干光缆标签制作、粘贴□　光纤接续盒端接与安装□　光纤配线架安装□　光纤配线架端接□
配线子系统光缆标签制作、粘贴□　110 语音配线架安装 □　110 语音配线架端接 □
大对数语音电缆标签制作、粘贴□　理线架（光纤）安装□　理线架（大对数语音电缆）安装□
随工测试（光纤链路）□　随工测试（语音链路）□

2. 根据选择的工作内容排列施工步骤。

（1）______________　（2）______________

（3）______________　（4）______________

（5）随工测试（光纤链路）

（二）确定进线间子系统的工作内容及施工步骤

1. 查看光缆主干网络施工图、综合布线系统图和综合布线系统设置示意图中的进线间子系统，结合前期任务的施工经验，勾选出本任务进线间子系统的工作内容（共5项）。

信息底盒安装□　镀锌线槽 / 线管安装□　配线子系统线缆敷设 □　室外光缆开缆□
地下管道光缆敷设 □　铜缆配线架安装□　铜缆配线架端接□　理线架（铜缆）安装□
信息点端线缆标签制作、粘贴□　架空光缆敷设□　随工测试（铜缆链路）□　室内光缆敷设□
主干光缆标签制作、粘贴□　光纤接续盒端接与安装□　光纤配线架安装 □　光纤配线架端接 □

配线子系统光缆标签制作、粘贴□ 110 语音配线架安装 □ 110 语音配线架端接 □ 大对数语音电缆标签制作、粘贴□ 理线架（光纤）安装□ 理线架（大对数语音电缆）安装□ 随工测试（光纤链路）□ 随工测试（语音链路）□

2. 根据选择的工作内容排列施工步骤。

（1）__________ （2）__________

（3）__________ （4）__________

（5）随工测试（光纤链路）

（三）整理园区光缆主干网络布线施工顺序

1. 查阅信息页中的“园区光缆主干网络布线施工原则及考虑因素”，小组讨论各子系统的特性与需求，确定园区光缆主干网络布线施工顺序，填写表 3–2–4。

表 3–2–4 园区光缆主干网络布线施工顺序表

子系统名称	施工顺序（填序号）
进线间子系统	
建筑群子系统	
干线子系统	
设备间子系统	

2. 园区光缆主干网络布线施工没有固定的先后顺序，可以并行施工，也可以设定优先级先后施工，结合学习任务二中所学内容，小组讨论填写表 3–2–5。

表 3–2–5 园区光缆主干网络布线施工顺序分析表

情况	内容
如果施工时间非常短且有足够多的施工人员同时施工	可以并行施工的子系统有：__________

续表

情况	内容
如果施工时间较充裕而施工人员不多	可选项：①干线子系统　②设备间子系统　③进线间子系统　④建筑群子系统 按照优先级顺序排序（填序号）：________ 排序依据是：________

（四）绘制园区光缆主干网络布线施工流程示意图

1. 根据本小组确定的施工顺序，绘制园区光缆主干网络布线施工流程示意图，如图 3-2-2 所示。

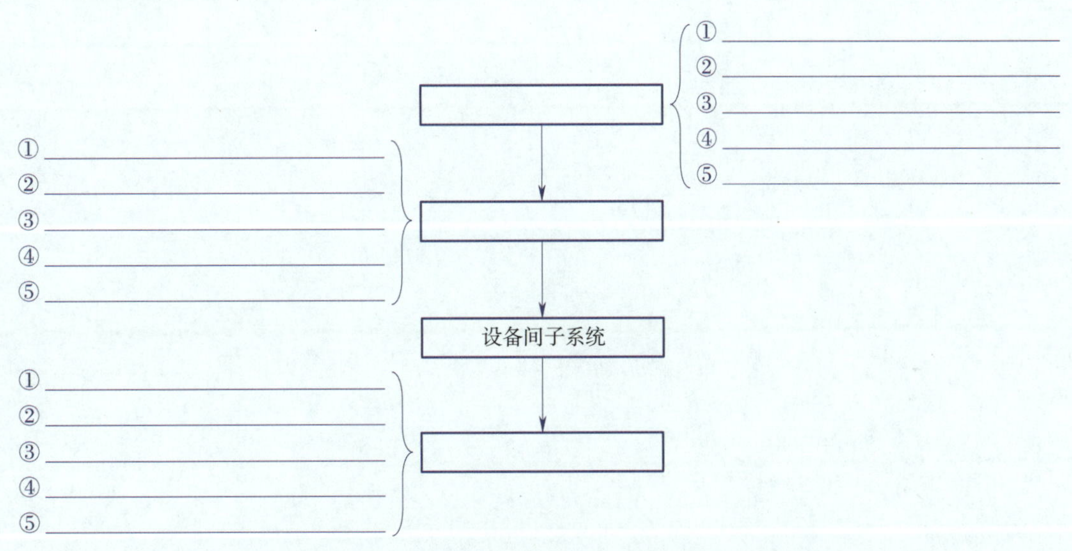

图 3-2-2　园区光缆主干网络布线施工流程示意图

2. 以小组为单位展示并汇报施工顺序，解答教师或其他小组提出的问题，按照“园区光缆主干网络布线施工流程示意图（学习成果）”考核项目要求完成组间互评，见表 3-2-6。

表 3-2-6　“园区光缆主干网络布线施工流程示意图（学习成果）”考核项目评分表

组别：

本考核项目总分占学习任务考核总分的 10%，可按 10 分计算：

评分项目	得分（互评占比为 30%、师评占比为 70%）						
	小组一	小组二	小组三	小组四	小组五	小组六	师评
施工步骤齐全，计 2 分，每缺一项扣 0.5 分							

续表

评分项目	得分（互评占比为 30%、师评占比为 70%）						
	小组一	小组二	小组三	小组四	小组五	小组六	师评
子系统齐全且正确，计 2 分，每错误一项扣 0.5 分							
施工步骤顺序无明显错误，计 3 分，每错误一处扣 0.5 分							
能合理解答教师或其他小组提出的问题，计 3 分，每错误一处扣 1 分							
汇总得分							

学习环节三　做出决策

学习目标

1. 能与小组成员合作，识别并判断室外布线施工环境异常或干扰因素。

2. 能与小组成员合作，制定应对室外布线施工环境异常或干扰因素的防控措施。

建议学时

2 学时

学习要求

序号	学习步骤	学习内容	学时	备注
1	识别并判断室外布线施工环境异常或干扰因素	室外布线施工环境异常或干扰因素的识别	1	
2	制定应对室外布线施工环境异常或干扰因素的防控措施	1. 室外布线施工环境异常或干扰因素防控措施的判定 2. 辛勤劳动的精神	1	

一、识别并判断室外布线施工环境异常或干扰因素

（一）识别室外布线施工环境异常或干扰因素

1. 查看信息页中的“室外布线施工环境异常或干扰因素的识别”，试判断以下选项中属于室外布线施工环境异常或干扰因素的有（　　）。【多选题】

A. 极端天气（暴雨、高温、大风等）

B. 地质条件（地形起伏、土质松软等）

C. 生物因素（昆虫啃咬、植物根系生长等）

D. 地下管道有积水或管道不通

E. 电磁干扰

F. 静电干扰

G. 施工技术交底内容不详细

H. 施工前的环境检查不充分

2. 在进行室外光缆布线时，以下环境因素中最有可能导致光信号衰减的是（　　）。【单选题】

A. 轻微的风力

B. 弯曲半径过小的光缆走向

C. 周围低矮的植被

D. 晴朗无云的天空

（二）判断室外布线施工环境异常或干扰因素

1. 某城市正在进行一项市政光缆布线工程，施工区域靠近一条高压输电线路，试判断这一环境因素可能带来的具体干扰问题，并写到下面的横线上。

____

____

2. 某室外布线工程位于沿海地区，经常遭受台风袭击且空气盐分高，试判断这种环境中存在的异常或干扰因素，并写到下面的横线上。

____

____

二、制定应对室外布线施工环境异常或干扰因素的防控措施

（一）分析施工环境中的干扰因素并制定针对性防控措施

1. 在强电磁干扰环境中，如靠近大型无线电台，对室外布线的线缆应优先选择（　　）的线缆。【单选题】

A. 有屏蔽层　　B. 耐高温　　C. 大直径　　D. 颜色醒目

2. 分析表 3–3–1 中的室外布线施工环境异常或干扰因素，小组讨论或借助 AI 助手写出其应对措施。

表 3-3-1　　室外布线施工影响因素与应对措施

序号	室外布线施工环境异常或干扰因素	应对措施
1	极端的天气条件，如暴雨、大风、高温或低温	施工前应对施工区域的气候条件进行充分了解，选择适宜的施工时间，应尽量避开恶劣天气，确保施工质量和安全
2	土壤湿度过高、含有石块或其他坚硬物质，以及地面不平整等问题	
3	附近的电力线路、无线电设备或其他电磁源可能产生电磁干扰	
4	鼠类、蛇类等动物可能挖洞或爬行，对光缆造成损伤	
5	施工区域可能存在的行人、车辆或其他施工活动都可能对布线施工造成干扰	

3. 以小组为单位展示并汇报室外布线施工环境异常或干扰因素的应对措施，解答教师或其他小组提出的问题，按照“室外布线施工环境异常或干扰因素的判断及应对措施的选择（学习成果）”考核项目要求完成组间互评，见表 3-3-2。

表 3-3-2　　“室外布线施工环境异常或干扰因素的判断及应对措施的选择（学习成果）”考核项目评分表

组别：

本考核项目总分占学习任务考核总分的 5%，可按 5 分计算

评分项目	得分（互评占比为 30%、师评占比为 70%）						
	小组一	小组二	小组三	小组四	小组五	小组六	师评
小组汇报时表述清晰、简明易懂，计 1 分，存在不足扣 0.5 分							
能根据环境异常或干扰因素提出合理的防控措施，计 4 分，每错一条扣 1 分							
汇总得分							

（二）探讨室外布线施工环境的挑战

以小组为单位进行头脑风暴或咨询 AI 助手，探讨本任务施工中比较危险和艰苦的部分是什么，通过参与这些劳动可以锻炼自己哪些方面的意志品质。

1. 本任务施工中比较危险和艰苦的部分是：________________________________

____

____

____。

2. 在做好安全防护的前提下，通过参与本任务的实施过程，你认为可以提升的方面有（　　）。【多选题】

A. 责任心

B. 耐心与细致

C. 团队合作与沟通的能力

D. 应对挑战与解决问题的能力

学习环节四 实施计划

学习目标

1. 能按施工需求领取并核对材料和工具的种类与数量，检查布线施工设备，做好施工安全防护。

2. 能独立辨识干线子系统线缆牵引敷设方式使用的工具及应用场景，通过观看视频明确其操作步骤。

3. 能根据施工图，小组合作规范使用室外光缆开缆工具完成室外光缆开缆工作。

4. 能与小组成员合作，根据施工图完成光纤接续盒的安装和盒内线缆的固定工作，并独立熟练完成光纤接续盒内光纤熔接、盘纤等端接工作。

5. 能与小组成员合作，识别抽拉式光纤配线架结构，根据施工图按照规范完成抽拉式光纤配线架的端接与安装工作。

6. 能独立查阅资料，认识地下管道光缆敷设方法和架空光缆敷设方法，辨析两种布线方式的优缺点，明确其操作步骤。

7. 施工过程中能自觉做到安全、规范、环保，做好操作记录和随工测试，正确分析链路故障原因，排除故障，并及时进行线缆整理。

建议学时

24 学时

学习要求

序号	学习步骤	学习内容	学时	备注
1	领取并核对园区光缆主干网络布线施工材料和工具	1. 园区光缆主干网络布线施工材料的领取和核对 2. 园区光缆主干网络布线施工工具的领取与核对	1	

续表

序号	学习步骤	学习内容	学时	备注
2	采用牵引敷设方式敷设B、C楼干线子系统主干链路	1. 干线子系统线缆牵引敷设方式使用的工具及应用场景 2. 干线子系统线缆牵引敷设方式的操作步骤	1	
3	端接与安装B、C楼各楼层光纤配线架	光纤配线架端接与安装的操作步骤及操作要点	4	
4	室外光缆开缆	1. 光缆开缆刀的结构与功能 2. 室外光缆开缆的操作步骤及注意事项	4	
5	端接与安装光纤接续盒	1. 光纤接续盒的结构 2. 光纤接续盒端接与安装的操作步骤及注意事项	6	
6	端接与安装抽拉式光纤配线架	1. 抽拉式光纤配线架的结构 2. 抽拉式光纤配线架端接与安装的操作步骤及操作要点	6	
7	实施室外光缆布线	1. 地下管道光缆敷设及操作步骤 2. 架空光缆敷设与直埋光缆敷设	2	

一、领取并核对园区光缆主干网络布线施工材料和工具

（一）核对材料和工具并处理发现的问题

1. 依据已确定的施工材料和工具，领取施工材料和工具，重点关注建筑群子系统与进线间子系统的施工材料和工具，在表 3–4–1 中记录观察点、发现的问题及处理措施。

表 3–4–1　　园区光缆主干网络布线施工材料和工具检查表

序号	名称	观察点	发现的问题	处理措施	备注
示例	光纤跳线	光纤耦合器的种类	领到的种类为 LC 光纤耦合器	更换为 SC 光纤耦合器	

2. 核对材料时，除了观察点，还应关注哪些方面以确保材料质量？

（二）检查布线施工设备

1. 从下列选项中勾选出你认为在领取光纤接续盒时必须检查的内容。

□ 检查光纤接续盒内的配件是否齐全，如密封胶圈、螺钉等

□ 检查光纤接续盒的外壳是否有裂缝、破损或变形的情况

□ 简单检查光纤接续盒的机械性能，如盒盖的开合是否顺畅、固定装置的紧固和松开是否方便

□ 确认光纤接续盒的材质是否符合环境要求（如户外需抗紫外线、地下需抗压）

2. 从下列选项中勾选出你认为在领取抽拉式光纤配线架时必须检查的内容。

□ 检查外壳是否有裂缝、变形或破损的情况

□ 检查固定螺钉、螺母、软管等配件是否齐全且无损坏

□ 核实端口数量和规格是否与需求相符

□ 查看端口标识是否明确

□ 查看使用的光纤耦合器类型是否与需求相符

（三）检查施工安全防护措施

从下列选项中勾选出从事园区光缆主干网络布线施工时的安全防护措施。

□ 从事室外架空光缆敷设时，要在施工区域下方设置安全网或防护棚，防止人员和物品坠落

□ 在挖掘沟槽等可能产生扬尘或飞溅物的操作中，护目镜能保护眼睛免受灰尘和碎片的伤害

□ 由于园区施工可能涉及高处作业（如在电线杆上安装设备），施工人员应佩戴符合标准的安全帽

□ 在施工区域周围设置明显的警示标志

二、采用牵引敷设方式敷设 B、C 楼干线子系统主干链路

（一）辨析两种敷设方式的区别及应用场景

1. 独立查阅信息页中的“干线子系统线缆牵引敷设方式使用的工具及应用场景”，回顾学习任务二中干线子系统线缆的垂放敷设相关内容，在表 3-4-2 中对比两种敷设方式的差异。

表 3-4-2　　两种干线子系统线缆敷设方式使用的工具对比表

图片		
工具名称	________	________
敷设方式	________敷设方式	________敷设方式

2. 独立查阅信息页中的“干线子系统线缆牵引敷设方式”，对比牵引和垂放两种敷设方式的施工特点、应用场景，完成干线子系统敷设方式对比连线。

敷设方式	施工特点	应用场景
垂放敷设方式	由建筑物的高层向低层敷设	◆楼层高且将线缆搬运到高层有很大困难
牵引敷设方式	由建筑物的低层向高层敷设	◆操作简单容易且可减少劳动工时和劳动力

3. 结合所学内容，判断下列案例中干线子系统线缆的敷设方式。

根据某大型办公楼的建设和改造需求，要在其内部进行高效的干线线缆敷设以支撑信息通信网络。由于建筑结构特殊且存在多处障碍物，如大型梁柱、电梯井、空调管道等，所以要确保线缆能够安全、有效地穿越这些障碍物，此案例中干线子系统线缆的敷设方式为________（垂放敷设方式 / 牵引敷设方式）。

（二）梳理干线子系统线缆牵引敷设方式的操作步骤

1. 查阅信息页中的“干线子系统线缆牵引敷设方式的操作步骤”，补全下列操作步骤。

（1）按照线缆的质量，选定绞车型号并按绞车制造厂家的说明书进行操作，先往绞车中穿一根拉绳。

（2）启动绞车，并往下垂放一条拉绳（确认此拉绳的强度能保护牵引线缆），直到安放线缆的（起点□　终点□）处。

（3）将线缆绑在拉绳上。

（4）启动绞车，慢慢地将线缆通过各层的孔向（上□　下□）牵引。

（5）在线缆的（末端□　顶端□）到达终点时，停止绞车。

（6）在地板孔边沿上用夹具将线缆固定。

（7）在所有连接制作好后，从绞车上释放线缆的____________（末端□ 顶端□）。

2. 结合信息页中的“牵引敷设过程中的保护措施”，判断下列哪些做法有利于保护线缆。

□ 根据具体的应用场景和需求，选择合适的线缆类型和规格，确保线缆具有足够的强度和耐磨损性

□ 确保工作人员具有牵引敷设的技术和经验，可以根据实际情况灵活应对各种障碍和问题

□ 在牵引敷设过程中，应实时监控和检查，及时发现和处理线缆与障碍物之间的摩擦或碰撞问题

□ 在线缆与障碍物接触的地方使用保护材料（如垫片等），以减少摩擦和碰撞

三、端接与安装 B、C 楼各楼层光纤配线架

（一）回顾操作步骤、要点并完成光纤配线架端接与安装

1. 结合模拟施工条件，说出光纤配线架端接与安装的操作步骤及操作要点，并回顾在学习任务二中遇到的最突出的问题及解决方法，填写表 3–4–3。

表 3–4–3 光纤配线架端接与安装操作中遇到的问题及解决方法表

序号	遇到的问题	解决方法
1		
2		
3		
4		

2. 小组合作规范完成 B、C 楼各楼层光纤配线架端接与安装并进行操作记录，填写表 3–4–4。

表 3–4–4 B、C 楼各楼层光纤配线架端接与安装操作记录表

序号	操作步骤	操作要点	操作人员	操作时间	备注
1					
2					
3					
4					
5					

（二）测试光纤链路的通断

1. 使用光纤测试工具对每个光纤链路进行通断测试，将测试结果记录在表 3–4–5 中，做好施工现场清洁整理工作。

表 3–4–5　　B、C 楼各楼层光纤配线架测试记录表

序号	起始端口	到达端口	通断情况	处理情况
1				
2				
3				
4				
5				
是否完成现场清洁整理		是□　否□		

2. 按照“B、C 楼各楼层光纤配线架端接与安装（学习成果）”考核项目要求完成组间互评，见表 3–4–6。

表 3–4–6　“B、C 楼各楼层光纤配线架端接与安装（学习成果）”考核项目评分表

组别：

本考核项目总分占学习任务考核总分的 15%，可按 15 分计算

评分项目	得分（互评占比为 30%、师评占比为 70%）						
	小组一	小组二	小组三	小组四	小组五	小组六	师评
所有熔接点熔接完成，每个熔接点使用一个热缩套管进行保护，裸纤全部放在熔纤盘内没有外露，计 3 分，每缺失或错误一处扣 1 分							
热缩套管安装位置正确，在盘纤盒内槽居中安装，从第一槽按颜色摆放，熔接点在热缩管内居中位置，计 3 分，每缺失或错误一处扣 1 分							
安装位置正确，安装牢固，不缺少螺钉，横平竖直，没有松动，计 3 分，每缺失或错误一处扣 1 分							
光纤耦合器上的端口号和尾纤标识正确，计 3 分，每缺失或错误一处扣 1 分							

续表

评分项目	得分（互评占比为 30%、师评占比为 70%）						
	小组一	小组二	小组三	小组四	小组五	小组六	师评
熔纤盘内盘纤整理整齐美观，未熔接的裸纤需放在最上处，熔纤盘入口处需使用两根扎带进行固定，计 3 分，每缺失或错误一处扣 1 分							
汇总得分							

四、室外光缆开缆

（一）识别光缆开缆刀结构

1. 观察所提供的光缆开缆刀，查阅信息页中的“光缆开缆刀的结构与功能”，将光缆开缆刀部件名称及作用记录在表 3–4–7 中。

表 3–4–7　光缆开缆刀部件名称及作用记录表

序号	部件名称	部件作用
1		
2		
3		

2. 搜索网络或咨询 AI 助手，探索其他不同类型的光缆开缆刀，将找到的光缆开缆刀类型写在下面的横线上。

____

____

____

（二）使用光缆开缆刀完成开缆

1. 查阅信息页中的“光缆开缆刀操作注意事项”，补全光缆开缆刀操作要点。

首先，将光缆开缆刀的__________放置在线缆外护套上，轻轻旋转_________，将线缆外皮完全剥离。

使用光缆开缆刀时，应该注意调节刀片的_____________，以防止过度切割，导致线缆受损。此外，还要注意保护自身安全，避免误伤自己或别人。

2. 独立观看室外光缆开缆的相关操作视频或观摩教师演示及解说，查阅信息页中的“室外光缆开缆的操作步骤及注意事项”，在表 3–4–8 中记录室外光缆开缆的操作步骤及要点。

表 3–4–8　　室外光缆开缆的操作步骤及要点记录表

序号	操作步骤	操作要点
1	固定线缆	将室外光缆固定在工作台上
2	剥去外护套	开剥长度需根据设备确定，注意环切时不要切到光缆内部的________和________
3	剪掉棉线，填充钢丝	预留足够长度的________
4	剥离光纤束套管外护套	预留足够长度的________，小心不要损伤内部的________
5	清除油膏	先用________擦去整体的油膏，再使用________擦拭，最后使用________擦拭

3. 以小组为单位完成中心束管式光缆与层绞式光缆的开缆，组间相互观摩检查，在表 3–4–9 中记录存在的问题并提出改进意见。

表 3–4–9　　室外光缆开缆操作练习记录表

小组名称：

序号	存在的问题	改进意见

4. 组间互检，逐一核实各项细节，判断是否符合规范并填写改进意见，见表 3–4–10。

表 3–4–10　　室外光缆开缆操作互检记录表

检查的组别：

操作步骤	是否符合规范	改进意见
剥去外护套	环切时未切到光缆内部的钢丝和光纤束套管 □是　□否	
剪掉棉线，填充钢丝	预留足够长度的钢丝 □是　□否	

续表

操作步骤	是否符合规范	改进意见
剥离光纤束套管外护套	预留足够长度的光纤束套管 □是　□否 未损伤内部的光纤 □是　□否	
清除油膏	油膏清除干净 □是　□否	
现场管理	全程佩戴护目镜 □是　□否 操作过程中戴一次性手套 □是　□否	
	进行垃圾分类 □是　□否 环境干净整洁，工具、零件不放在地上 □是　□否	

5. 从室外光缆开缆的难易程度出发，分析中心束管式光缆与层绞式光缆在结构上的差异，并将其填写在下面的横线上。

____

____

6. 结合学习任务二中积累的在光纤配线架内固定室内线缆的实践经验或借助 AI 助手，探索室外光缆开缆过程中预留钢筋和光纤束套管的原因，并将其填写在下面的横线上。

预留钢筋的原因：______________________________

______________________________。

预留光纤束套管的原因：______________________________

______________________________。

五、端接与安装光纤接续盒

（一）解析光纤接续盒结构

1. 观察光纤接续盒实物，参照信息页中的“光纤接续盒的结构”，在图 3-4-1 中指出光纤接续盒的部件名称。

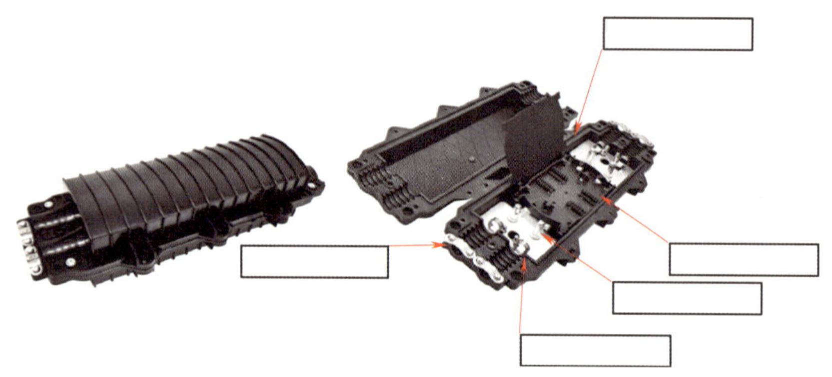

图 3-4-1　光纤接续盒的结构图

2. 辨别光纤接续盒各部件功能，将下面各部件名称与对应的功能用直线连接起来。

部件名称	部件功能
加强芯固定装置	二次固定光缆
光缆固定夹具	固定加强芯
喉箍	将光缆在进线口处首次固定
熔纤盘	嵌入密封条
防水槽	光纤热缩套管的存储位置

3. 观察并对比光纤接续盒与光纤配线架的内部结构，从功能、材质、结构等方面进行对比分析，填写表 3-4-11。

表 3-4-11　光纤接续盒与光纤配线架对比分析表

名称		________	________
功能方面			
材质方面			
结构方面	进线口和出线口	有□　无□	有□　无□
	光纤耦合器	有□　无□	有□　无□
	熔纤盘	有□　无□	有□　无□
	其他		
应用环境			

（二）明确操作步骤与要点并完成光纤接续盒的端接与安装

1. 观看光纤接续盒端接与安装相关视频，查阅信息页中的“光纤接续盒端接与安装的操作步骤及注意事项”或观察教师示范操作，在表 3-4-12 中补充整理相关内容。

表 3-4-12　　光纤接续盒端接与安装的操作要点辨析表

序号	操作步骤	操作要点	注意事项
1	开剥光缆	1. 区分进线口和出线口，按光缆外径选取最小内径的______，并将两个密封环套在光缆上 2. 根据熔纤盘的大小和其内部结构预估开剥长度为______ cm，用卷尺测量后做好标记，进行开缆 3. 预估加强芯的预留长度为______ cm，用卷尺测量后做好标记，在标记处用钢丝钳剪断加强芯	开剥光缆并保证切口________，开缆过程中操作需非常小心，不能损伤________
2	固定光缆	1. 将加强芯端头卡入加强芯固定装置的________ 2. 在喉箍处紧固光缆，边缘距外护套切口为 5 mm 3. 用十字螺钉旋具紧固加强芯固定螺栓 4. 清理核对光纤束套管 5. 用酒精棉擦净光纤上的油膏 6. 在熔纤盘入口处需使用____根扎带进行固定	1. 光纤接续盒入口处光缆固定牢固、没有挤压、回转半径正确，加强芯需凸出光缆固定柱不超过________并固定牢固 2. 用束套管开剥器在距熔纤盘中固定光纤束套管 2～3 cm 处环切，轻轻折断并抽去光纤束套管外护套，光纤束套管外护套可分段割除 3. 允许光纤束套管进入熔纤盘，光纤束套管超出固定点的长度最大可达 10 mm
3	光纤熔接	1. 剥纤 2. 清洁 3. 切割 4. 熔接 5. 加热保护	1. 所有熔接点熔接完成后，每个熔接点使用一个热缩套管进行保护，裸纤全部放在熔纤盘内，没有外露 2. 正确的热缩套管安装位置为在盘纤盒内槽居中安装，从第一槽按照颜色摆放，熔接点在热缩套管内居中位置
4	测试光纤链路	使用红光笔完成链路的通断测试	—
5	盘纤	1. 固定热缩套管 2. 盘裸纤 3. 盘尾纤 4. 固定裸纤，整理冗余	热缩套管全部存储在熔纤盘的卡槽中，且从卡槽一侧开始按颜色存储

续表

序号	操作步骤	操作要点	注意事项
6	密封光纤接续盒	1. 将光纤接续盒下盒体由下而上套到连接支架上，并将挡圈放入盒体挡槽内，用记号笔分别在挡圈内侧标出密封区域 2. 将密封区域内的光缆用砂纸打毛并用酒精清洁 3. 边拉伸密封条边缠绕打磨好的光缆区域，缠绕高度略高于挡圈高度 4. 将预先放置的挡圈移至缠绕好的密封条两侧并将连接支架放入下盒体内，两侧挡圈必须入槽到位，旋紧光缆固定夹具 5. 把两根________分别嵌入盒体两边的防水槽内，剪去多余部分 6. 在盒体两端相应位置放入长度为 20 mm 的短密封条 7. 在无光缆引入的盒体端口放入缠好密封带的堵头 8. 将上盒体合至下盒体上，上下对齐，放入紧固螺栓，________拧紧所有外部紧固螺栓	—

2. 回顾光纤接续盒的端接与安装和光纤配线架的端接与安装操作，对比两者在操作步骤和实施细节上的差异，填写表 3–4–13。

表 3–4–13　光纤接续盒与光纤配线架端接与安装的操作步骤及实施细节对比表

项目	光纤接续盒	光纤配线架
应用的光缆种类		
固定光缆		
光纤熔接及盘纤		
检查测试及封装		

3. 以小组为单位，依次完成开剥光缆、固定光缆、光纤熔接、测试光纤链路、盘纤、密封光纤接续盒等操作，在表 3–4–14 中记录小组内部检查情况。

表 3-4-14　　光纤接续盒端接与安装检查情况记录表

操作步骤	是否符合规范	改进意见
开剥光缆	光纤无受损 是□　否□	
固定光缆	光缆的加强芯固定牢固 是□　否□ 在固定加强芯后，其预留的伸出长度为 1 ± 0.2 cm，加强芯只固定在一个螺钉上 是□　否□	
光纤熔接	光纤熔接操作流程正确，熔接点能被有效保护，没有喇叭口、扭曲变形、严重偏芯现象 是□　否□	
测试光纤链路	光纤链路连通性良好 是□　否□	
盘纤	盘纤未出现交叉和扭曲 是□　否□ 盘纤时光纤的弯曲度合适 是□　否□ 热缩套管按熔接的颜色在熔纤盘中正确存储 是□　否□	
密封光纤接续盒	上盒体与下盒体是否紧固牢固 是□　否□ 密封条是否嵌入盒体两边防水槽内 是□　否□	
垃圾分类	将垃圾分类处理 是□　否□	

4. 结合视频或教师的示范，完成光纤接续盒的封装，根据信息页中的“《公共建筑光纤宽带接入工程技术标准》（GB 51433—2020）（10.4. 光缆接续与成端）”，组内检查已完成的操作是否符合验收规范，并完成表 3-4-15 的填写。

表 3-4-15　　光纤接续盒封装操作记录表

项目	内容
封装符合规范 □ 封装不符合规范 □	如果封装不符合规范，记录不规范之处：____________ ____________ 规范的操作应该是：____________ ____________

5. 按照“光纤接续盒的端接与安装（学习成果）”考核项目要求完成组间互评，见表 3-4-16。

表 3-4-16　“光纤接续盒的端接与安装（学习成果）”考核项目评分表

组别：

本考核项目总分占学习任务考核总分的 20%，可按 20 分计算

评分项目	得分（互评占比为 30%、师评占比为 70%）						
	小组一	小组二	小组三	小组四	小组五	小组六	师评
所有熔接点熔接完成，每个熔接点使用一个热缩套管进行保护，裸纤全部放在熔纤盘内没有外露，计 4 分，每缺失或错误一处扣 1 分							
热缩套管安装位置正确，在盘纤盒内槽居中安装，从第一槽按照颜色摆放，熔接点在热缩套管内居中位置，计 4 分，每缺失或错误一处扣 1 分							
光纤接续盒入口处光缆固定牢固、没有挤压，加强芯凸出光缆固定柱不超过 2 mm 并固定牢固，计 4 分，每缺失或错误一处扣 1 分							
在熔纤盘入口处需使用两根扎带固定，允许光纤束套管进入熔纤盘，计 4 分，每缺失或错误一处扣 2 分							
熔纤盘内盘纤整齐美观，未熔接的裸纤需放在最上处，计 2 分，有所欠缺扣 1 分							
光纤接续盒、熔纤盘内没有多余的垃圾废物或油膏，满足环境卫生要求，计 2 分，否则不得分							
汇总得分							

六、端接与安装抽拉式光纤配线架

（一）解析抽拉式光纤配线架的结构

观察抽拉式光纤配线架实物，参照信息页中的“抽拉式光纤配线架的结构”，识别其结构，填写表 3-4-17。

表 3-4-17 抽拉式光纤配线架的结构表

图片	结构
	1. 左图中抽拉式光纤配线架有____个熔纤盘，熔纤盘的数量和______________有关 2. 左图中熔纤盘光纤耦合器的类型为______。除了左图中使用的光纤耦合器类型，还有______________型光纤耦合器。选择光纤耦合器时，需要确保所选的类型与__________的类型相匹配 3. 尝试将熔纤盘轻轻拉出，打开盖板并观察其内部结构，其内部结构与学习任务二中所使用的光纤配线架内部结构（相同□　不同□） 4. 观察抽拉式光纤配线架左右外侧，（存在□　不存在□）抱箍，抱箍的作用是____________

（二）明确操作步骤与要点并完成抽拉式光纤配线架的端接与安装

1. 独立观看抽拉式光纤配线架端接与安装的相关操作视频或观摩教师演示及讲解，查阅信息页中的“抽拉式光纤配线架端接与安装的操作步骤及操作要点”，识别下列序号和关键步骤的对应关系，用直线连接起来。

序号	关键步骤
1	检查测试
2	光纤熔接及盘纤
3	室外光缆开缆
4	裸纤保护及光缆固定
5	安装

2. 逐一分析各操作步骤的操作方法、要点和注意事项，完成抽拉式光纤配线架的端接与安装。

（1）回顾室外光缆开缆的操作步骤，小组合作完成室外光缆开缆，完成以下问题。

1）以下选项中，属于室外光缆开缆关键操作要点的是（　　）。【多选题】

A. 在光缆开缆前准确识别要开缆的光缆，避免因误判而造成不必要的损失

B. 使用光缆开缆刀剥离光缆外护套时，操作力度要适中，避免用力过度导致光纤受损

C. 在完成光缆开缆工作后应及时整理工作现场，将工具归位、清理废弃物等

D. 光缆长度应与安装现场情况相符，无须额外接续，以免影响信息传输质量

2）按照室外光缆开缆的操作步骤和要点，小组合作完成室外光缆开缆并记录情况，填写表 3-4-18。

表 3-4-18　　室外光缆开缆操作记录表

序号	操作步骤	操作要点	操作人员	操作时间	备注
1					
2					
3					
4					
5					

（2）明确裸纤保护及光缆固定的操作要点，完成光缆及光纤束套管的固定并记录以下情况。

1）独立回顾抽拉式光纤配线架端接与安装的相关操作视频，观察操作图片，深入思考其操作原因，填写表 3-4-19。

表 3-4-19　　裸纤保护及光缆固定操作原因解析表

序号	操作图片	操作原因解析
1		在裸纤外面套外护套的原因是：______

续表

序号	操作图片	操作原因解析
2		在抽拉式光纤配线架上固定光缆的原因是：__________

2）明确裸纤保护及光缆固定的目的，补充完善裸纤保护及光缆固定操作的具体要点，填写表 3-4-20。

表 3-4-20 裸纤保护及光缆固定操作的具体要点

操作图片	操作具体要点
	穿裸纤时，需要在保护管上做个__________，避免光缆混淆或连接错误，用胶带固定保护管
	用__________把光缆固定在抽拉式光纤配线架的侧面

3）小组合作完成裸纤保护及光缆固定并记录以下情况。

①在为裸纤加装保护管时，（已用□ 未用□）胶带固定保护管。

②在用抱箍固定光缆时，固定（牢固□ 不牢固□）。

（3）按照光纤熔接及盘纤的操作步骤和要点，小组合作熟练规范完成抽拉式光纤配线架内的光纤熔接及盘纤，填写表 3-4-21。

表 3-4-21 光纤熔接及盘纤操作记录表

序号	操作步骤	操作要点	操作人员	操作时间	备注
1					

续表

序号	操作步骤	操作要点	操作人员	操作时间	备注
2					
3					
4					
5					
6					
7					
8					

（4）根据信息页中的“《公共建筑光纤宽带接入工程技术标准》（GB 51433—2020）（10.4. 光缆接续与成端）”，组内检查测试已完成的操作是否符合验收规范，填写表 3-4-22。

表 3-4-22 检查测试记录表

项目	结果	内容
施工规范	符合规范□ 不符合规范□	如果不符合规范，记录不规范之处：________________ ________________ 规范的要求是：________________ ________________

续表

项目	结果	内容
通光测试	正常连通□ 存在故障□	如果未连通，记录端口号及存在的问题： 故障处理意见：

3. 按照“抽拉式光纤配线架端接与安装（学习成果）”考核项目要求完成组间互评，见表 3-4-23。

表 3-4-23　“抽拉式光纤配线架端接与安装（学习成果）”考核项目评分表

组别：

本考核项目总分占学习任务考核总分的 15%，可按 15 分计算

评分项目	得分（互评占比为 30%、师评占比为 70%）						
	小组一	小组二	小组三	小组四	小组五	小组六	师评
所有熔接点熔接完成，每个熔接点使用一个热缩套管进行保护，裸纤全部放在熔纤盘内没有外露，计 3 分，每缺失或错误一处扣 1 分							
热缩套管安装位置正确，在盘纤盒内槽居中安装，从第一槽按照颜色摆放，熔接点在热缩套管内居中位置，计 3 分，每缺失或错误一处扣 1 分							
加强芯探出 1 ~ 5 mm，加强芯没有挤压或裂纹，软管没有弯折现象，进入盘纤盒路由正确美观，计 3 分，每缺失或错误一处扣 1 分							
熔纤盘内盘纤整齐美观，未熔接的裸纤放在最上处，熔纤盘入口处需使用两根扎带进行固定，计 3 分，每缺失或错误一处扣 1 分							
熔纤盘内没有多余的垃圾废物或油膏，满足环境卫生要求，计 3 分，否则不得分							
汇总得分							

七、实施室外光缆布线

（一）认识地下管道光缆敷设

1. 参考信息页中的“地下管道光缆敷设及操作步骤”，观察图 3-4-2 并回答问题。

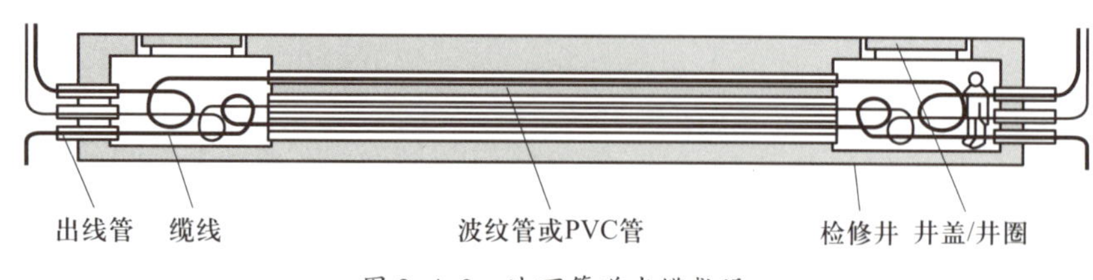

图 3-4-2　地下管道光缆敷设

地下管道光缆敷设是一种由_____和_____组成的地下敷设方法，把建筑群中的各个建筑物进行连接。地下管道对______起到很好的保护作用，减少光缆线路受损坏的机会，且不会影响建筑物的外观及内部结构。

2. 参考信息页，辨识并分析地下管道光缆敷设特点，具体有（　　）。【多选题】

A. 地下管道光缆敷设通过将管线安装在地下可显著减少地面空间的占用

B. 地下环境相对封闭，可减少外部因素如气候、人为破坏等对管道的直接影响

C. 相较于地上管道，地下管道受到的地质干扰和环境变化干扰较小

D. 尽管地下管道的维护和管理相对复杂，但其集中布置和相对封闭的环境使维护和管理工作更为集中和高效

3. 参考信息页，确定地下管道光缆敷设实施步骤，把下列序号和对应的地下管道光缆敷设的关键步骤用直线连接起来。

序号	关键步骤
1	光缆牵引
2	管道清理
3	管道敷设与检查
4	管道连接与固定
5	系统测试与验收

（二）认识架空光缆敷设和直埋光缆敷设

1. 参考信息页中的“架空光缆敷设与直埋光缆敷设”，填写表 3-4-24。

表 3-4-24　　架空光缆敷设与直埋光缆敷设图解表

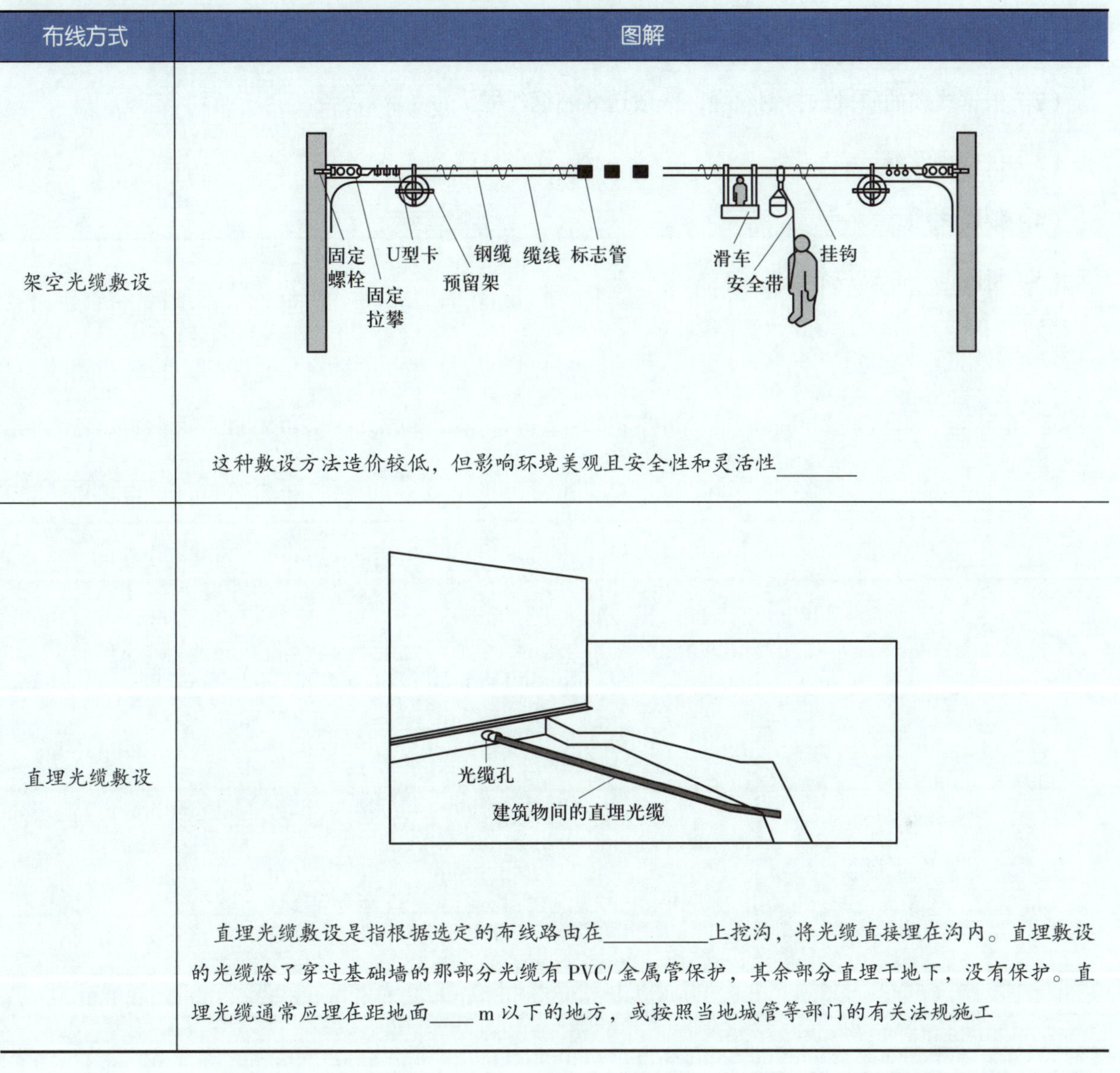

布线方式	图解
架空光缆敷设	这种敷设方法造价较低，但影响环境美观且安全性和灵活性______
直埋光缆敷设	直埋光缆敷设是指根据选定的布线路由在________上挖沟，将光缆直接埋在沟内。直埋敷设的光缆除了穿过基础墙的那部分光缆有 PVC/ 金属管保护，其余部分直埋于地下，没有保护。直埋光缆通常应埋在距地面____ m 以下的地方，或按照当地城管等部门的有关法规施工

2. 辨析地下管道光缆敷设、直埋光缆敷设、架空光缆敷设三种建筑群子系统的布线方式，填写表 3-4-25。

表 3-4-25　　建筑群子系统布线方式辨析表

布线方式	优点	缺点
地下管道光缆敷设	可提供比较好的保护，敷设_____，扩充、更换_____，美观	初期投资_______
直埋光缆敷设	有一定保护，初期投资_____，美观	扩充、更换不方便
架空光缆敷设	如果本来就有电线杆，则成本______，施工_____	没有提供任何机械保护，灵活性____，安全性____，影响建筑物美观

3. 结合信息页，将架空光缆敷设的操作步骤补充完整。

（1）电线杆以____ ~ ____m 的间隔距离为宜。

（2）根据线缆的质量选择钢丝绳，一般选 8 芯钢丝绳。

（3）接好钢丝绳。

（4）架设线缆。

（5）每隔____m 架一个挂钩。

学习环节五 过程控制

学习目标

1. 能与小组成员合作，完成光纤链路性能测试，根据故障检测结果辨别、定位故障点，正确分析故障原因，及时排除故障。

2. 能与小组成员合作，辨别进线间子系统及建筑群子系统的验收要点。

建议学时

6 学时

学习要求

序号	学习步骤	学习内容	学时	备注
1	测试主干网络光纤链路性能	1. 光纤测试设备的种类及功能 2. 光纤测试技术参数含义 3. 测试级别对应的测试内容 4. 光纤链路性能测试及故障排除	4	
2	协助园区光缆主干网络布线实施项目三方验收	1. 进线间子系统及建筑群子系统的验收要点 2. 园区光缆主干网络布线实施项目验收资料的整理	2	

一、测试主干网络光纤链路性能

（一）认识光纤测试方法

1. 查阅信息页中的“光纤测试设备的种类及功能”，从以下设备中勾选出光纤测试设备。

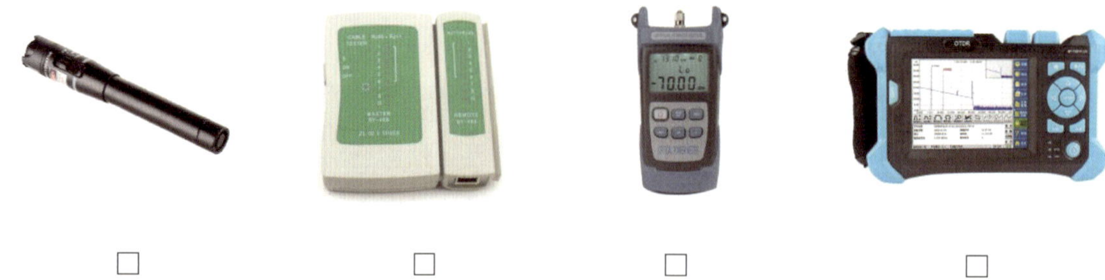

□ □ □ □

2. 分析红光笔、光功率计和光时域反射仪三种光纤测试设备的差异，填写表 3-5-1。

表 3-5-1　　三种光纤测试设备差异表

差异方面	红光笔	光功率计	光时域反射仪
功能			
应用距离			

3. 查阅信息页中的“光纤测试技术参数含义”，以下选项中，属于造成光纤损耗原因的是（　　）。【多选题】

A. 光纤固有损耗

B. 光纤接续时产生的损耗

C. 光纤弯曲时光纤内的部分光会因散射而损失掉

D. 光纤材料的折射率不均匀造成的损耗

4. 独立查阅信息页中的“光纤链路的分类测试”、验收规范的附录 C，将光纤信道和链路测试分为____________和____________。

5. 根据验收规范中对两个测试级别的描述，把测试内容填写在表 3-5-2 中。

表 3-5-2　　两个测试级别的测试内容

名称	测试内容
等级 1 测试	
等级 2 测试	

6. 验收规范中定义了光纤衰减限值，查阅信息页中的“光纤衰减限值”，填写表 3-5-3。

表 3-5-3 光纤衰减限值 /dB · km^{-1}

光纤类型	多模光纤（OM1、OM2、OM3）		单模光纤（OS1）	
波长 /nm	850	1 300	1 310	1 550
衰减 /dB				

7. 查阅信息页中的“光纤测试技术参数含义”，将下面的测试技术参数和对应的解释用直线连接起来。

测试技术参数	解释
衰减	◆在光纤链路中插入适配器、熔接点或其他无源器件（如光纤耦合器、分路器）时，由于这些器件的引入而导致的光信号功率的额外损失
回波损耗	◆通常用损耗值表示光信号在光纤中传输时由光纤材料的吸收、散射和弯曲等因素造成的光功率逐渐减小的现象
插入损耗	◆利用光在光纤中的方向散射和反射来检测光纤性能，根据其提供的信息，获取光纤的长度、衰减和故障点位置等信息
光时域反射仪测试值	◆衡量光纤耦合器、接头或设备端口对光信号反射能力的参数

（二）使用光纤测试设备进行测试

1. 写出所使用的光纤测试设备，参照信息页中的“光纤认证测试操作步骤”，结合教师讲解，提取操作要点。

（1）使用的光纤测试设备是________。

（2）操作要点如下。

1）________________________________

2）________________________________

3）________________________________

4）________________________________

5）________________________________

6）________________________________

（3）使用光纤测试设备测试预设好的光纤链路，填写表 3-5-4。

表 3-5-4　　光纤链路性能测试及故障排除记录表

名称	测试结果	波长 /nm	衰减限值 /dB	有无故障点	故障原因	解决方法
第一条链路	通□ 不通□					
第二条链路	通□ 不通□					
第三条链路	通□ 不通□					
第四条链路	通□ 不通□					
第五条链路	通□ 不通□					
第六条链路	通□ 不通□					

2. 按照“光纤链路性能测试与故障排除（技能）”考核项目要求，检查各小组测试记录表并完成组间互评，见表 3-5-5。

表 3-5-5　　“光纤链路性能测试与故障排除（技能）”考核项目评分表

组别：

本考核项目总分占学习任务考核总分的 15%，可按 15 分计算

评分项目	得分（互评占比为 30%、师评占比为 70%）						
	小组一	小组二	小组三	小组四	小组五	小组六	师评
光纤链路性能测试操作规范，测试的链路数量无遗漏，计 5 分，存在不规范或每缺一项扣 1 分							
故障定位准确，故障原因分析正确，计 5 分，定位不准确，每处扣 1 分，原因分析不正确，每条扣 1 分							

续表

评分项目	得分（互评占比为 30%、师评占比为 70%）						
	小组一	小组二	小组三	小组四	小组五	小组六	师评
采用正确方法排除故障，使光纤链路通过性能测试，计 2 分，每有一项没有通过性能测试扣 0.5 分							
“光纤链路性能测试与故障排除记录表”填写完整规范，计 2 分，每缺一项扣 1 分							
佩戴护目镜等安全防护用品，符合 6S 管理规定，计 1 分，每少一项扣 0.5 分，扣完为止							
汇总得分							

二、协助园区光缆主干网络布线实施项目三方验收

（一）辨别进线间子系统及建筑群子系统的验收要点

1. 参照信息页中的“综合布线系统工程检验项目及内容”，选出进线间子系统验收要点的验收内容，填写表 3-5-6。

表 3-5-6　进线间子系统验收要点

验收要点	验收内容
配线架安装	
线缆布放	

2. 参照信息页中的“综合布线系统工程检验项目及内容”，选出建筑群子系统验收要点的验收内容，填写表 3-5-7。

表 3-5-7　建筑群子系统验收要点

验收要点	验收内容
管道布线	
光纤接续盒端接与安装	

（二）整理园区光缆主干网络布线实施项目验收资料

参照信息页中的“综合布线系统工程检验项目及内容”，梳理此任务施工过程中产生的工程文档并填写在下面的横线上。

____

____

____

学习环节六　评价反馈

学习目标

1. 能独立反思任务实施过程，提出施工过程中遇到的问题及改进措施。

2. 能独立从功能、组成与设备以及关键技能等多个维度，辨析信息网络布线七大子系统的差异。

3. 能独立结合任务实施过程，填写任务感悟表述自己在本任务中的所学与感受。

建议学时

4 学时

学习要求

序号	学习步骤	学习内容	学时	备注
1	整理园区光缆主干网络布线实施的关键技能	1. 园区光缆主干网络布线实施关键技能的识别 2. 综合布线七大子系统的差异对比 3. 解决问题的能力	2	
2	反思园区光缆主干网络布线实施任务学习收获	任务感悟的填写	2	

一、整理园区光缆主干网络布线实施的关键技能

（一）梳理园区光缆主干网络布线施工过程中的关键技能

1. 独立回顾本任务施工过程，梳理操作关键技能，填写表 3-6-1。

表 3-6-1　　园区光缆主干网络布线实施关键技能列表

施工过程	关键技能
端接与安装 B、C 楼各楼层光纤配线架	
室外光缆开缆	
端接与安装光纤接续盒	
端接与安装抽拉式光纤配线架	

2. 独立回顾施工过程及要点，思考在施工过程中自己或者本组出现的问题并提出改进措施，填写表 3-6-2。

表 3-6-2　　园区光缆主干网络布线实施问题清单

施工过程	问题种类	问题描述	问题原因	改进措施
端接与安装 B、C 楼各楼层光纤配线架	施工安全□ 线缆敷设□ 设备安装□ 设备调试□ 其他□			

续表

施工过程	问题种类	问题描述	问题原因	改进措施
室外光缆开缆	施工安全□ 线缆敷设□ 设备安装□ 设备调试□ 其他□			
端接与安装光纤接续盒	施工安全□ 线缆敷设□ 设备安装□ 设备调试□ 其他□			
端接与安装抽拉式光纤配线架	施工安全□ 线缆敷设□ 设备安装□ 设备调试□ 其他□			

（二）辨析信息网络布线七大子系统的差异

1. 小组合作，从功能、组成与设备（构成要件）、关键技能等多个维度，辨析信息网络布线七大子系统的差异并填写表 3-6-3。

表 3-6-3　信息网络布线七大子系统差异对比表

序号	系统名称	功能	组成与设备（构成要件）	关键技能
1			信息插座、信息面板、光纤耦合器、保护器等	
2				水平线缆的布线和连接方式
3			布线路径环境中的配线设备、线缆、信息插座模块等	

续表

序号	系统名称	功能	组成与设备（构成要件）	关键技能
4		负责配线子系统与设备间子系统之间的连接		
5			建筑物配线设备、建筑群配线设备、以太网交换机、计算机网络设备等	
6	建筑群子系统			
7			信息管线的入口设施、线缆固定装置等	

2. 按照“学习任务反思与小结（学习成果）”考核项目要求，对园区光缆主干网络布线实施问题清单和信息网络布线七大子系统差异对比表两部分学习内容的反思与小结进行组间互评，见表 3-6-4。

表 3-6-4　“学习任务反思与小结（学习成果）”考核项目评分表

组别：

本考核项目总分占学习任务考核总分的 10%，可按 10 分计算

评分项目	得分（互评占比为 30%、师评占比为 70%）						
	小组一	小组二	小组三	小组四	小组五	小组六	师评
园区光缆主干网络布线实施关键技能列表中的关键技能描述完整、清晰，计 3 分，每缺一项扣 0.5 分							
园区光缆主干网络布线实施问题清单中的问题描述及原因描述全面、清晰，改进措施正确，计 3 分，每缺一项扣 0.5 分							
信息网络布线七大子系统差异对比表中的子系统齐全，功能、组成与设备（构成要件）归纳全面、正确，各子系统的关键技能整理清晰、准确，计 4 分，每缺一项扣 0.5 分							
汇总得分							

二、反思园区光缆主干网络布线实施任务学习收获

独立分析任务感悟的内容结构，回顾操作实践过程，反思总结学习收获，将任务感悟补充完整。

任务感悟

通过近一段时间与__________、__________、__________、__________、__________（组员姓名）愉快合作，我们完成了园区光缆主干网络布线实施任务，在此过程中我们辛勤劳动，克服困难，真切体会到劳动的艰辛与快乐。

首先，通过本任务的实施，我认识了____________、____________（在任务实施过程中学习的两种新设备）等新设备，能熟练使用____________、____________（在任务实施过程中学习的两种新工具）等新工具，能辨识光缆的种类及应用场景。同时我也能熟练完成______________________________、______________________________（在任务实施过程中学习的两种新设备的操作），这些都是信息通信网络线务员必备的知识和技能。

其次，在任务实施过程中，我不仅独立完成了线缆敷设、标签制作等简单操作，还完成了______________、______________等有挑战性的操作。在整个实施过程中，我遇到了许多问题和困难，如____等，面对它们，我没有畏惧和退缩，而是积极思考，是老师和同学们的鼓励和帮助让我找到了____等解决方法，顺利完成了布线实施任务。

此外，通过本任务的实践学习，我发现了团队合作的重要性，在实施过程中遇到问题后需要小组内部沟通解决，提升了沟通能力，我认为在沟通方面应该注意____（从交往与合作、信息传递与共享、情绪管理与表达、问题解决与协商等方面进行反思）。虽然施工过程很辛苦，但是____（填写内心的感受）。

总之，这次任务让我在实践中成长了很多。我将珍惜这次宝贵的经验，继续努力学习新的知识和技能，提升自己的专业素养。同时，我也将更加注重团队合作和沟通能力的培养，以更好地适应未来的工作挑战。